城镇更新及黑臭河道治理工程总承包施工技术

中建三局第二建设工程有限责任公司　主编

中国建筑工业出版社

图书在版编目（CIP）数据

城镇更新及黑臭河道治理工程总承包施工技术 / 中建三局第二建设工程有限责任公司主编. — 北京：中国建筑工业出版社，2024.2
ISBN 978-7-112-29637-8

Ⅰ.①城… Ⅱ.①中… Ⅲ.①小城镇-城市规划-研究-中国②河道整治-工程施工-研究-中国 Ⅳ.①TU984.2②TV85

中国国家版本馆 CIP 数据核字（2024）第 038073 号

责任编辑：万 李
责任校对：赵 力

城镇更新及黑臭河道治理工程
总承包施工技术
中建三局第二建设工程有限责任公司 主编
*
中国建筑工业出版社出版、发行（北京海淀三里河路 9 号）
各地新华书店、建筑书店经销
北京鸿文瀚海文化传媒有限公司制版
廊坊市海涛印刷有限公司印刷
*
开本：787 毫米×1092 毫米 1/16 印张：15 字数：362 千字
2024 年 2 月第一版 2024 年 2 月第一次印刷
定价：**55.00** 元
ISBN 978-7-112-29637-8
（42663）

《城镇更新及黑臭河道治理工程总承包施工技术》

编 委 会

主　　编　张永清

副 主 编　唐碧波　任慧军　饶　淇　刘丙生

编写人员　赵　阳　卢　洋　程钰纹　程文彪　刘高杰
刘　森　王　震　张大雷　方　健　喻伟峰
罗思杭　郭　阳　文志武　曹国凯　杜黎明
谭跃武　何飞飞　董秀林　陈　正　王　磊
马思霖　卢　林　徐　贤　黄立鹏　孙雪梅
王利策　翟　勇　熊　炎　彭　钊　蒋　雄
贺　鹏　李　涤　朱靖文

中建三局第二建设工程有限责任公司简介

中建三局第二建设工程有限责任公司（以下简称“公司”）是世界500强中国建筑股份有限公司的重要骨干企业之一。公司现有建筑工程施工总承包特级资质、市政公用工程施工总承包特级资质；机电工程施工总承包壹级资质；钢结构工程、地基基础工程、消防设施工程、防水防腐保温工程、建筑装修装饰工程、建筑机电安装工程、建筑幕墙工程及环保工程八大专业承包壹级资质；市政行业、建筑行业（建筑工程、人防工程）甲级设计资质，拥有完整的资质体系。

公司从业人员10212人，其中，技术人员8440人，享受政府特殊津贴专家1人，全国优秀项目经理74人，国家注册一级建造师613人。

公司坚持“投资＋建造”两轮驱动，以“房建＋基础设施＋海外”为三驾马车，实现业务板块协调发展。立足房建主业稳定发展，注重履约品质；加速转型发展，积极推进基础设施与海外业务；强化管理升级，推进“两化”融合，力争实现“三局支柱、中建先锋、行业标杆”企业的奋斗目标，建设“发展品质优、价值创造强、品牌形象佳、社会尊重、员工幸福”的百年名企。在超高层及商业综合体建筑施工、机电高品质建造等方面达到国内和国际先进水平；在传统基础设施投资建设领域达到国内先进水平；在新兴基础设施领域城市更新及管网改造施工、生态修复及环境治理施工、山水林田湖草一体化保护、固废处置及运营等方面具有独特优势。

公司现有50项工程荣获鲁班奖（国家优质工程奖），5项工程获评詹天佑奖，5项工程获评全国绿色施工示范工程，17项工程立项为全国绿色施工示范工程，获国家级科学技术奖2项、获省部级科学技术奖50项，获国家专利332项，其中发明专利46项，获国家级工法7项；创成省级技术中心，荣获“全国五一劳动奖状”“中国建筑成长性百强企业”“全国守合同重信用企业”“湖北省希望工程突出贡献奖”“全国建筑业先进企业”“全国优秀施工企业”等荣誉。

前　言

改革开放以来，我国经历快速城镇化发展，尤其是 20 世纪 80 年代中后期，随着房地产业迅猛发展，在城市中建造了大量小区。但是随着时代发展、人口增多、人民物质生活水平和精神需求的提高，大部分小区凸显出交通拥堵、环境设施陈旧老化、街道风貌与发展理念不符、公共服务能力不足、基础设施建设滞后等问题，尤其是基础设施建设中市政管网未能 100%覆盖、管网老化、建设混乱、雨污管道未分流等原因，造成下游河流被污染，导致许多城市河道逐渐演变为黑臭河道。

城镇老旧化和黑臭河道污染，均严重影响人们的身心健康。为满足人民日益增长的美好生活需要，国务院在 2015 年 4 月印发了《水污染防治行动计划》，提出了分期整治城镇黑臭水体的目标。2020 年 11 月 17 日，“实施城市更新行动”一文中指出实施城市更新行动，总体目标是建设宜居城市、绿色城市、韧性城市、智慧城市、人文城市，不断提升城市人居环境质量、人民生活质量、城市竞争力，走出一条中国特色城市发展道路。

然而我国城镇更新及黑臭河道治理任重道远，如何在旧、乱、杂的老城区，安全高效且在合理概算投资内完成工程建设，是各参建方关注的重点。

结合中建三局第二建设工程有限责任公司近些年来城市更新及黑臭河道治理项目建设经验进行了本书的编制。全书分 9 个章节对国内城镇老旧小区及黑臭河道现状进行分析，总结 EPC 总承包管理经验，同时对雨污管网提质增效、老旧小区更新改造、河道整治、生态系统构建、水质应急、亲水设施施工技术进行了介绍。

由于编者本身知识、经验所限，书中难免出现一些缺陷和不足，敬请各位领导、专家和同仁批评指正，并提供宝贵意见。

目　录

1　城镇更新及黑臭河道治理工程现状

1.1　城镇更新现状

1.1.1　老旧小区现状及问题

1. 老旧小区现状

根据《国务院办公厅关于全面推进城镇老旧小区改造工作的指导意见》，目前城镇老旧小区可定义为：城市或县城（城关镇）建成年代较早、失养失修失管、市政配套设施不完善、社区服务设施不健全、居民改造意愿强烈的住宅小区（含单栋住宅楼）。

我国城市发展已经进入新的发展时期。改革开放以来，我国经历了世界历史上规模最大、速度最快的城镇化进程，城市发展波澜壮阔，取得了举世瞩目的成就。城市发展带动了整个经济社会的快速发展，而城市建设也成为现代化建设不可或缺的重要引擎。我国目前的城镇化率已然越过60%，同时城市建设重心也发生了转移，由“增量扩张”转变为“存量更新”的提质增效阶段。城镇老旧小区作为重要的存量因素，大规模地推进对它的改造也顺理成章地成为促进城市更新的重要引擎之一。由于建造的时间较为久远，我国的城市内部存在着一大批存在街老、院老、房老、设施老、生活环境差的“四老一差”问题的老旧社区，作为城市中的居住单元之一，其内部存在着相对稳固的社会结构与和谐的邻里关系，一定程度上能够反映计划经济时代下人们的居住模式和生活习惯。但是，伴随着经济制度转型与城市建设发展，这类社区往往由于时间、管理、维护等因素呈现了综合性的老化，不管在内部环境上亦或是外部环境上，均很难满足居民日益增长的需要，与居民增长的居住需求和城市发展需求之间的矛盾也日益显现。在这种矛盾下，催生了一系列针对城镇老旧小区的改造尝试。

2019年以来，住房和城乡建设部会同国家发展改革委、财政部认真研究城镇老旧小区改造支持政策，印发了《关于做好2019年老旧小区改造工作的通知》，全面推进城镇老旧小区改造。2020年《政府工作报告》中对城镇老旧小区改造工作作出部署，6月19日召开的国务院常务会议，部署推进城镇老旧小区改造工作，顺应群众期盼改善居住条件。同年7月，印发《国务院办公厅关于全面推进城镇老旧小区改造工作的指导意见》，对这项民生工程提出了总体要求和具体任务，并列出了明确的时间表。

从宏观角度出发，城镇老旧小区改造是一项意义重大的民生工程和发展工程，对于满足人民群众美好生活需要、推动惠民生扩内需、推进城市更新和开发建设方式转型、促进经济高质量发展具有非常重要的影响。相对于如今普遍意义上，以占用城市的土地资源为前提、通过资本运作进行商品化开发，以提供高品质和独立化生活体验的现代居住小区，亟待改造的城镇老旧小区更契合我国“重血缘、亲邻里”的传统居住模式。目前，全国各地的老旧小区改造已然全面铺开，有序推进，极大地改善了社区居民的居住条件和生活品质。城镇老旧小区改造，为居住需求的改善开辟了关键的突破方向，满足了城市在存量空间再生方面的需要，呈现了广阔而深远的发展前景。然而，随着城市建设的发展，老旧小区必然会不断地出现。同时城镇老旧小区改造“牵一发而动全身”，不仅涉及基础设施升级和生活环境改善，更涉及居民的生理心理需求、城市的发展需求，它也向建筑学提出了新的问题，鞭策建筑师融汇多学科的知识技能，担当起更多的社会责任。这一切，都等待着学界和设计者更为充分的回应。

据初步统计，全国共有老旧小区近 16 万个，涉及居民超 4200 万户，建筑面积约 40 亿 m^2。为进一步提高城市的宜居性，改善老旧小区居民的生活水平，带动经济发展，中央城市工作会议提出“加快棚户区和危房改造，有序推进老旧住宅小区综合整治。”2020 年 11 月 17 日，时任住房和城乡建设部部长王蒙徽发表题为“实施城市更新行动”的文章，指出实施城市更新行动，总体目标是建设宜居城市、绿色城市、韧性城市、智慧城市、人文城市，不断提升城市人居环境质量、人民生活质量、城市竞争力，走出一条中国特色城市发展道路。主要任务包括：完善城市空间结构；实施城市生态修复和功能完善工程；强化历史文化保护，塑造城市风貌；加强居住社区建设；推进新型城市基础设施建设；加强城镇老旧小区改造；增强城市防洪排涝能力；推进以县城为重要载体的城镇化建设。老旧小区整治需考虑生态城市建设的必要性，对其进行生态化更新，以营造宜居、绿色、健康的生态社区。

2. 老旧小区存在的问题

住宅小区建成后，随着使用时长增加，受经济、社会、物质等多种因素作用而出现较大程度的陈旧，本书研究的主要对象为 1990 年前后建设的城市住宅。通过对老旧小区的相关研究文献梳理及实践调研，总结老旧小区存在道路交通混乱、停车空间不足，公共配套老化、使用功能单一，绿化空间缺乏、生态功能欠佳等问题。

（1）道路交通混乱、停车空间不足

老旧小区多建于汽车保有量较低的时期，道路设计未考虑大量车行需求，路幅较窄且停车设施考虑欠缺，路边停车问题严重，车行宽度压缩，无法满足消防要求，存在安全隐患。同时人车混杂，居民缺乏步行交通空间，导致步行安全性降低。老旧小区交通已无法满足如今居民需求。

（2）公共配套老化、使用功能单一

小区沿街店铺由于年代久远并缺乏统一管理，环境卫生较差，导致小区整体形象不佳，亟须整治更新；小区排水设施不完善导致排水不畅，道路积水严重；照明设施老化，夜间外出十分不便；小区内建筑仅作为办公使用，闲置现象严重，而小区内文体设施和养老设施不足，无法满足新型城镇对公共服务设施类型及规模的要求。

（3）绿化空间匮乏、生态功能欠佳

老旧小区在建设初期缺乏系统的绿地规划，主要通过行道树、宅前绿地等建设微量绿地空间，考虑到实用功能，绿化以多种乔木混种为主，灌木和地被层次不丰富，植物搭配样式少且缺乏组织，生态功能无法得到发挥。同时由于人工护理和物业管理缺乏，许多植物已枯萎，进一步加剧小区绿地系统的不完整，其数量和质量已无法满足大众对绿地空间的需求。

1.1.2 城镇更新

城市更新（Urban Renewal）一词较早由美国住宅经济学家 Miles Colean 在 1953 年提出，主要涵义是维系城市的生命力，促进城市土地更加有效地利用。20 世纪 50 年代以来，随着国外城市的发展，与城市更新相关的概念发生了多次明显的变化，使城市更新在不同的时空环境下具有不同的说法和意义。先后产生了城市重建（Urban Reconstruction）、城市再开发（Urban Redevelopment）、城市再生（Urban Regeneration）、翻新（Renovation）、城市复兴（Urban Renaissance）等不同的定义和名称。

1958 年第一届城市更新国际会议在荷兰海牙召开，在会议上提出了城市更新的概念。此后，Atkinson、Blackman、Mccarthy、Zielenback 等学者提出了一些定义。

Roberts 提出城市更新，是综合协调和统筹兼顾的目标和行动，以寻求持续改善有待发展地区的经济、物质、社会和环境条件，引导解决城市问题。作为城市经济复兴的重要内容，已经成为当前全球范围内各个国家和地区在不同城市化发展阶段都将会面临或已经面临的重大战略课题。

一般说来，城市总是经常不断地进行着改造和更新，经历着“新陈代谢”的过程。旧城独有历史性特质，改造旧城，就绝不能离开与之相关的历史，这是旧城范围界定的唯一依据。旧城更新需要根据其实际情况各有侧重，这类工作宜审慎地进行，西方称之为审慎地更新。

《中国大百科全书 建筑 园林 城市规划》对“城市更新”进行了解释，20 世纪 50 年代以来西方国家经常采用的“城市更新”一词，其实是有其特定的涵义。第二次世界大战后，西方国家一些大城市中心地区的人口和工业，出现了向郊区迁移的趋势，原来的中心区开始“衰落”——税收下降，房屋和设施失修，就业岗位减少，经济萧条，社会治安和生活环境趋于恶化。为了防止和消除这种现象，提出了城市更新的计划。一般情况下，城市更新的目标是振兴大城市中心地区的经济，增强其社会活力，改善其建筑和环境，吸引中、上层居民返回市区，通过地价增值来增加税收，以此达到社会的稳定和环境的改善。

旧城社会经济发展的相对滞后性，客观上造成了保护、修缮、维护、整治、改造等需要，这些不同程度的需要一般采用“更新改造”一词加以归纳较为完备。

旧城更新改造就是旧城改造和城市更新的有机融合，对于旧城存在的各种问题，只有通过实施“旧城更新改造”才能加以有效解决。

1. 我国城镇更新发展历程

棚户逐渐入侵、非法城市化、大规模棚户侵占是造成发展中国家旧城区的主要因素。我国城市化进程不同于其他发展中国家，在计划经济时期产生了大量的国有企业和国有住房（即福利房），快速的城市化发展使得大量私有居住建筑以填充的方式在原有的建成区内出现。私有居住建筑以随意的、乱搭乱建的方式扩张，这些都使得城市住房更加拥挤，居住质量下降等城市问题相应出现，长期积累下来形成了现在的旧城区。

随着商品和要素的市场化程度的提高，中国的城市化经历了政策方向的转变，从严格限制大城市到使城市群化成为主要形式和“土壤”，从“离乡打工”到“进城上楼”，已经以一种动态的机制从“自下而上”过渡到“自上而下”再到“自下而上”。发展阶段也与每个时代的背景紧密相关，其特征和特点因时代而异，我国的城市化进程，主要分为以下几个阶段：

（1）改革恢复增长阶段（1978—1995年）

在计划经济体制下，政府是城市建设和工业发展的唯一投资者，也是城市化的领导者，由于对农产品供应的担忧，对进入城镇工作和生活的农村居民施加了严格的限制。据相关统计数据，从1978年到1995年，城市化进程从基本停止状态到逐步稳定增长，城镇化率从17.92%增长到29.04%，城镇化率提高了11.12个百分点，年均增长约0.65%。

从新中国成立初期到20世纪70年代，我国将计划经济作为主要的经济发展模式，为了消除旧中国留下的贫困和落后现象，建设的重点放在工业生产的发展上，而大多数的改造项目都集中在新的城市地区。城市问题较多，其振兴城市的能力非常有限，国家城市再开发战略是“逐步转变”，在建设基本城市基础设施的同时，充分利用城市原有的住房和公共设施进行维护和部分翻新，在此基础上进行一些最基本的市政基础设施改扩建工程。在此期间，旧城区的改造反映了计划布局和自给自足的封闭城市结构的特征，旧城区总体上保持不变，但由于城市人口的过度扩张和盲目推进，城市规划和建设已经出现滞退现象，老城区的集约化建设尚未进行实质性的更新和改造，而且为进一步的改造留下了许多隐患。

在20世纪70年代末期，旧城区的更新改造工作的重点主要放在为职工提供住房和城市生活设施的建设上。更新旧城区的主要策略是从旧城区的边缘到中心实施“填补空白”的方法，发展的思路主要是先进入城市后建设城市。在此期间，城镇居民的住房问题一直是老城区更新改造的重点，城市住房问题已得到一定程度的缓解，但旧城区的改造尚未得到有效实施。由于当时的管理制度和经济状况的限制，显现出了许多问题，例如建设水平低，城市配套设施不足，绿地被侵占，城市历史文化环境被大量破坏现象普遍发生。另外，“少量拆除大量建设”破坏了城市的肌理，失去了城市的特色。

在20世纪80年代中后期，城市改革的步伐开始加快。由于放宽了对城市农民就业的限制，进入城市的农民人数增加了，农村城市化发展模式的弊端逐渐显现。

1992年中国共产党第十四次全国代表大会提出了建立社会主义市场经济体制的总体目标。在发达的大都市地区，旧城区改造运动如火如荼地发展着，土地管理制度的改革，土地的有偿使用，以及建筑业的快速发展极大地促进了老城区的改造，旧城区改造的主要投资来源、规模、方式、模式和目的已发生很大变化，从单一到多元，从小规模到大规模、超大规模，方式和模式也由单一向多种形式和方式转变，从以前追求唯一的经济物质指标和效益到综合考虑改造区域的经济、社会和环境等效益方式转变。

（2）快速增长阶段（1996—2011年）

据国家相关数据统计，1996年我国城镇化率为30.5%，城镇化率每年增长1.13%，城市化进入快速发展阶段。该阶段的城市化具有以下特点：随着城市人口的增长，由于旧城区拆迁资金和补偿难度大，财政资金不足等原因，新城区征地拆迁安置相对比较容易，此后城市空间扩张、政府财政支出主要集中在新区，对老城区的兴趣不大，配套投入不足，新城市和旧城市之间的环境相容性对比反差巨大，尤其在政府招商引资、优惠政策和社会资本的大力推动下，市场资源配置随着新城市的发展从旧城市向新城市转移，一些旧城市也出现衰败的迹象。有关数据分析表明，一些老城区，特别是二三线城市的老城区，出现人口快速减少和转移现象，即使出台了相关落户政策吸收人口，但也不能阻挡老城区的加速衰落，带来了一系列新的社会问题。即使在建设新城市的过程中，由于过度依赖政府和房地产开发商，未充分考虑当地居民的生活便利性和配套公共设施建设等，没能充分实现城市功能，导致城市的可持续发展能力受到挑战。更重要的是，新城市和地区的迅速扩张导致人口密度降低，人口活动强度降低，城市商业业态没有形成发展的空间，使城市失去了活力，城市未来的发展缺乏动力。

（3）质量改善和速度融合发展阶段（2012 年至今）

随着城市化基本条件的改善和综合实力的提高，有条件推动城市化由注重单一速度向速度和质量并重转变。从 2012 年到 2017 年，城市化率每年增长 1.19%，年均城市人口增加 2033 万。在这个城市化阶段出现了一些新变化，提出了新型的城镇化方针，2012 年中央经济工作会议提出“积极稳妥地推进城镇化，重点提高城镇化质量”。新型的城镇化正在从人的城镇化角度考虑设计相关政策，很明显新型城镇化是以人为本的城镇化。2014 年，全国人大和全国政协的报告中提出了“三个一亿人口”的目标，首次提出了人口落户城镇作为政府的工作目标。会后，中共中央、国务院印发《国家新型城镇化规划（2014—2020 年）》，以建设人文、绿色、低碳、智慧等新城市。新型城市的提出是提高城市发展质量的重要手段，人文城市的建设使这座城市得以延续其历史背景。城市不再是建筑物的集合，而是历史和文化的载体。通过绿色城市建设，贯彻“尊重自然、顺应自然、保护自然”的理念，尊重自然的原始面貌，降低城市发展对环境的影响，让城市与自然和谐相处。通过建设低碳城市，继续改善城市能源结构，增加非化石能源的比重，加大能源节约，特别是建筑节能，并通过能源结构调整和节能减少二氧化碳排放。智慧城市是信息技术和智能等新技术手段与城市发展有机融合的产物，它代表了城市发展的未来。通过高科技和信息技术的最新成果，它可以有效地整合社会创新能力并促进全面的城市治理。公共服务供给方式的改革将为城市居民提供更高效的服务，使用智能技术改善城市治理，增加城市治理的开放性和包容性，并全面提高城市发展的质量。

2. 我国城镇更新的特点

（1）改造开发强度大

一般旧城区位优势明显，通过旧城改造开发，用地所在地段的区位效益显著提高，土地的加速升值带来了地价、房价的提升，开发企业也能获得超额利润。由于公众在旧城改造中往往处于弱势的地位，在缺乏监督制约的情况下，损害公众利益的事件时有发生，产生了一些不良的社会影响。

（2）利益矛盾凸显

随着我国各项改革的不断深化，许多利益矛盾更加凸显。对于地方政府来说，旧城更新改造的目的主要是带动城市经济的发展、提高城市土地利用率、缓解因住房带来的社会矛盾、改善基础设施建设等。对于地方政府、开发商和当地居民而言，都是希望进行旧城更新改造的，但是各方对利益的诉求却是相互矛盾的。地方政府希望开发商承担起某些社会责任，比如有些公益性设施；而开发商希望政府能够减少相关税费、提高项目容积率等；当地居民希望政府和开发商能够提高拆迁补偿标准，获得更多的补偿。

（3）公众参与意愿强烈

随着社会民主的进步，公众能够参与到越来越多的领域中，其中就包括城市的旧城更新改造领域。公众参与政府事务的意识越来越强烈，尤其是在城市改造更新、教育、文化等方面。在旧城更新改造过程公众参与的范围也越来越广泛，如项目拆迁、环境保护、社会资本使用等。

3. 我国城镇更新主要问题

（1）经济方面

旧城更新改造工程涉及资金相对较大，牵扯到多方的利益，如何解决政府、开发商、当地居民、社会其他公众等各方利益和矛盾，就成为旧城更新改造过程中的一个关键问题。此外，旧城更新改造还需要投入巨额资金对当地居民进行拆迁征收补偿安置、征收土地、完善城市基础设施建设以及保护生态环境等，合理筹集资金不仅仅可以协调改造过程中各方的利益关系，更是保障改造工作顺利进行的根本问题。大部分城市的旧城更新改造周期较长，涉及面广，其需要的改造资金一般以十亿、百亿来计算。

（2）社会方面

公众参与不足，在《中华人民共和国城乡规划法》中明确规定了公众知情权是公众的基本权利，强调公众参与城市规划的意愿必须得到尊重；在《中华人民共和国环境保护法》中明确指出公民有获取环境信息、参与环境保护和监督环境保护的基本权利。尽管公众参与逐渐以相关法律的形式得到确认，但是在目前的旧城更新改造过程中，公众参与旧城更新改造的力度仍然不足。公众参与旧城更新改造的形式基本上是政府或者开发商进行简单的问卷调查、与拆迁户进行补偿谈判等，有组织的公众参与较少，基本上只是少数人作为代表参与。

（3）环境方面

政策法规体系、舆论环境、自然环境有待改善。目前，涉及城市旧城更新改造的法律法规，国家层面具体有《城市房屋拆迁管理条例》，各级地方政府则出台了一些“城市房屋拆迁管理暂行办法”。但是，旧城更新改造是一项系统工程，需要一系列完善的法律法规体系来保障。旧城区高密度的建筑体量与居民数量，为开发前期的拆迁安置增加了巨大的成本开销，开发投资主体不但要进行拆迁补偿安置，还要承担大量市政设施改造、配建学校、轨道交通等配套设施的费用，为了平衡成本，可能会导致旧城改造项目容积率过高、绿化面积减少、公共配套设施不足等一系列公共环境问题。

1.2 城镇黑臭河道治理现状

1.2.1 黑臭河道特征

黑臭水体是大部分国家工业化发展阶段产生的环境产物。国外发达国家在工业化、城市化发展进程中，也出现过城市水体黑臭、水体污染的现象，最早可追溯至20世纪中期的英国泰晤士河。20世纪70年代，德国的莱茵河由于重工业区污水的排入，使水体发生黑臭的现象。同期，美国的芝加哥河、特拉华河等，也曾因为污染严重而常年黑臭。

所谓“黑臭”，主要属于环境景观、物理指标范畴，是指在视觉上河流水体呈现因污染而产生的明显异常颜色（通常是黑色或泛黑色），同时产生在嗅觉上引起人们感觉不适甚至厌恶的气味，是水体感官污染最常见的一种现象。

2015 年我国颁布《城市黑臭水体整治工作指南》，其中对于城市黑臭水体给出了明确定义：城市黑臭水体是指城市建成区内，呈现令人不悦的颜色和（或）散发令人不适气味的水体统称。

黑臭水体具有以下特征：①水体有机污染较为严重，富营养化较为明显；②颜色呈黑色或泛黑色，具有极差的感官体验；③散发刺激的气味，引起人们的不愉快或厌恶；④水体中溶解氧（DO）较低，透明度较差，氨氮（NH_3-N）较高。

《城市黑臭水体整治工作指南》中根据黑臭程度的不同，将黑臭水体细分为"轻度黑臭"和"重度黑臭"两级。城市黑臭水体分级的评价指标包括透明度、溶解氧、氧化还原电位（ORP）和 NH_3-N，分级标准见表 1.2-1。

城市黑臭水体污染程度分级标准　　表 1.2-1

特征指标(单位)	轻度黑臭	重度黑臭
透明度(cm)	10* ～25	＜10*
溶解氧(mg/L)	0.2～2	＜0.2
氧化还原电位(mV)	－200～50	＜－200
NH_3-N(mg/L)	8～15	＞15

注：* 表示水深不足 25cm 时，该指标按照水深的 40%取值。

近年来，随着我国城市经济的快速发展，城市的规模日益膨胀，城市环境基础设施日渐不足，城市污水排放量不断增加，大量污染物进入河道；同时一些城市水体尤其是中小城镇水体直接成为工业、农业及生活污水的主要排放通道和场所，水体中化学需氧量(COD)、氮（N）、磷（P）超标，河流水体污染严重，水体出现季节性或终年黑臭。我国自"九五"期间开始启动重点流域水污染防治规划，经过 20 多年的治理，在大江大河水质改善的同时，城市中自然或人工形成的河流、河道、小型湖泊等水体，老百姓周边的毛细血管河流水质尚未好转，部分城市出现多条黑臭水体，甚至城市区域内的主干线河流也出现黑臭现象。城市黑臭水体的生态结构严重失衡，给群众带来极差的感官体验，成为目前较为突出的水环境问题，也严重影响着我国城市的良好发展。

按照《深入打好城市黑臭水体治理攻坚战实施方案》要求，各地组织开展了县级城市建成区黑臭水体排查。根据住房和城乡建设部调度信息，截至 2022 年 7 月，92 个县级城市（含漳州市龙海区，2021 年撤市并区）排查出黑臭水体 200 多条，304 个县级城市报告无黑臭水体，详见表 1.2-2。

县级城市黑臭水体分布　　表 1.2-2

城市	黑臭水体	城市	黑臭水体	城市	黑臭水体	城市	黑臭水体
孝义	1 条	北安	2 条	巢湖	4 条	宁国	2 条
盖州	1 条	五大连池	1 条	无为	2 条	福清	1 条
舒兰	2 条	嫩江	2 条	潜山	3 条	石狮	1 条

续表

城市	黑臭水体	城市	黑臭水体	城市	黑臭水体	城市	黑臭水体
尚志	2条	安达	2条	桐城	1条	晋江	1条
绥芬河	1条	肇东	1条	天长	3条	南安	1条
海林	1条	新沂	1条	明光	2条	漳州	2条
宁安	1条	仪征	1条	界首	7条	乐平	1条
穆棱	1条	丹阳	4条	广德	4条	瑞昌	1条
老河口	3条	宜城	1条	钟祥	5条	贵溪	2条
应城	1条	安陆	1条	汉川	1条	石首	6条
洪湖	2条	松滋	2条	监利	2条	麻城	2条
武穴	3条	广水	1条	恩施	1条	潜江	2条
醴陵	4条	湘乡	2条	韶山	3条	耒阳	5条
常宁	3条	邵东	1条	武冈	2条	汨罗	5条
临湘	1条	津市	7条	沅江	4条	资兴	2条
资兴	2条	祁阳	2条	洪江	1条	冷水江	3条
涟源	2条	吉首	1条	乐昌	1条	开平	2条
廉江	2条	雷州	7条	吴川	2条	高州	2条
化州	2条	信宜	2条	兴宁	1条	阳春	2条
英德	1条	普宁	2条	横州	3条	桂平	1条
凭祥	7条	琼海	2条	万宁	4条	东方	4条
清镇	8条	仁怀	8条	凯里	5条	黔西	5条
宣威	2条	瑞丽	2条	芒市	1条	兴平	2条

1.2.2 黑臭水体污染源及成因分析

1. 黑臭水体污染源

（1）有机污染物入河

有机污染物入河是造成水体黑臭的主要原因之一。随着城市规模的不断扩大，城市居住人口激增，人口布局相对集中，造成城市污水处理能力不足，截污、治污设施相对落后，加之城市地表径流污染负荷较大，造成大量有机污染物排入水体。有机污染物主要包括总有机碳（TOC）、化学需氧量（COD）、生化需氧量（BOD）、有机氮污染物以及含磷化合物，这些污染物主要来自废水、污水中的糖类、蛋白质、氨基酸、油脂等有机物的分解，在分解过程中消耗大量的溶解氧，造成水体缺氧，厌氧生物大量繁殖并分解有机物产生大量的致黑致臭物质，从而引发水体发黑发臭。大多数有机物富集在水体表面形成有机物膜，会破坏正常的水汽界面交换，从而加剧水体发黑发臭。这些有机污染物来自以下几个方面：

1）生活污水

随着居民生活水平的提高，城市生活污水的排放量呈急剧上升趋势，一部分生活污水流入附近河道。生活污水中的耗氧性有机物和氮、磷进入水体后，无论其是否有充分的溶解氧，在合适的水温下都要受到好氧放线菌和厌氧微生物的降解，排放出不同种类的发臭物质，加剧了城市水体黑臭程度。

2）工业废水

未经处理的工业废水或处理后不达标的工业废水直接排入城市河道等水体后，废水中自有的恶臭物质及有机污染物同样受到好氧放线菌或厌氧微生物的降解，排放出不同种类发臭物质，长此以往导致了河流有机污染物严重、水体普遍出现黑臭现象。

3）家畜粪便

近年来，畜牧业发展迅猛，规模化养殖户和养殖专业合作社逐年增多，随之而来的是畜禽污染问题。多数畜禽养殖场在建厂时未建设畜禽粪便处理设施，致使畜禽污水未经处理任意流失，污染附近河道。

4）农田化肥污染

在农业生产活动中，农药、化肥的大量使用，致使氮素、磷素、农药重金属或无机质，从非特定的区域，在降水和径流作用下，通过农田地表径流、农田排水和地下渗漏，使大量污染物进入附近河道等水体，在一定程度上加速了地表水体富营养化进程。

5）地表径流

随着城镇化进程的加快，在城市、城郊等地区，屋面、街道、停车场等不透水表面逐渐增加，这些表面富集着很多不同种类的污染物质。在降水过程中，这些表面促进了地表径流的形成，携带着多种污染物质，最终进入河道等收纳水体。

（2）低质污染与底泥再悬浮

底泥再悬浮是导致水体黑臭的重要因素之一。底泥作为城市水体的重要内源污染物，在水力冲刷、人为扰动以及生物活动影响下，引起沉积底泥再悬浮，进而在一系列物理、化学、生物综合作用下，吸附在底泥颗粒上的污染物与孔隙水发生交换，从而向水体中释放污染物，大量悬浮颗粒漂浮在水中，导致水体发黑、发臭。另外，大量底泥为微生物提供了良好的生存空间，其中放线菌和蓝藻通过代谢作用使得底泥甲烷化、反硝化，导致底泥上浮及水体黑臭。

（3）水体热污染

城市水体中往往会有大量较高温度的工业冷却水、污水处理厂废水以及居民日常生活污水等排入，导致局部甚至整个水体水温升高。水体中微生物在适宜温度下可以强烈地活动，致使水体中的大量有机物分解，降低溶解氧，释放各种发臭物质。水体一般在夏季出现黑臭现象比在冬季显著增多，主要原因是一方面微生物的活动频率与温度表现出显著正相关，另一方面在水体中的溶解氧含量随着温度升高而降低。

（4）水体流动性变差

丧失生态功能的水体流动性往往较差，直接导致水体复氧能力的衰退，局部水域或水层亏氧，形成适宜蓝藻快速繁殖的水动力条件，增加水华爆发风险。水体中的微生物和藻类残体分解有机物和 NH_3-N 速度相应加快，加快溶解氧的消耗，加剧水体恶臭。

（5）其他因素

重金属污染：重金属污染也是城市河流污染类型之一，它对河流黑臭的影响主要在于水体中的铁（Fe）、锰（Mn）的含量，其中悬浮物质中的铁、锰是重要的致黑因子之一。

航运：城市河流的主要功能就是航运。船舶污染是一种综合性的污染，但总体来说主要和运输货物的性质、船上生活污水、垃圾、粪便以及费油的排放有关。而航运对河流产生黑臭的另一种影响是它会导致河流沉积物发生再悬浮。

除此之外，垃圾的随意堆放、支流泄水或上游的污水等对河流黑臭均具有不同程度的影响。

2. 污染机理分析

水体黑臭是由于水体中有机污染物、氮、磷富含量过多，造成水体缺氧、有机质腐败，是有机污染的一种极端现象。大量有机污染物进入水体后，破坏了水体本身可以降解及净化的系统，在好氧微生物的生化作用下，消耗了水体中大量的氧气，使水体转化为缺氧状态，致使厌氧细菌大量繁殖，在经过有机物腐败、分解、发酵的过程后产生腐殖质等发臭物质沉积在河道底部，产生挥发性、刺激性气体，如硫化氢、甲烷等逸出水面。排放进入水体的铁、锰等重金属污染物被还原，与水中的硫形成了硫化物，进而形成了大量吸附硫化亚铁（FeS）、硫化锰（MnS）的带负电胶体的悬浮颗粒，致使水体变黑。水体黑臭产生机理示意图见图 1.2-1。

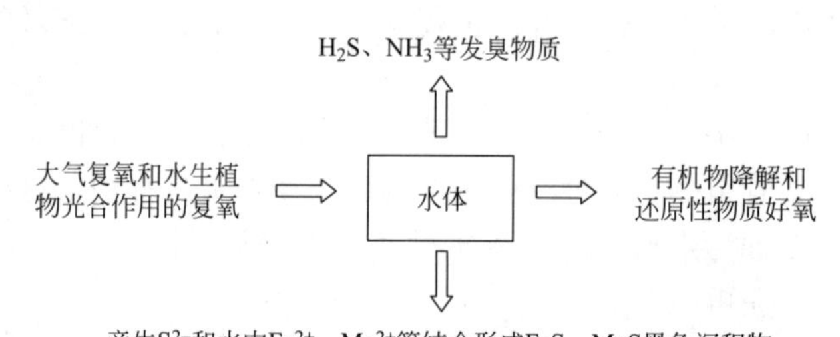

图 1.2-1　水体黑臭产生机理示意图

黑臭水体与污染指标的关系，见表 1.2-3。

黑臭水体与污染指标的关系　　表 1.2-3

有机物(COD、BOD)	NH_3-N
有机物分解消耗氧气，致使 DO 降低甚至消失，是导致黑臭的“次生原因”	一般是黑臭水体中有机物分解的“产物”和“结果”，往往不是黑臭水体形成的直接原因或要因
DO	微藻
导致黑臭的直接原因(第一原因)，但不是结果	一般不在黑臭水体生长，黑臭水体不会产生水华
氧化还原电位(ORP)	透明度
反映水体氧化还原的综合指标，由 DO、氧化性物质(硝酸根)、还原物质决定。比 DO 更能反映水体的“缺氧程度”，导致水体黑臭的“次生原因”	黑臭水体往往还伴有大量悬浮物，导致透明度降低。透明度低是黑臭水体的“伴随特性”，往往是由排入污水的悬浮物引起的

3. 污染成因分析

城市人口增加和工业发展使得排入城市水体的污染物超过水体环境承受能力和自净能力，使水体污染，DO 下降，水体产生厌氧现象，从而发生黑臭。水体污染影响水体生态，影响水中生物生存，使水生植物退化甚至灭绝，浮游植物、浮游动物、底栖动物大量消失，只有少量耐污种类存在。水体中食物链断裂，生态系统结构严重失衡，水体自净功能严重退化甚至丧失，从而导致水体黑臭速度加快。水体发生黑臭后，水体自净功能基本丧失，在污染物不停排入的情况下，水体愈发地显现黑臭，进入恶性循环阶段（图 1.2-2）。

图 1.2-2　黑臭水体现状

黑臭水体往往以有机污染物为主，这是造成城市水体黑臭的主要原因。

大部分城市存在以下五个方面的瓶颈问题。

（1）排污量大且空间集中，截污治污设施建设落后于城市开发建设，这是最直接的原因。快速城镇化带来大量的人口聚集，大量无法处理的污水直接排入城市河道，大量垃圾堆积在河道两岸，直接造成水体的污染。

（2）污水管网设施不健全，生活污水排放入河。有些城镇建成区尚存在污水收集系统空白地区，尤其是一些城中村地区；同时，管网质量不高，雨污不分流，错接、混接、漏接现象普遍，分流制地区雨污混接现象突出，生活污水混入雨水管网排入河道问题难以根治。

（3）部分城市水体生态流量不足或者无天然径流。我国水资源开发利用强度加大，水资源调度和水电开发对生态环境影响突出。在北方地区，河流流量小，甚至干涸，仅有污水处理厂尾水排放的水体难以满足水功能要求。在南方的河网水系中支河多为断头浜，会导致水流不畅，调蓄、输水能力差，缺少活水措施，河水自净能力较差。

（4）城市地表径流冲击负荷较大。老城区的排水管道系统绝大部分为合流制，晴天主要输送污水，雨天则输送雨污混合水，当暴雨雨量超过合流管道的设计能力时，过量的雨污混合水就从合流管道的溢流设施或排水泵站溢流至城市水体中，直接导致水体水质急剧变差。

（5）部分城市水体周边脏、乱、差问题严重，城市滨水地带被大量占用，尤其老城区和城乡接合部的水体，违章建筑物多，小型服务业多且杂乱，污水和垃圾直排入河。

1.2.3　我国黑臭水体治理现状解析

1. 我国黑臭水体治理现状

（1）黑臭水体治理现状

我国黑臭水体的治理，最早可以追溯到 1998 年的上海苏州河环境综合整治。近年来，黑臭水体治理逐渐受到地方政府的高度重视，根据住房和城乡建设部及生态环境部共同搭建的“城市水环境公众参与平台”显示，截至 2017 年，黑臭水体全国总认定数为 2100 个，水体面积达到 $1484.727km^2$，其中已完成治理 927 个，治理完成率为 44.1%，治理中 843 个，还有 328 个处在方案制定阶段，有 2 个未启动黑臭水体治理。

近年来，北京市在全市范围内实施“治脏、治乱、治臭”为重点的河湖水环境整治行动。

2013 年，北京市人民政府办公厅印发了《加强河湖生态环境建设与管理工作的意见（2013—2015 年）》，确立了河湖的“五无”目标，即无垃圾渣土、无集中漂浮物、无违法排污、无明显臭味、无违法建设。2013 年，开展了河湖的“百口整治”行动，重点治理群众最关心、问题最突出的 20 条段、200km 河道，通过整治河湖环境卫生、向河湖补充环境用水、建设临时应急污水处理设施、实施雨污水管网消淤、开展河湖生态环境执法、利用技术手段改善河湖水质等措施，促进了河湖水环境质量的改善。北京市黑臭水体环境综合整治对象、目标明确，手段综合，达到了改善水质的目的。

2006 年，为了改进河涌的治理效果，广州市制定了《广州市中心城区河涌水系规划》，结合水系梳理、截污治污、调水补水、群闸联控、河道消淤、植被复育、景观营造、生态堤岸建设等各项因素，将河涌整治作为一项综合性的系统工程来进行规划，形成了“截污治污、补水调水、引水济涌、堤固岸绿、生态自然”的水环境治理思路，规划的实施标志着广州市河涌水系的治理进入了综合整治阶段。2013 年，广东省印发了《南粤水更清行动计划（2013—2020 年）》，据此各市结合实际大力推进城市内河涌整治，珠三角地区全面开展每个城镇整治一条重污染河涌，广州、佛山实行“一河一策”“一涌一人”，明确每条河涌整治的具体措施和责任单位。2013 年 7 月起，广州市环保局开始定期公布 50 条河涌水质信息，让公众知悉治理成效。广州市通过规划完成黑臭水体治理的顶层设计，多手段综合达到系统治理河涌的目标，并实行信息公开，接受社会监督。

2013 年，江苏省印发《全省城市河道环境综合整治工作指导意见的通知》，以市、县两级城市河道为重点，统筹推进控源截污、环境整治、清淤疏浚、调水引流、生态修复，提升城市河道生态环境质量，改善城市人居环境。

围绕“开水共治”，杭州市出台了一系列的三年行动计划，2014—2016 年，将深入实施“工程治水、管理治水、结构治水”三大举措，全方位破解制约城市发展的水问题。

2015 年，天津市实施了《天津市水污染防治工作方案》，全市采取控源截污、垃圾清理、清淤疏浚、生态修复等措施，加大黑臭水体治理力度，每半年向社会公布治理情况。

（2）黑臭水体治理技术的发展历程

我国黑臭水体的治理理念和技术相对比较滞后，在 30 多年的过程中，我国黑臭水体污染控制与治理经历了从单纯注重水资源开发、水体安全功能到治理水体环境、维护宏观多样性，再到重点建设水体生态系统三个发展阶段，相应的水体治理技术也在不断发展。

黑臭水体治理经历过三个阶段，第一阶段是从 20 世纪 80 年代至 20 世纪 90 年代，主要是以水利治河为主的阶段，以提高防洪、蓄水航运为目标，利用防洪工程、排污工程和泄溉工程等措施控制污染并改善水质；第二阶段是从 20 世纪 90 年代至 21 世纪初，主要为环境保护与综合治理阶段，开展混合污水截留管道的修建和优化，兴建渠中污水处理设施、氧化塘等，为城市水体污染控源，开展底泥疏浚、引水调水等水体治理技术研究；第三阶段是从21世纪初到现在，主要为开展水生态修复阶段，从“十五”到“十三五”水专项在多个城市开展水体污染控制与治理、水体修复技术的理论研究与应用推广。

2. 常用的黑臭河道治理方法

城市黑臭河道治理是一项艰巨而系统的工程，目前针对城市黑臭河道已开展多项治理工作，其主要治理思路为：控源—减负—净化—修复，主要包括物理方法、化学方法和生物修复技术等。

（1）物理方法

黑臭河道治理常用的物理方法有人工曝气、引清入河、底泥疏浚、截污控源等。其中曝气增氧是黑臭河道治理修复中的重要手段，曝气能够提高水体中溶解氧浓度，有效提高水体的自净能力。影响曝气效果的主要因素有曝气方式、水温、曝气量、水体流速等。

常用曝气方式有机械曝气、鼓风曝气、射流曝气及纯氧曝气等。不同曝气方式对黑臭河道净化效果不同。相关研究结合空气与臭氧两种进气方式比较了普通鼓风曝气与微米气泡曝气技术对黑臭水体的处理效果，发现臭氧结合微米气泡曝气技术对COD、色度、浊度、臭味物质去除效果均好于普通鼓风曝气。

李开明等通过比较叶轮式曝气机、水车式曝气机及射流式曝气机几种不同曝气方式对黑臭水体模拟试验，发现水车式曝气机在短期内增氧效果和氨氮去除率及水体自净恢复效果较好，可用于流速缓慢、污染较重的中小型黑臭河道，但该方法能耗偏高。英国泰晤士河通过安装移动式曝气设备，显著改善了河流生态环境。上海苏州河治理采用固定式与移动式曝气设备相结合对河道进行人工曝气，溶解氧水平提高，显著降低了河道黑臭程度。

疏浚在城市河道整治中发挥了重要作用，在技术层次可分为工程疏浚、生态疏浚等。钱嫦萍等对温州九山外河采用底泥生态疏浚为主的多种集成技术，同时结合曝气复氧、人工生态浮岛等技术使河道黑臭现象明显改善，水质由劣Ⅴ类提高到Ⅴ类或Ⅳ类，生物多样性增加。在前期由华东师范大学相关团队开展的丽娃河、工业河治理工程中采用了截污、底泥清淤、生态修复等综合措施。底泥疏浚可以最大程度地清除污染底泥、增加河槽蓄量、提高水体泄洪和自净功能，但在疏浚过程中易造成内源污染物释放，对河道底栖生物造成较大破坏，存在较大弊端。戚仁海等研究了苏州河环境整治工程中不同疏浚深度的影响，发现疏浚后的上覆河水氨氮、溶解氧和化学需氧量与疏浚深度有显著性差异关系，而重金属浓度在疏浚前后差异不明显；疏浚对浮游生物影响呈上升趋势；疏浚造成溶解氧水平显著下降，生物种类减少，说明内源污染物释放明显。李文红等通过研究杭州市新开河疏浚前后水质变化发现，疏浚后河流的耗氧系数较高，泥水稳态界面遭到破坏，河水容易发生缺氧，水质反复并再次恶化。

（2）化学方法

絮凝沉淀是常用的黑臭河道化学治理方法。通过向污染河道投加絮凝剂、铁盐、铝盐等使污染物形成沉淀而去除，可快速净化水质。采用化学絮凝的方法对上海苏州河进行治理，但该方法易对河道生境造成破坏改变，影响后续技术处理，在实际工程应用较少。

（3）生物修复技术

在黑臭河道治理过程中生物修复技术发挥了重要作用，相比于传统物理化学方法，该法节能环保，具有良好应用前景。利用水生植物修复黑臭河道是生物修复技术中的主要方法，水生植物通过光合作用可使水中溶解氧浓度提高，其发达的根系可吸收大量的氮、磷营养盐，并对某些重金属及持久性污染物吸附与富集，根系中附着的微生物还可以联合促进氮营养盐的去除。生物修复工程措施包括了生态浮岛、人工湿地、氧化塘，在运用水生植物净化城市黑臭河道时通常需要结合其他工程手段联合作用。微生物强化净化技术在黑臭河道治理中可提高环境自我调节能力，加速有机物分解。目前在上海市真如港、上澳塘等治理工程中已有应用。

2 EPC 总承包管理及施工组织

2.1 EPC 总承包投资及设计

2.1.1 工程总承包投资

1. EPC 总承包模式下工程项目存在的投资风险类型

（1）投资风险

投资风险是整体工程在具体构建过程中存在的普遍风险之一。潜存于工程实际建设过程中的各类不确定因素可能会引发投资风险，如在实际建设过程中，因工期大幅度延长，使得整体工期投资大幅度提升，从而引发投资风险。同时，整体施工过程中产生的消耗与投资也存在一定程度的差异化风险。

（2）经济风险

经济风险主要是经济活动中存在的各类风险，相应的风险在实际发生过程中会对整体投资方的经济效益产生较大影响。有一些社会风险具有社会属性，如因金融危机产生的经济风险，便具备社会属性。在 EPC 总承包模式下，可从以下几个角度分析社会经济风险：其一为通货膨胀导致的风险，在整体 EPC 总承包模式构建过程中，其工程周期往往相对较长，需要采购各类设备与相关材料，但在具体采购时，材料和设备价值一定程度上会受油价与金融危机等因素的现实影响出现波动；其二为汇率变动而导致的各类风险，部分项目在实际施工时，会使用美元或者人民币开展综合性结算，但汇率变动的规律无法有效控制，可能会影响施工单位的资金链。

（3）自然风险

工程项目实施容易因天气干扰出现问题，从而导致工程建设出现投资损失。项目实施中常见的自然风险包含地震、海啸、洪水等。自然风险虽然具备不可把控的特征，但在工程项目实施建设过程中可以通过风险识别的方式防范自然风险，降低风险对整个工程的不利影响。风险防范的措施包含调整施工计划、控制影响工程顺利施工的因素、在恰当的时间安排工作。

（4）组织风险

如果工程项目主体是联营体，在具体施工过程中有可能出现因对项目的预期目标、所享权利等看法不同而产生分歧的情况，从而阻碍工程项目的进程。

（5）社会政治风险

对于工程项目的实际执行，若具体情况和法律要求存在差异，就会在一定程度上增加项目风险出现的可能性，即社会政治风险。

（6）管理风险

管理风险是由于管理出现错误引发的，管理工作者可能会由于管理经验不够丰富，在项目开展之前没有和承包商签订具有约束力的合同，使得工程项目存在较大的项目管理风险。同时，业主在 EPC 总承包模式下开展工程项目投资管理容易受到外界多种因素的干扰。国际咨询工程师联合会明确规定了业主的工作行为和思想规划，即在参与项目管理时，业主需要承担的风险内容包含以下几个类别：第一，非承包商和雇佣人员造成的混乱风险；第二，业主使用或者占用工程中的任意部分；第三，监理工程师工程变更诱发的损失。

2. EPC 总承包模式下工程项目投资风险管控对策

（1）工程项目决策阶段和设计阶段的风险控制

在使用 EPC 模式开展项目建设时，建设方应提前制定方案来开展招标管理。比如，设计单位在对方案实施招标处理时，可以在商定方案后将设计的一些细化工作交由总承包方完成。在选择总承包方时，建设单位要着重考察承包方的个人能力、资质、业绩等情况，在综合多个因素的情况下选择具备较高承包水平的总承包方，以此为整个工程项目预期目标的实现奠定良好的基础。同时，在项目投资阶段，建设单位的相关人员需要根据整个企业发展可能面临的投资风险和资源配置情况做好各个阶段的风险把控工作，主要包括以下几个方面：

1）在合理分担风险的基础上控制投资风险为控制投资风险。在工程项目建设过程中，相关人员需要在合理分担风险的基础上开展投资活动，以合同作为业主方或者总承包商分担风险的重要参照。在施工准备、施工开展环节合理划分各个参与方的责任，如由业主方负责办理许可证；在工程施工过程中，由承包商负责质量问题等。在工程施工过程中，相关人员应尽可能将遇到的各个风险转移到承包商，并加强业主方与承包商的配合，从而真正把控工程项目的投资风险。

2）在控制权配置基础上控制投资风险。承包商与业主方要想更加合理地配置总承包具有的控制权，就需要在实际合作时签订相关合同，在 EPC 总承包模式下合理分配控制权，以此使双方各司其职，从而促使总承包商更好地完成工程项目施工，进而保证工程项目投资效果。从业主角度来看，在实际签订合同后，业主会对部分合同内容拥有一定的决策权，同时也具备一定的监督权，承包商享有对工程的管理权。在 EPC 总承包模式下，业主会增强工程的控制权，能够在识别项目控制点的基础上分解工程项目的控制权，以此使业务方和承包商的控制权限划分更加合理。

（2）控制工程造价的风险

1）承包商要积极树立风险防范意识，采取恰当的手段降低造价风险。在 EPC 项目开展过程中参照指导性文件实施具体操作。其中，指导性文件是整个工程建设方、承包商权利义务行使的重要参考依据。在签订工程施工合同的过程中，业主方和承包商需要根据工程项目的特点、合同的体系类型，以及业主的需求、项目工程本身的特点和功能等选择合同范本，结合需求选择合适的合同体系，以此保证合同的柔性。

2）加快打造工程造价风险防范机制。风险管理部门在项目招标投标环节应就参与招标投标条件、招标投标文件制作等方面开展风险评估，以此为决策者提供参考依据，编制具体的造价风险防范规划和大纲，从而规范设计、采购、施工、项目试运行、业主验收等环节的工作流程。

3）使用恰当的技术降低工程造价风险。承包商应将工程建设中专业性强、投资大、风险高的项目分包出去，以此在降低风险的同时合理把控成本，从而确保工程项目按期完成。在 EPC 模式下，总包方要做好工程造价的成本控制工作，通过提高成本控制意识、完善成本管理机制和先进的成本管理方法实现成本控制目标。

（3）工程项目采购阶段的风险控制

1）施工单位制定的材料采购计划应提前报送给采购部门，在考虑采购周期和设备加工周期的情况下做好现场存货的保存工作。

2）对于抵达施工现场的材料，施工部门人员要按照材料的规格、类型来管理，并保证材料管理现场道路的畅通。

3）现场收料人员要做好施工现场的材料验收管理工作，并在材料收取和采购过程中办理好一系列手续，以此有效把控工程项目采购阶段的风险。

（4）工程项目施工阶段的风险控制

1）技术变更风险。针对施工技术变更风险，施工人员应采取必要的措施深化处理施工图纸，以此减少因图纸变更诱发的技术变更风险。

2）施工质量管理。在工程项目施工过程中，施工人员应按照工程总承包公司的质量管理体系与编制的质量计划书、质量管理手册等文件全面把控工程项目施工质量。

3）安全管理。施工管理人员应采取必要的风险缓解和风险转移措施控制施工现场可能出现的安全风险。

（5）工程项目竣工验收阶段的风险控制

承包方竣工阶段的风险体现在竣工验收条件的设定、竣工验收资料的整理、债权债务处理、利益关系协调等。业主方竣工阶段的风险体现在合同履行、资料真伪、项目实体质量风险、项目运营阶段风险的识别。验收人员应使用层次分析法（Analytic Hierarchy Process，AHP）开展风险识别工作，并通过递进层次结构整理和标识竣工验收阶段资料，由专家识别项目风险，从而打造数据分析矩阵。此外，验收人员还要在整理资料、确定方法的基础上评估项目完工情况，并使用模糊综合评定方法、层次分析方法评估整个工程竣工质量，以此有效防范工程项目在竣工阶段的风险。

2.1.2 工程总承包设计

1. EPC 总承包模式下的设计管理风险分析

（1）设计进度风险

设计基础资料提供不及时、政府主管部门审批流程复杂、设计人员不足、设计质量内审问题较多、设计过程进度控制松懈等多方面原因，可能会导致设计进度不能满足项目总体进度要求。管监一体化服务单位必须提前做好统筹及预控工作，在编制设计进度总控制计划及设计节点计划的同时，预留充足的时间，并在后续设计工作实施过程中全力督促和推进。

（2）设计质量风险

目前，设计团队人员的专业水平参差不齐，再加上建设单位对于设计周期要求紧、项目设计任务量大，可能导致存在设计深度不满足相关规定、设计标准选用不合理、违反强制性设计条文规定、结构设计保守（配筋率过大）、基础抗浮及结构荷载计算漏项、建筑与结构（如标高、楼梯起跑方向、门洞留设位置等）不吻合、结构与建筑做法图集选用不合理、各专业设计不衔接等设计质量风险，从而造成安全隐患及投资增加。为了避免设计质量风险，必须加强方案设计文件及初步设计文件的审核及优化工作，并在施工图设计阶段加大各专业设计人员的衔接及设计内审管控力度。

（3）设计成本风险

经统计，初步设计阶段影响项目投资的可能性占75%～95%，施工图设计阶段影响项目投资的可能性为5%～35%，设计质量是影响项目投资的关键因素。因此，设计审核及优化工作将起到决定性作用，不仅可减少后续设计变更，还可更合理地控制建设投资。当然，设计进度也将制约建设投资，若设计进度滞后，将造成项目整体进度滞后，由此而带来的基坑降水、基坑监测、施工机械设备闲置、人员窝工、材料价格上涨等一系列费用的增加，也不容忽视。

（4）技术配合服务风险

技术配合服务风险包括派驻设计代表数量不足或不履行职责，设计技术交底深度不足、未及时提供技术支持或合理化建议，未按时参加相关会议及验收等。为确保设计人员能够积极有效地做好技术配合服务工作，必须细化针对EPC总承包单位的考核内容，加大考核力度，将设计进度、设计质量、设计成本、技术配合服务等纳入其中，并作为支付相关设计费用的依据。

2. EPC总承包模式下的设计管理工作建议

（1）目前建设单位为尽可能提前推进项目建设，大多在方案设计完成后就开始采用费率或模拟清单方式启动EPC总承包单位招标，给后续建设投资控制带来很大难度。因此，建议EPC总承包单位招标时机选定在初步设计完成后，以便中标单位具备明确的依据及标准来开展施工图设计工作。

（2）在EPC总承包招标时，提高设计资质门槛设置，从而优选经验丰富、实力雄厚的总承包单位。

（3）加大设计管理人员专业技术能力培训，对方案设计、初步设计、施工图设计等进行把控，在保证安全、实用、经济、合理的前提下进行设计优化。

（4）将设计服务内容纳入EPC总承包单位绩效考核，提高总包单位自身设计管理的积极性。

2.2 EPC总承包施工管理

2.2.1 施工管理方法（表2.2-1）

施工管理方法 **表2.2-1**

序号	管理方法	内容
1	目标管理	在总承包管理过程中，对分包单位确定总目标及阶段性目标，包括深化设计、进度、质量、安全、文明环保、绿色施工目标等，对各分包单位进行管理和考评。总承包提出切实可行的目标，经过各分包单位确认，以合同的方式予以约束

续表

序号	管理方法	内容
2	计划管理	建立完善的计划体系，以工程实际施工进程为主线，将工程所有相关专业分包的计划统一纳入总承包计划体系，包括专业分包招标进场计划、深化设计计划、施工进度计划、方案编制审批计划、施工设备安拆计划、采购计划、材料设备进场计划、调试验收计划等，对各专业工程实行计划统筹管理，监督控制，并贯彻工程始终
3	过程管理	为确保各施工阶段、各施工作业面在施工过程中科学、有序，在过程中对深化设计、进度、质量、安全、文明施工等进行全面监控，合理安排各分包单位的施工时间，组织工序穿插，及时解决各分包单位存在的技术、进度、质量问题；预见在施工中可能发生的主要矛盾，并拟定、采取相应措施，督促分包单位及时进行调整或整改，使所有问题解决在施工过程中
4	公共资源管理	总承包对总平面的交通组织、场地使用与设备周转进行统一调度，对其他公共资源如临时水电、临时通风、安全设施、测量基准点进行统一管理，对垃圾集中清运，对污水废水集中排放，确保公共资源提供最佳服务，发挥最大效力
5	制度管理	将制度的检查与考核贯彻始终，从合约、技术、生产、进度、物资、安全文明与绿色施工、质量、成品保护、工程资料等方面制定奖罚措施，在工程实施过程中依据奖罚规定对各分包单位实行检查与考核，并执行奖罚兑现

2.2.2 施工管理制度

1. 安全环境职业健康管理制度（表 2.2-2）

安全环境职业健康管理制度 表 2.2-2

序号	制度名称	序号	制度名称
1	安全生产责任制度	18	动火审批管理制度
2	安全教育制度	19	安全标牌管理制度
3	安全检查制度	20	安全专项资金使用制度
4	安全巡视制度	21	安全专项资料管理制度
5	安全交底制度	22	施工现场消防制度
6	安全生产合同制度	23	施工现场消防演练制度
7	安全生产例会制度	24	安全物资采购验收制度
8	安全生产值班制度	25	施工现场污水排放制度
9	特种作业持证上岗制度	26	建筑垃圾分类堆放处理制度
10	安全生产班前讲话制度	27	现场呼叫系统管理制度
11	安全生产活动制度	28	绿色施工实施管理制度
12	安全奖罚制度	29	安全整改制度
13	安全专项方案审批制度	30	施工现场安全应急救援制度
14	安全设施验收制度	31	安全事故报告制度
15	安全设施拆除许可制度	32	安全事故调查处理制度
16	临时照明系统管理制度	33	门禁系统维护制度
17	视频监控管理制度	34	现场安全设施移交保护制度

2. 质量管理制度（表 2.2-3）

质量管理制度 **表 2.2-3**

序号	制度名称	序号	制度名称
1	质量责任制度	14	质量检测仪器管理制度
2	质量教育培训制度	15	质量检测仪器周检制度
3	工程质量验收程序和组织制度	16	工程实体质量监测、标识制度
4	隐蔽工程验收制度	17	质量交底制度
5	工程质量检查制度	18	工程质量预控制度
6	工程质量例会制度	19	工程质量检验试验制度
7	全面质量管理制度	20	关键工序施工质量控制旁站制度
8	工程成品保护制度	21	工程质量报表制度
9	工程质量奖罚制度	22	工程质量整改制度
10	工程质量监督制度	23	工程质量竣工验收制度
11	工序交接制度	24	工程质量事故报告制度
12	工程质量创优制度	25	质量管理人员持证上岗制度
13	样品、样板管理制度	26	检测及监测点、线路保护制度

3. 技术管理制度（表 2.2-4）

技术管理制度 **表 2.2-4**

序号	制度名称	序号	制度名称
1	技术责任制度	8	声像资料管理制度
2	施工图纸会审制度	9	技术变更管理制度
3	施工组织设计编制审批制度	10	深化设计管理制度
4	技术标准和规范使用制度	11	项目技术开发制度
5	技术交底制度	12	技术资料文件管理及保密制度
6	设计文件管理制度	13	信息化施工管理制度
7	施工方案编制报审制度	14	总平面规划制度

4. 材料管理制度（表 2.2-5）

材料管理制度 **表 2.2-5**

序号	制度名称	序号	制度名称
1	材料报审制度	6	材料试件养护保管制度
2	材料质量保证资料报送制度	7	材料检验试验制度
3	材料进场验收制度	8	材料储存保管制度
4	材料见证取样制度	9	材料样品留置制度
5	材料招标采购制度	10	不合格材料处置制度

5. 合同管理制度（表 2.2-6）

合同管理制度　　表 2.2-6

序号	制度名称	序号	制度名称
1	合同评审管理制度	4	施工签证管理制度
2	合同签订管理制度	5	合同执行检查制度
3	合同变更管理制度	6	合同保管发放制度

6. 行政后勤管理制度（表 2.2-7）

行政后勤管理制度　　表 2.2-7

序号	制度名称	序号	制度名称
1	进场工人登记制度	11	居民投诉处理制度
2	门卫管理制度	12	工人退场管理制度
3	宿舍管理制度	13	施工现场卫生管理制度
4	食堂管理制度	14	施工现场卫生防疫制度
5	生活区卫生管理制度	15	民工工资发放监管制度
6	生活垃圾存放处理制度	16	施工现场网络管理制度
7	污水处理、排放制度	17	行政文件处理制度
8	车辆出入管理制度	18	宣传报道制度
9	施工现场人员身份识别制度	19	参观接待制度
10	现场治安管理制度	20	分区交通制度

7. 生产管理制度（表 2.2-8）

生产管理制度　　表 2.2-8

序号	制度名称	序号	制度名称
1	生产例会制度	5	动火报批制度
2	进度计划编制和报审制度	6	施工用水用电申请制度
3	进度计划检查与奖罚制度	7	临时堆场和仓库管理制度
4	施工总平面管理制度	8	夜间施工管理制度

2.2.3 施工管理要点

1. 进度计划管理（表 2.2-9）

进度计划管理　　表 2.2-9

序号	项目	内容
1	建立完善的进度计划保证体系	（1）以已完成类似工程的经验为基础，参照综合协调能力和预算出的工日天数进行安排，确定各分项与分部工程进度计划，并以此为各分部分项工程监测点。 （2）进度计划控制的监测与修正，采用前锋线法进行调整，对于关键线路上的各项工作与相邻工作间的关系问题，通过调整自由时差和总时差来解决。各种计划的实现，最终以与进度相关的各项保证措施加以保证

续表

序号	项目	内容
2	进度计划的分级管理	进度计划由总到分，从工程总控计划细化到周计划，分别编制一级总体控制计划（总计划）、二级进度控制计划（阶段计划）、三级控制计划（月进度计划）、辅助计划（周计划、补充计划和分项控制计划）
3	制定派生计划	工程的进度管理是一个综合的系统工程，涵盖了技术、资源、商务、质量检验、安全检查等多方面的因素。因此，根据总控工期、阶段工期和分项工程的工程量制定的各种派生计划，是进度管理的重要组成部分，按照最迟完成或最迟准备的插入时间原则，制定各类派生保障计划，做到施工有条不紊、有章可循
4	建立施工进度计划审批制	为了确保施工总进度计划的顺利实施，要求分包根据分包合同和施工总计划的要求，各自提供确保工期进度的具体执行计划，并经总包、监理、业主的审批同意付诸实施，执行计划一旦被批准，一般无特殊原因不作改变
5	加强现场调度管理工作	调度工作主要对进度控制起协调作用。协调配合关系，解决施工中出现的各种矛盾，克服薄弱环节，实现动态平衡。调度工作的内容包括：检查作业计划执行中的问题，找出原因，并采取措施解决；督促供应单位按进度要求供应资源；控制施工现场临时设施的使用；按计划进行作业条件准备；传达决策人员的决策意图；发布调度令等。要求调度工作做到及时、灵活、准确、果断
6	加强施工进度检查	（1）施工进度的检查与进度计划的执行是融合在一起的，计划检查是计划执行信息的主要来源，是施工进度调整和分析的依据，是进度计划控制的关键步骤。 （2）进度计划的检查方法主要是对比法，即实际进度与计划进度进行对比，从而发现偏差，以便调整或修改计划。 （3）建立监测、分析、反馈进度实施过程的信息流动程序和信息管理工作制度，如工期延误通知书制度、工期延误内部通知书制度、工期延误分包检讨会、工期进展通报会等一系列制度、例会。 （4）要求各分包每日上报劳动力人数与机械使用情况，每周呈交进度报告，同时要求现场工程师跟进现场进度。 （5）跟踪检查施工实际进度，专业计划工程师监督检查工程进展。根据对比实际进度与计划进度，采用图表比较法，得出实际与计划进度相一致、超前或拖后的情况
7	建立施工进度报告及照片例行制度	总承包单位编制日报告、周报告、月报告，经监理审核后，上报业主。同时，向业主呈交相应数量的工程进度照片及电子文件

2. 技术管理（表 2.2-10）

技术管理 **表 2.2-10**

序号	项目	内容
1	施工技术管理内容	（1）技术责任制度：项目总监、技术工程师、质量工程师、建造工程师、测量工程师、试验工程师等人员技术责任制。 （2）图纸会审：图纸会审人员，会审内容，会审程序，会审后的交底，会审遗漏或新问题处理。 （3）施工组织设计及施工方案：编制人员，编制内容和要求，审批程序，方案交底，方案执行的监督检查和变更处理程序。 （4）深化设计管理：深化设计管理制度，深化设计人员，深化设计内容和要求，与设计单位的沟通，深化设计审批，深化设计图纸绘制。

续表

序号	项目	内容
1	施工技术管理内容	(5)技术变更及洽商:变更洽商的制度,变更洽商的程序,变更洽商的交底和过程执行监督检查。 (6)技术交底:交底的内容、要求,分级交底,交底执行的监督检查。 (7)技术资料的管理:资料管理规定,资料的主要内容,资料编号,资料报审,资料表格,资料填写规定,回复资料的规定。 (8)竣工验收:竣工验收程序,分包单位的职责及配合事项。 (9)科技创优管理:明确各科技创优程序及条件,过程中积极挖掘、申报各项科技成果奖项,确保完成本工程科技进步及新技术应用示范工程的科技创优目标
2	技术协调	(1)强调技术协调预控的全面性。作为总承包除对自身施工范围内的工程技术管理外,更重要的是对其他指定专业分包的技术协调管理,具体包括供水管网与污水管网的技术协调;污水管网施工与供水管网工程施工的技术协调。 (2)强调技术管理的前伸与后延,重视综合协调能力。在施工中,总承包方不仅重视其施工的内在质量,而且通过技术准备协调向前延伸到其技术思想的领会,向后延续到其使用功能和寿命的保护,通过技术的综合协调,确保构筑物达到其应有的功能和寿命。 (3)重视新技术、新工艺、新材料的应用与推广,增加科技含量
3	施工组织设计及施工方案管理	(1)施工组织设计:作为工程实施阶段的施工组织设计是具有指导性的重要管理文件,总承包将组织编制实施阶段的施工组织总设计,提供各阶段的施工准备工作内容,对人力、资金、材料、机械和施工方法等进行科学合理的安排,协调各施工单位、各工种之间、资源与时间之间、各项资源之间的关系。 (2)分项工程施工组织设计及施工方案管理:各分包将依据总承包的要求编制各自的施工组织设计,其重点在于如何完成总承包的进度、质量要求及其所承担工程的专项技术方案。各分包编制的分项工程施工组织设计及施工方案首先由总承包进行审核,审核合格后遵照监理工作规程进行报审,经监理审批同意后方可执行。落实执行可采用交底会、书面等形式。施工组织设计、施工方案一经同意,分包必须严格遵照执行。总承包施工项目负责人部将制定《施工组织设计、施工方案施行管理办法》,安排专人进行管理,对所有施工组织设计加盖“受控”“有效”图章。建立施工方案调整变更索引表,明确变更的有关内容、章节、变更人、日期以及批准单号并有备注说明
4	图纸会审和变更、洽商管理	(1)图纸会审:在工程准备阶段,总承包将在业主的组织下参加图纸会审与设计交底工作。将图纸中不明确的问题尽量解决在施工之前。 (2)图纸变更管理:工程存在众多分包,设计变更由总承包统一接受并及时下发至各分包,并对其是否共同按照变更的要求调整等工作进行评议处理。同时各家分包的工程洽商以及在深化图中所反映的设计变更,亦需由总承包汇总、审核后上报,业主代表、工程监理、设计单位批准后由总承包统一下发通知各专业分包。工程变更管理过程中,总承包负责对变更实施跟踪核查,一方面杜绝个别专业发生变更,相关专业不能及时掌握并调整,造成返工、拆改的事件发生,另一方面还要监督核实工程变更造成的返工损失,合理控制分包因设计变更引起的成本增加

3. 质量管理(表 2.2-11)

质量管理 **表 2.2-11**

序号	项目	内容
1	工程质量	专业分包工程质量达不到约定质量标准总承包人承担连带责任
2	检查和返工	因专业分包人达不到约定标准的,由责任方承担拆除和重新施工的费用,承担质量违约责任,工期不予顺延,由总承包人管理不力的,总承包人承担责任

续表

序号	项目	内容
3	隐蔽工程和中间验收	(1)工程具备隐蔽条件或属于政府部门发文规定的中间验收部位，专业分包人和直接承包人必须先进行自检，自检合格后由总承包人在隐蔽或中间验收前24h以书面形式通知监理工程师验收，通知应包括隐蔽和中间的内容、验收时间和地点。监理工程师在验收记录上签字后，专业分包人和直接承包人方可进行隐蔽和继续施工。验收不合格的，专业分包人和直接承包人必须在24h内或监理工程师限定的时间内修改后重新验收。 (2)总承包人应对专业分包工程的隐蔽及中间验收工作创造便利条件，并提供足够的配合
4	保修管理	总承包人有义务对各专业分包工程的保修工作进行协调和管理，总包管理项目完工后及时督促相关专业分包人在保修期内做好保修工作。专业分包人未及时做好保修工作，且存在总承包人管理不力原因的，总承包人承担法定连带责任

4. 安全管理（表2.2-12）

安全管理　　表2.2-12

序号	项目	内容
1	安全管理制度	建立各级各部门的安全生产责任制，责任落实到人。各项经济承包有明确的安全指标和包括奖惩办法在内的保证措施。总承包、分包之间必须签订安全生产协议书，并建立《安全教育制度》《安全生产例会制度》《特种作业持证上岗制度》《安全值班制度》《安全技术交底制度》《建立安全生产班前讲话制度》《日检查、周检查、旬检查制度》《机械设备、临电设施和脚手架的验收制度》《安全环保的奖罚制度》等主要安全管理制度
2	安全宣传和教育	加强安全宣传和教育是防止员工产生不安全行为，减少人为失误的重要途径。为此，根据实际情况制定安全宣传制度和安全教育制度，以增加员工的安全知识和技能，避免安全事故的发生
3	安全检查	消除安全隐患是保证安全生产的关键，而安全检查则是消除安全隐患的有力手段之一。总承包将组织自行施工项目部和各分包进行日常检、定期检、综合检、专业检四种形式的检查。安全检查坚持领导与员工相结合、综合检查与专业检查相结合、检查与整改相结合的原则。检查内容包括：查思想、查制度、查安全教育培训、查安全设施、查机械设备、查安全纪律以及劳保用品的使用
4	对危险源辨识	(1)项目将采用专题会议的形式进行危险源辨识与风险评价工作，操作程序执行公司《危险源辨识与风险评价程序》。 (2)根据项目危险源辨识的结果，由项目施工管理部负责编制《项目危险源台账》，并报施工项目负责人审核确认
5	安全技术管理制度	(1)施工组织设计或施工方案中，必须有单项的安全技术措施。临时用电工程必须纳入施工组织设计之中，要有设计、有计划、有平面布置图、有说明、有计算。 (2)特殊和危险性较大的分部分项工程必须单独编制安全技术措施，一定要有依据、有详图、有说明、有审批。 (3)所有施工组织设计或施工方案均须经安全及文明施工管理部会签提出意见，并交安全及文明施工管理部一份归档
6	安全管理措施	(1)由于工程吊装及安全防护尤为重要，在施工前必须进行详细的、可行的安全技术交底。 (2)要求所有安全设施的搭设实行申报制度，所有设施搭设必须以书面形式报总承包审批，搭设完毕后通知总承包，经总承包验收合格后方能使用。拆除安全设施同样要向

续表

序号	项目	内容
6	安全管理措施	总承包提出申请，经批准后方能拆除。同时对多分包共同使用或交替使用的安全设施实行验收、检修、交接制度，对安全设施搭设的时间、位置、用途等情况，总承包都一一记录在案，根据使用的要求和工程进度，做好动态管理，确保安全设施在使用过程中的完好、坚固、稳定，使安全设施始终处于安全状态。 (3)施工用电投入运行前，要经过有关部门验收合格后方可使用，管理人员对现场施工用电要有技术交底。施工现场供电线路、电气设备的安装、维修保养及拆除工作，必须由持有效证件的电工进行。对易燃、有毒、化学品的使用实行严格的安全管理

5. 文明施工管理（表 2.2-13）

文明施工管理　　表 2.2-13

序号	项目	内容
1	文明施工管理组织机构	为了确保文明施工中的各项工作能够顺利地贯彻落实，在项目安全文明施工小组的领导下，设专职文明施工管理员，负责施工现场及各专业分包队伍的文明施工管理，各施工作业队伍均需配置专兼职文明施工管理员，形成文明施工管理的纵横网络
2	文明施工规划管理	进场后对施工现场的硬化进行优化，确保现场无裸露土层。现场设置排水系统，确保现场排水通畅。在材料堆放区、施工道路及构筑物四周均设置排水沟。运出的散料进行覆盖，做到沿途不遗撒。生产污水及生活污水须经过处理达标后才能排入市政管网。现场道路要求通畅整洁、无杂物乱堆乱放，并由专人定期打扫。施工现场按总平面规划进行布置，确保环境优美，减少污染。施工现场的成品、半成品、各种料具均要按施工平面布置图指定位置分类码放整齐、稳固，做到一头齐、一条线
3	文明施工责任区制度	建立现场文明施工责任区制度，根据文明施工管理员、材料负责人、各责任工程师具体的工作将整个施工现场划分为若干个责任区，实行挂牌制，使各自分管的责任区达到文明施工的各项要求，项目定期进行检查，发现问题，立即整改，使施工现场保持整洁
4	工完场清制度	认真执行工完场清制度，每一道工序完成以后，必须按要求对施工中造成的污染进行认真的清理，前后工序必须办理文明施工交接手续

6. 环境保护管理（表 2.2-14）

环境保护管理　　表 2.2-14

序号	项目	内容
1	水体污染控制	(1)混凝土泵、搅拌车及其他运输车辆出现场需清洗，清洗处应设置沉淀池。废水经二次沉淀后，方可排入市政污水管线或回收用于洒水降尘。 (2)机械润滑油流入专设油池集中处理，不准直接排入下水道，铁屑杂物回收处理
2	扬尘控制	(1)工地设置围挡和硬铺装，设置防车轮带泥污染道路措施。 (2)检查施工工地运输车辆是否办理渣土排放行政许可手续，做到一车一证。 (3)检查施工工地运输车辆是否密闭运输，无洒漏扬尘污染现象；施工工地周边道路环境卫生是否干净整洁。 (4)土方露天堆放必须采取保护措施，防止过往车辆引起扬尘，安排固定人员每日对工地道路进行清扫、洒水

续表

序号	项目	内容
3	固体废弃物污染控制	(1)少量工程弃土可采用外运处理及现场就地挖坑处理,但必须保证废弃土中不含有害、有毒、辐射性物质。 (2)大量建筑废弃物可先分类,不同类型堆放在一起,可以回收利用的进行再次利用,不可利用,对人们健康、环境有害的根据国家环保部门规定进行定点、定方法处理,严禁在现场处理及外运擅自处理
4	生活垃圾的处理	生活垃圾的处理必须指定严格的处理线路,处理程序要确保工地大量的生活垃圾能得到有序的处理,并且派专人进行处理,不可污染生活环境
5	光污染控制	夜间使用聚光灯照射施工点时要防止对环境造成光污染。现场使用照明灯具宜用定向可拆除灯罩型
6	大气污染控制	(1)清理施工垃圾,使用封闭的专用垃圾道或采用容器吊运,严禁随意凌空抛撒造成扬尘。施工现场要制定洒水降尘制度,配备专用洒水设备及指定专人负责,在易产生扬尘的季节,施工场地采取洒水降尘。 (2)运料车遮盖防止飞尘。场内临时施工道路,要随时洒水,减少道路扬尘。有毒、有害的气体严禁排放,必要时采取物理、化学的处理措施后排放。选用环保、绿色的管材
7	施工噪声的控制	(1)对施工中所产生的噪声应采取有效的降噪措施,做到预防为主,文明施工,在施工阶段,昼夜噪声应严格执行现行国家标准《建筑施工场界环境噪声排放标准》GB 12523 要求,防止施工噪声对沿线环境造成严重影响。夜间禁止使用各种夯实机等设备,由于特殊原因需夜间施工时,必须事前报经当地主管政府部门批准,并公告周围居民。 (2)合理安排施工机械作业,高噪声作业活动尽可能安排在不影响周围居民及社会正常生活的时段下进行。 (3)尽量选用低噪声施工设备,对于高噪声设备附近加设可移动的简易隔声屏,尽可能减少设备噪声对周围环境的影响。 (4)根据施工项目现场环境的实际情况,合理布置机械设备及运输车辆进出口,搅拌机等高噪声设备及车辆进出口应安置在离居民区域相对较远的方位。 (5)离高噪声设备近距离操作的施工人员应佩戴耳塞,以降低高噪声机械对人耳造成的伤害。 (6)每年高考、中考期间,施工现场应加强噪声污染控制管理,采取各种措施减少施工在此期间对居民、学校附近区域的影响
8	资源回收再利用	对于现场各种材料、水资源、钢材料、成品、半成品必须做到充分回收利用

2.3 EPC总承包项目实施建议

(1) 推行合理的工程管理方式，注重人才的培养以及业主项目责任制的明确

针对在建筑项目中业主方面存在的问题主要从三个方面进行应对解决，一是推行科学合理的工程项目管理方式；二是落实业主与项目之间的责任制度，明确双方具体的责任以及义务之分，并且不断沟通，统一双方的思想，提高双方认识；三是对于人才培养方面，政府应该重视复合型人才的培养，业主方也应该注重项目经理的专业技术和专业知识的培养，不仅有利于业主方的发展同时也有利于双方在洽谈中达成共识。

（2）完善总承包项目管理系统，提升其业务能力

针对总承包商方面存在的问题首先是要完善总承包商的管理系统，建立总承包项目管理的总体统一目标和内部运行模式，从组织体系、技术以及项目管理和人才结构各方面提供统一全方位的服务。在完善自身内部管理系统的同时提高自身的业务功能，切实加强内部设计与施工、采购的融合，在节约成本的基础上保证质量，这样不仅符合业主方的利益要求也有利于提高自己的服务质量和业务水平，提升市场竞争力。

（3）严格控制施工质量

对于整个项目而言，施工就是把图纸变成实际工程的过程。在项目施工前组织各方人员对整个项目的难点、重点了解分析是必需的。项目施工中对分包商进行培训，让大家第一时间树立起“要么不做，要做就正确”的理念。项目工程的施工前阶段，制定出科学合理的施工方案，与此同时开展专业的技术研讨会，不断加强施工方案的建设，并且组织开展施工前的培训工作，做好技术交底，让施工人员、管理人员、技术人员等全部熟悉施工的流程，将施工的总体要求掌握好。在工程施工的过程中，对于关键的施工环节做好管理工作，严格按照施工程序进行，严格按照制度的要求进行以及严格做好试验检验工作，明确重点环节，将责任落实到位，防止出现互相推诿、不作为的情况。此外，在施工中，还要尽量减少工程对环境造成的影响，保证工程的环境指标达标。

（4）定期总结质量问题，持续改进

EPC总承包管理中，对于施工中所发生的问题要做到及时地整理分析，在不断的改进过程中，才能有效提升整体工程质量。及时对所发现的问题进行反馈，尤其是设计部门，对于各类方案以及设备设施差错都要及时解决，并且总结反馈，以免发生类似的现象。施工中的原材料问题是十分关键的，一旦发现原材料存在质量不合格的现象，必须做出积极的处置。对于那些生产质量不稳定的原材料企业，要落实责任，及时分析不合格的原因，制定整改措施和预防措施认真整改。在施工中发生的质量问题应及时找出原因，追责相关人员，认真做好整改。做好各单位自查，避免此类问题再次出现，对质量造成隐患。

2.4 项目特点及施工组织重难点

2.4.1 项目特点

城镇更新及黑臭河道治理工程施工范围点多面广，施工内容主要包含城镇老旧小区改造、市政道路雨水管网提质增效、河道水质净化、河道水生态修复等，施工主要集中在城镇已建成老旧小区及工业区、老旧市政管网及已污染河道，城镇更新及黑臭河道治理工程施工具有以下特点：

（1）城镇小区、工业区及市政雨污水管网本底调查范围广、工程量大、调查清楚难度大。

（2）城镇老旧小区改造及市政雨污水管网提质增效对小区居民生活、道路交通影响较大，进场施工协调单位多，协调难度较大。

(3) 黑臭河道治理工程是一个综合系统工程，“黑臭在水体，根源在岸上，核心在管网，关键在排口，长效在生态”，河道外源污染影响因素多，彻底去除外源污染很难实现，对各工序施工质量要求高。

(4) 城镇更新及黑臭河道治理工程涉及专业较多，专业性较强。

(5) 施工范围点多面广，涉及小区、工业区、市政管网、河道等，施工组织难度大。

2.4.2 施工组织重难点

通过对城镇更新项目、老旧小区改造项目、水环境综合治理项目及河道水环境治理项目等类似项目进行施工，结合相应项目的设计要求、施工环境、施工条件及相关类似工程施工经验进行分析，总结出如表 2.4-1 所示的该类工程在管理和施工过程中的重难点。

管理和施工过程中的重难点　　表 2.4-1

序号	分类	重难点
1	老旧小区现状设施及市政雨污水管网本底调查	(1)老旧小区现状给水管、雨污水管、燃气管、电力、通信等管线本底调查； (2)现状市政雨污水管网本底调查
2	外部单位组织协调	(1)老旧小区改造进场施工时与小区居民、业委会、社区之间的沟通协调； (2)市政雨污水管网提质增效施工时与交管、城管、市政、地下管线权属单位等相关单位之间的协调
3	重点子项及工序的施工质量	(1)小区雨污分流施工质量控制； (2)管道、箱涵清淤修复施工质量控制； (3)雨污水管错混接点排查及治理施工质量控制
4	施工安全管理	(1)老旧小区外立面改造施工的安全防护； (2)雨污水管涵清淤、非开挖修复、管道接驳等有限空间作业安全防护； (3)河道水质净化、河道水生态修复、湖泊治理等水上作业安全防护； (4)新建管道施工时沟槽深基坑安全防护； (5)顶管施工时安全防护； (6)占道挖掘施工时安全防护
5	文明施工管理	(1)老旧小区改造现场安全文明施工管理； (2)市政道路上新建雨污管道现场文明施工管理； (3)河道水质净化、河道水生态修复施工现场文明施工管理； (4)管道清淤、河道清淤淤泥处理现场文明施工管理
6	施工组织部署	城镇更新及黑臭河道治理工程涉及子项多，施工内容点多面广，施工组织部署是重难点

2.5 施工组织及部署

2.5.1 施工组织架构及职责

1. 施工组织架构

根据项目管理基本组织架构要求并结合城镇更新及黑臭河道治理工程特点及多个类似

项目管理的成功经验，此类项目管理宜采用如图 2.5-1 所示的组织架构及如表 2.5-1 所示的人员配备表。

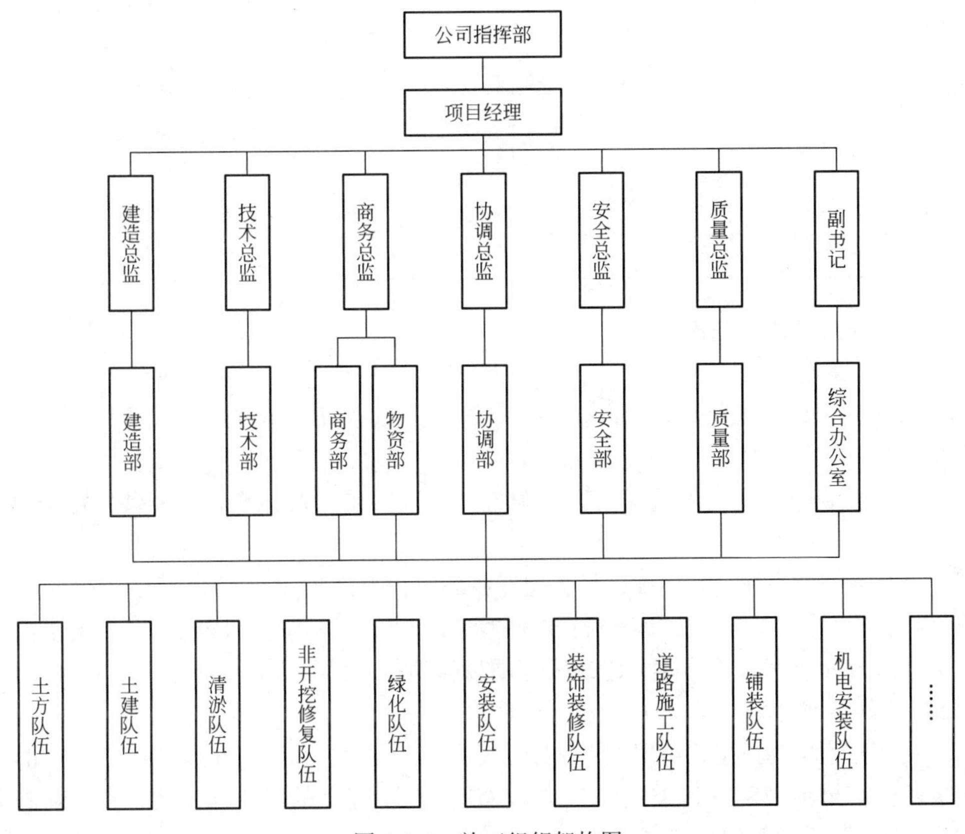

图 2.5-1 施工组织架构图

项目部各机构及部门人员配备一览表 **表 2.5-1**

序号	管理层次	所属部门	职务(岗位)	人员数量
1	项目领导班子	项目经理		1
2		建造总监		1
3		协调总监		1
4		技术总监		1
5		商务总监		1
6		安全总监		1
7		质量总监		1
8		副书记		1
9	项目管理层	建造部	建造工程师	12
10			测量工程师	3
11		协调部	协调工程师	3
12		技术部	技术工程师	5
13			资料员	1

续表

序号	管理层次	所属部门	职务(岗位)	人员数量
14	项目管理层	商务部	商务工程师	3
15		物资部	物资工程师	3
16		安全部	安全工程师	5
17		质量部	质量工程师	5
18			试验工程师	2
19		综合办公室	综合管理员	2
合计				52

2. 项目部主要岗位职责

（1）项目经理

1）代表公司履行工程承包合同，执行公司的质量方针，实现工程质量目标及各项合同目标；

2）策划项目组织机构的构成及人员配备，部署项目人员、物资、设备、资金等主要生产要素的供给方案；

3）制定项目规章制度，明确项目管理部各部门和岗位职责，在总部管理职责划分的基础上，结合工程需要和具体要求，进行详细的管理职责、目标职责的划分，并负责考核；

4）主持审批项目管理方案，组织实施项目管理的目标与方针，批准各专业实施方案，并监督协调其实施行为；

5）施工过程中与业主、监理直接对接，解决、处理业主和监理安排的重大事项和问题；

6）组织召开专业间的各类协调会议，解决生产中存在的矛盾和问题，积极协调好项目与所在地政府部门及周边关系；

7）全面利用单位内部资源为工程实施创造保障条件；

8）负责项目整体资金运作，维持现金流的合理；

9）作为 HSE（健康、安全与环境管理）的第一责任人并负责承包人（包括其分包和供货商）在合同范围工作中的 HSE 绩效。

（2）技术总监

1）领导管理技术部门各项工作，负责总承包项目部的技术工作，提供技术支持与服务，参与各个环节的深化设计评审、审核；

2）主持整个项目的技术措施、大型机械设备的安装及拆卸、脚手架的搭设及拆除、季节性安全施工措施的编制；

3）与设计、监理经常沟通，保证设计、监理的要求在各分包单位中贯彻实施；

4）主持图纸内部会审、施工组织设计交底及技术交底；

5）及时组织技术人员解决工程施工中出现的技术问题，组织对本工程的关键技术难题进行科技攻关，进行新工艺、新技术的研究；

6）负责工程材料设备选型的相关工作；

7）领导项目资料员对工程资料进行收集、归纳、存档及管理；

8）指导技术部门完成工程档案的收集整理，保障相应的声像、媒体资料、现场记录及保障资料的完善；

9）负责指导贯彻施工组织设计，并根据项目实际情况对施工组织设计进行必要的修改调整及补充完善；施工前对各工种进行分部分项技术交底。

（3）建造总监

1）协助项目经理做好施工现场内部协调工作，重点为各生产要素的计划及管理工作；

2）作为现场施工各阶段劳动力情况计划及管理的主要执行者，通过现场人员管理网络系统随时掌控现场劳动力情况，出现异常及时预警，在项目经理的支持下，通过区域劳动力的调配，完成项目劳动力的整体调配工作，同时负责赶工措施的具体实施；主持项目测量工作；

3）总体负责现场施工机械整体安排，指导施工机械具体管理部门合理有序地进行现场施工机械的调度、维护、管理，工作的重点为材料调度控制；

4）在项目经理领导下具体完成本工程的材料管理，指导物资部门依据技术部门的材料计划进行材料的采购、运输、储备、调拨、使用各环节的有序流动，保证材料设备供应满足现场施工需求，在物资计划与采购计划之间具体做好协调工作；

5）负责控制施工现场内部的整体作业环境，协同项目经理做好现场平面的管理，各种工序、工作面的交接、移交工作，负责工程的成品保护工作的具体实施；

6）负责保修阶段内的工程维保服务，配合业主做好相关工作。

（4）商务总监

1）主管商务部及物资部的各项管理工作；

2）负责工程项目设计概算、预算、结算管理与审核；

3）参与项目招标、评标、工程合同会签、施工图纸会审及工程竣工验收；

4）组织做好材料、机械设备、工具、能源等物资的进场使用供应、调配、管理，执行各项物资消耗定额，严格管理标准，减少浪费损失，使各项物资消耗不断降低；

5）监督项目的履约情况，控制工程造价和工程进度款的支付情况；

6）审核项目各专业制定的物资和设备计划，督促项目及时采购所需的材料和设备，保证包括甲供物资在内的工程设备、材料的及时供应；

7）参加每周综合检查。对分包单位施工质量、文明施工、材料节约、环境卫生的标准化检查、评分、评定，报表真实。

（5）安全总监

1）监督项目部的安全管理工作，参与组织工程安全策划；

2）贯彻国家对地方的有关工程安全与文明施工规范，确保本工程总体安全与文明施工目标和阶段安全与文明施工目标的顺利实现；

3）领导项目的安全部，领导建立安全生产和文明施工管理保证体系，主持项目的安全工作专题会议，主持对安全方案、文明施工方案及消防预案的审核工作；

4）督促、收集、分析每周安全资料，并形成书面报告上报委员会主管领导；

5）组织项目的安全协调会，并负责监督检查，向业主和监理工程师提交安全情况报表；

6）督促项目安全环境体系的有效运行，负责各阶段的具体实施；确保在场人员遵守项目的 HSE 规定。

（6）质量总监

1）监督项目部的质量管理，参与组织工程质量策划，对本工程施工质量具有一票否决权；

2）贯彻国家、地方及行业的有关工程施工规范、质量标准，严格执行国家施工质量验收统一标准，确保项目各阶段质量目标和总体质量目标的实现；

3）领导项目的质量部，建立质量管理保证体系，主持项目的质量工作专题会议，形成书面的整改意见，并负责监督整改；主持项目计量设备管理，负责本工程检验试验工作；

4）负责与质监站的工作联系，负责与业主和监理工程师的质量工作协调，协助业主和监理工程师组织好竣工验收工作；

5）配合主持现场的质量协调会，并负责监督检查，向业主和监理工程师提交工程质量情况报表。

2.5.2 施工总体部署

1. 部署准备

（1）城镇更新及黑臭河道治理工程涉及河道、道路、小区、城区内涝点等，前期需要对施工区域充分踏勘，掌握现场情况、施工条件、问题和重难点情况。

（2）统筹利用联合体各方的品牌优势、管理优势、技术优势、人才优势、资源优势，集中联合体的精兵强将及有利资源，打造一支内部权责分明、分工明确、各尽所长、优势互补的专业化管理团队；打造一个覆盖全面的区域资源平台，充分利用、整合各方资源，优化资源配置。

（3）紧密结合现场踏勘的情况，充分研究图纸、清单，核实工程量，利用公司平台优势，强化施工方案中新工艺、新技术、新设备、新材料等的应用，提升人员、机械、材料、半成品和成品的把控，提高工程质量、提高工作效率、降低施工成本、提升施工技术水平。

（4）对施工项目的安全、质量、进度等方面采用正规化、标准化、制度化管理，安全、质量、进度工作同时布置，同时落实，确保生产协调运行。针对施工可能遇到的各种问题，制定强有力的保证措施。

（5）城镇更新及黑臭河道治理工程大多位于市中心区域，为降低工程对区域交通出行的影响，需要从整体→区域→路段三个层级制定详尽的交通组织方案，通过优化交通组织、完善交通设施、加强协调联动，降低堵塞风险、缓解交通压力、保障通行效率。

2. 部署原则

（1）结合工程特点部署的原则

城镇更新及黑臭河道治理工程具有以下特性：功能融合，系统性强；点多面广，专业性强；处于中心城区，社会影响大；涉及征地拆迁，进度影响大；项目涉及地铁、轨道交通、桥梁，保护要求较高；部分区域施工面小，实施困难；实施周期长，时间跨度大等。因此，以抓主要矛盾为主，结合工程特性考虑的工序安排、流水段划分、资源配置、方案优化、任务分配等方面的部署，对工程目标达成具有重要意义。

（2）最大程度缓解交通压力的原则

城镇更新及黑臭河道治理工程施工区域大多位于市中心地带，为避免同一时段施工力量过于集中，导致局部交通瘫痪，在平面上采用科学的分区分块，将整个施工区域划分若干工区、施工段和流水作业区进行施工，施工区域相互交错施工，每个施工段的主体工程同时进行。短平快施工，最大程度缓解由于施工原因造成的交通疏解压力。

（3）保障工期的原则

城镇更新及黑臭河道治理工程往往工期较紧，为确保各专业按期完成施工任务，需根据城镇更新、河道综合整治等的工程量不同以及施工难易程度不同，优化资源配置，确保各专业按期完成施工任务。

（4）优化资源配置的原则

根据划分的工区合理安排工区驻地、临时材料堆场位置，减少人员、材料的长距离流动和倒运。根据各工区的施工内容、计划实施时间，分别部署相应数量的人材机，全面优化资源配置。

（5）特殊季节部署原则

城镇更新及黑臭河道治理工程往往工期较长，需跨越多个冬雨季，综合考虑河道的丰水期及枯水期，不同阶段采取不同的施工方法；考虑城镇更新工程中土方开挖及回填的安排，防止雨水泡槽和对回填土的土质影响等。针对各分项施工工艺及规范要求，对于不利于在特殊季节施工的项目应尽量避开或采取有利措施。

（6）坚持安全质量为核心的原则

工期服从安全质量，通过加大资源投入和加强技术管理确保施工安全与质量。全面推行标准化管理的原则。坚持管理制度、人员配备、现场管理和过程控制四个标准化，以工厂化、专业化、机械化和信息化作为支撑手段，落实闭环管理，全面推进标准化管理。

（7）坚持全面创优的原则

从源头把关，严抓过程控制，精细化管理，坚持实施“样板引路”，充分发挥样板引领的示范作用，确保项目安全、优质、高效建设，一次成优。

（8）坚持文明施工，保护环境的原则

实现文明施工，重视环境保护，合理规划临时用地，节约原材料，按照环境保护要求，精心组织，严格管理。把施工对环境的影响降低到最低程度，使工程建设达到“一流的资源节约型、环境友好型”要求。

3. 工区划分

（1）工区划分原则（表 2.5-2）

工区划分原则 **表 2.5-2**

序号	内容
1	根据行政区属划分的原则： 城镇更新及黑臭河道治理工程一般会跨越多个行政区域，根据行政区属划分，将施工区域按行政区属框架进行分区分块划分管理，以缩短南北、东西方向管理跨度、便于施工协调
2	根据地理交通条件划分的原则： 根据片区内主要铁路、河道、山体及湖泊的位置，考虑可能会影响交通及资源调配的地理因素，合理安排工区驻地、临时材料堆场位置，保障驻地交通便捷，便于施工组织
3	均衡产值原则： 为方便项目管理，工区划分同时考虑各工区工程量划分大致相等，保证产值均衡的部署原则
4	分专业划分的原则： 根据工区内施工内容专业性不同，将城镇更新及黑臭河道治理工分别划分施工流水作业段，保障施工的专业性、连续性

（2）工区划分

根据工区划分原则及项目实施内容，将某项目整体划分为四个工区实施，总承包项目部设置在二工区，工区划分施工部署图如图 2.5-2 所示。

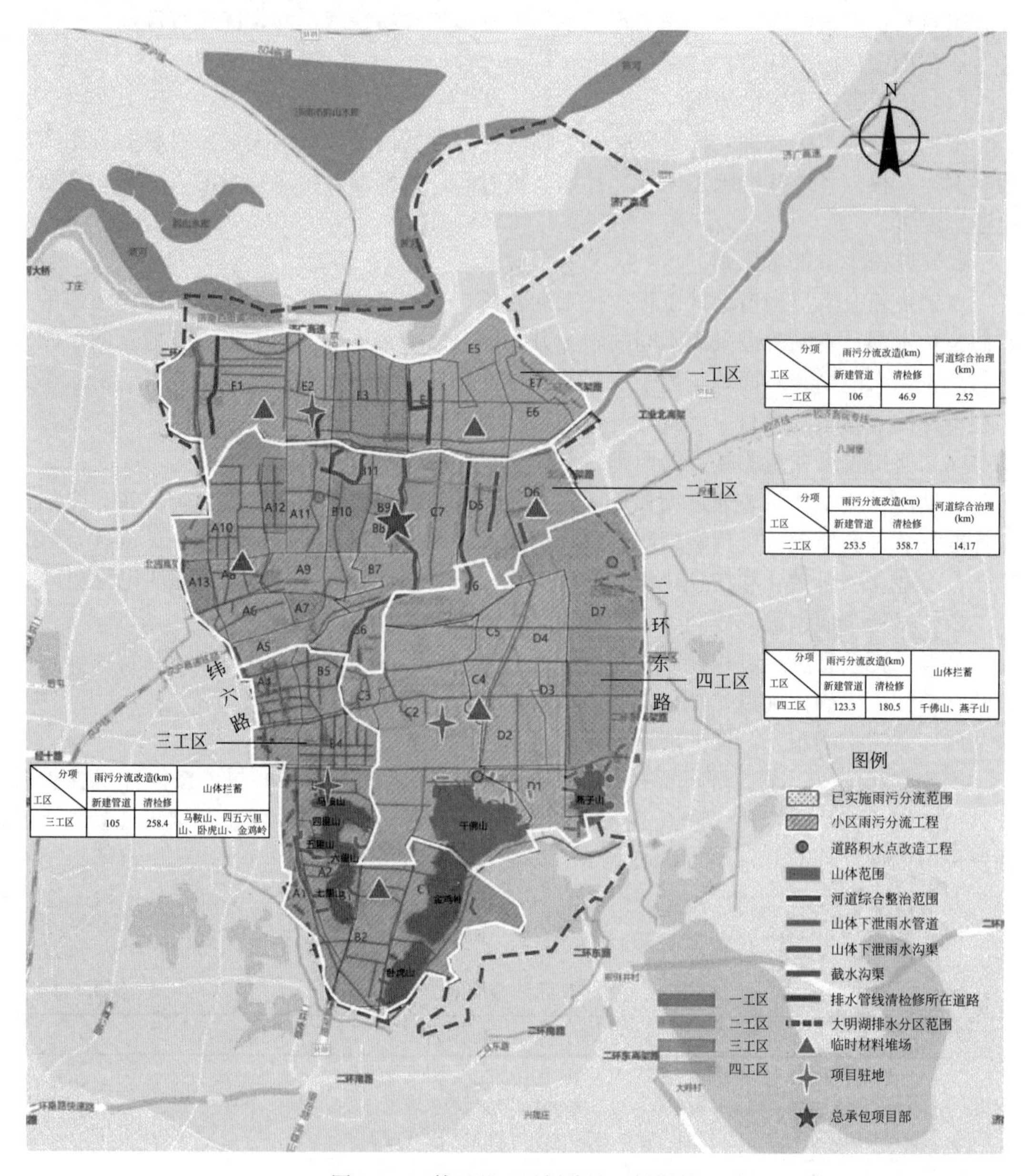

工区＼分项	雨污分流改造(km)		河道综合治理(km)
	新建管道	清检修	
一工区	106	46.9	2.52

工区＼分项	雨污分流改造(km)		河道综合治理(km)
	新建管道	清检修	
二工区	253.5	358.7	14.17

工区＼分项	雨污分流改造(km)		山体拦蓄
	新建管道	清检修	
四工区	123.3	180.5	千佛山、燕子山

工区＼分项	雨污分流改造(km)		山体拦蓄
	新建管道	清检修	
三工区	105	258.4	马鞍山、四五六里山、卧虎山、金鸡岭

图 2.5-2　某工程工区划分施工部署图

4. 施工总平面布置图

（1）黑臭河道治理工程总平面布置图

以某黑臭河道治理为例（图 2.5-3），总体施工顺序为上游至下游的原则，采用多处围堰流水施工，施工顺序先施工Ⅰ段，然后施工Ⅱ、Ⅲ段，最后施工Ⅳ段、Ⅴ段以及Ⅵ段。施工过程中工作面需采用围挡进行封闭，占用道路时需进行交通疏解。

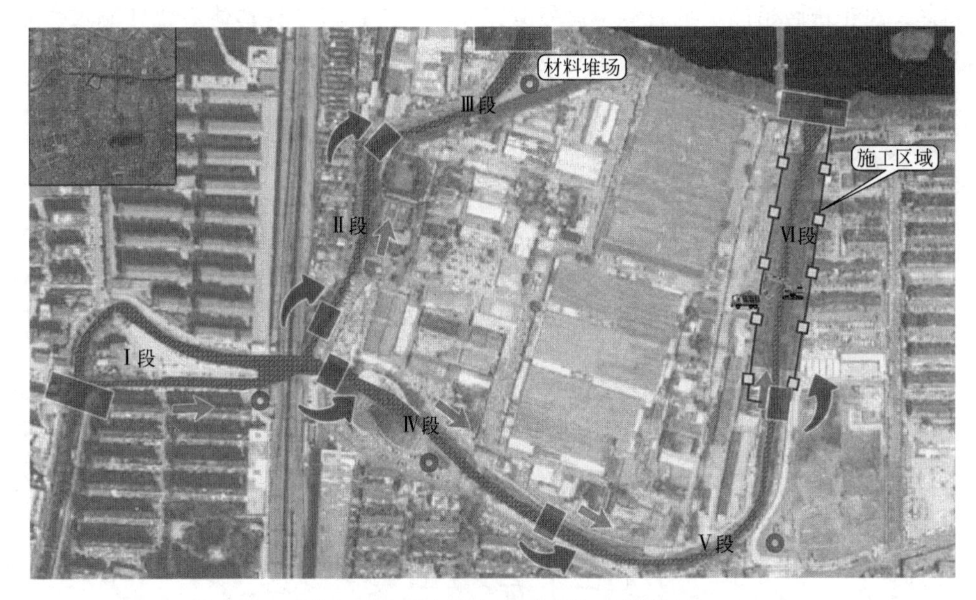

图 2.5-3　某黑臭河道治理施工部署图

（2）城镇更新部署图

小区改造工程中，小区内部可利用空间较少，一般选择在场外租赁场地作为材料堆场以及办公生活区域，办公生活区域设置在施工区域中部位置，方便统筹管理，施工区域较大时，可根据需要设置多个标段办公室（图 2.5-4）。

图 2.5-4　某工程小区改造施工部署图

同样，对于市政道路上的管涵清淤修复以及新建工程，工程整体呈线性流水作业，施工作业面不固定，一般选择在场外租赁场地作为材料堆场以及生活区域（图 2.5-5）。

图 2.5-5　某工程管涵清淤施工部署图

2.5.3　临时设施管理（表 2.5-3）

临时设施管理　　表 2.5-3

序号	类别	描述	图示
1	管理人员 办公室、生活区	办公区、生活区为 2 层集装箱，场外租地建设。进场后优先进行办公区、生活区施工	

续表

序号	类别	描述	图示
2	工人生活区	工人生活区场外租地建设，房间数量可满足本工程高峰期人员居住，1间房6人居住	
3	围挡	市政道路施工围挡采用当地要求的标准化围挡，如长期占道施工时采用高2.5m、长6m每跨的钢制围挡；小区施工围挡采用高1.8m黄色水马；市政道路上管涵清淤修复防护采用警示桶	立柱　左收边卡槽　上边卡槽　彩钢扣板　245　封底警示钢板　下边卡槽
4	钢筋加工棚	钢筋加工棚尺寸为6000mm×12000mm，定型化制作。工具式钢筋加工棚需在醒目处挂操作规程图牌，图牌的尺寸为：宽×高=2000mm×1000mm	
5	木工加工棚	工具式木工加工棚搭设尺寸宜选用3000mm×4500mm单组加工棚拼装加长	
6	临时用电	在保证生产的前提下，满足用电设备在使用中的可靠性、安全性，从而提高电能质量。现场用电在用电负荷不大的地段使用发电机供电，在需大负荷供电的地段设置配电室，接市政电网。符合“三级配电，逐级保护”的要求。采用TN-S系统，配备五芯电缆、四芯电缆和三芯电缆	

2.6 施工资源配置

2.6.1 劳动力配置

城镇更新及黑臭河道治理工程施工期间将跨越多个冬季和雨季，还将经历春节、农忙时节等劳动力紧张时段，须提前按工程量所需的工日数合理安排劳动力，并略有富余，满足抢工、赶工需要，确保里程碑及总工期的要求，并与有资质、有信誉、有城镇更新及黑臭河道治理工程施工经验的专业劳务公司签订劳务合同，确保施工质量及安全。还应根据施工进度安排及工法、工艺要求，合理配置各工序劳动力，使得劳动力工种配置结构合理、分工明确，突出专业化（表 2.6-1）。

某项目劳动力配置表（单位：人）　　表 2.6-1

工种	2023 年				2024 年							
	9 月	10 月	11 月	12 月	1 月	2 月	3 月	4 月	5 月	6 月	7 月	8 月
测量工	4	4	4	4	4	4	4	4	4	4	2	2
水电工	4	4	4	4	4	4	4	4	4	4	2	1
机操工	2	10	15	20	30	20	20	10	10	10	10	2
钢筋工	8	8	6	6	6	2	2	2	2	2	2	2
木工	8	8	6	6	6	2	2	2	2	2	2	2
混凝土工	8	8	6	6	6	4	4	4	4	8	8	2
沥青工	0	0	0	0	0	0	0	8	8	8	8	0
清淤工	0	14	0	0	0	0	0	0	0	0	0	0
砌筑工	8	15	20	20	20	20	20	12	10	10	10	2
架子工	4	4	8	10	10	10	4	4	4	2	2	0
绿化工	0	0	10	30	40	40	40	30	30	10	10	10
油漆工	0	0	0	4	4	4	0	0	0	0	0	0
管道工	4	4	4	16	16	16	8	4	4	4	2	2
电焊工	2	4	4	4	4	4	2	2	2	2	2	2
安装工	4	4	10	10	10	10	10	10	10	4	4	4
铺装工	0	0	0	0	0	0	0	20	20	0	0	0
普工	20	20	20	20	20	20	20	20	20	20	15	10
总计	76	107	117	160	180	160	140	136	134	90	79	41

2.6.2 机械配置

机械设备的合理组织是工程施工生产顺利进行的重要保障，是项目管理的重要环节。机械设备投入计划需根据工区划分、进度计划、施工方案、现有可调配机械设备进行编制

（表 2.6-2）。例如，城区开槽施工一般工作面狭窄，需采用钢板桩支护工艺，穿越铁路、市政道路选择顶管工艺；当工期较紧时，需要增大机械设备投入量。

某工程主要机械配置表 **表 2.6-2**

序号	设备名称	规格型号	数量（4个工区）	用于施工部位
1	长臂挖掘机	斗山 380-9	8	河道施工
2	水上冲挖机组泥浆泵	NL125-20.0	8	
3	水力冲挖机组高压清水泵	3BP-57	8	
4	水上挖掘机	ZE135E-10	8	
5	挖掘机	PC60	8	基坑开挖
6	挖掘机	PC120	8	
7	挖掘机	PC220	16	
8	自卸汽车	陕汽 SX3319HD426	60	
9	钢板桩打桩机	NPK-HP-7SX 型	8	基坑支护
10	汽车起重机	QY25K5	8	吊装施工
11	顶管掘进机	D800	4	顶管施工
12	稳定土摊铺机	TITAN325	8	道路施工
13	沥青摊铺机	三一	8	

3 雨污管网提质增效施工技术

3.1 雨污管网新建

市政工程的建设正随着经济的发展而获得快速发展，作为市政系统当中重要组成部分的雨污水排水管网系统在整个城市基础设施系统当中所起到的作用尤为关键。雨污水管网多位于城市内，施工条件复杂多样。市政雨污水管网新建施工技术通常有开槽管道施工技术和不开槽管道施工技术，其中开槽管道施工技术主要有放坡支护开挖管道施工技术、钢板桩支护开挖管道施工技术、槽钢支护开挖管道施工技术；不开槽管道施工技术主要有顶管施工技术、拉管施工技术（定向钻）、夯管施工技术、拉顶管施工技术、盾构隧道管道施工技术等。新建雨污水管网项目采用何种施工技术需要结合现场环境、地质情况、工程造价及工期要求共同选取，本章主要针对工程常用的放坡支护开挖管道施工技术、钢板桩支护开挖管道施工技术、槽钢支护开挖管道施工技术、顶管施工技术及拉管施工技术进行介绍。

3.1.1 放坡支护开挖管道施工技术

1. 适用范围

放坡支护开挖管道施工技术主要用于施工场地开阔、管沟开挖较浅、地质条件好的管道敷设施工。

2. 工艺流程（图 3.1-1）

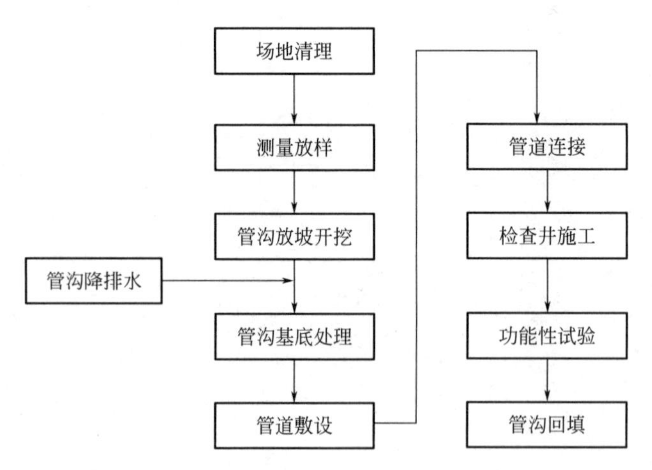

图 3.1-1 放坡支护开挖管道施工技术工艺流程图

3. 主要施工方法

(1) 管沟放坡开挖（图 3.1-2）

图 3.1-2 管沟放坡开挖

管沟开挖前，应采用坑探或触探等各种勘探、勘察方法查明新建雨污水管网路由影响范围内的各类建构筑物及各类地下设施，包括给水、排水、电力、电信、电缆及天然气等各种管线的分布和现状，并对需要保护的各类管道采取措施进行保护，确保安全。在现状道路或其他有可能存在地下设施的地方开挖时应先采取人工开挖对地下设施进行探明，确认无影响后才能采用机械作业。

开挖时应按照设计边坡坡比由上而下分层推进开挖，每层高度不大于 1m，不得超挖，挖至设计槽底上方 20～30cm 处改由人工开挖。土方开挖的顺序、方法必须与设计工况相一致，并遵循“开槽支撑、先撑后挖、分层开挖、严禁超挖”的原则。管沟基坑挖土时应采取反铲接力的方式按照设计边坡坡率要求将管沟的开挖土方堆放在距离管沟边坡顶以外至少 2 倍基坑深度以外的地方，且堆放高度不得超过 3.0m，管沟验槽后应及时安装铺设管道。

(2) 管道敷设及连接（图 3.1-3）

管道安装采用挖掘机或者汽车起重机下管人力配合的方式，自下游向上游进行下管，并控制管道的中线和高程。管道安装将插口顺水流方向，承口逆水流方向，由低点向高点依次安装，管道安装采用人工调整。

图 3.1-3 管道敷设及连接

管道敷设时，将管节平稳吊下，平移到排管的接口处，用刷子将接缝部位仔细刷净，将清洁的胶圈及麻绳人工套入插口端，缓缓地楔入管上，胶圈不要超过止胶台，保持位置准确。调整管节的标高和轴线，然后用捯链将管子的插口慢慢拉入承口，在拉入的过程中，管节仍需悬吊着，以降低紧管时的拉力，管节拉紧后，调整管子的轴线和标高。管节插入时，应注意橡胶圈不出现扭曲、脱槽等现象。

管道安装时应将管道流水面中心、高程逐节调整，确保管道纵断面高程及平面位置准确。每节管就位后进行固定，以防止管子发生位移。

管道连接方式根据管材和设计要求确定，一般管材连接方式如下：

钢筋混凝土管及球墨铸铁管：承插式连接，橡胶圈接口；PVC-UH管：承插式钢骨架密封圈承口；HDPE承插式双壁波纹管（B型）管：承插式橡胶圈接口；钢管采用焊接连接。

（3）功能性试验

雨污水管道及检查井施工完成后回填前要进行功能性试验，压力管道要进行管道水压试验，无压管道要进行管道严密性试验，严密性试验分为闭水试验（图3.1-4）和闭气试验。雨污水管道功能性试验要满足设计要求及现行国家标准《给水排水管道工程施工及验收规范》GB 50268要求及地方规范要求。

图3.1-4 管道闭水试验

（4）管沟回填（图3.1-5）

回填时槽内应无积水，不得回填淤泥、沼泽土、有机土、含草皮土、生活垃圾、腐殖土及大块状物。管道两侧回填需对称进行，分层夯实，每层虚铺厚度不得大于30cm，压

图3.1-5 管沟回填

实度要满足设计要求。管涵沟槽回填应严格按现行国家标准《给水排水管道工程施工及验收规范》GB 50268 及现行行业标准《埋地塑料排水管道工程技术规程》CJJ 143 等相关规范要求执行。管顶覆土 50cm 范围内，不得用重型机械碾压。路基以下回填土应满足道路路基填土要求，管涵实施后，回填土至路床，回填土密实度要求应满足现状道路路基设计要求。

4. 质量控制要点

（1）工程所用的管材、管道附件、构（配）件和主要原材料等产品应进行验收检查，并按国家有关标准规定进行复验，验收合格后方可使用。

（2）施工前做好样板段并做好安全技术交底，明确关键工序质量控制要点。

（3）沟槽开挖的槽底原状地基土不得扰动，槽底不得受水浸泡或受冻。槽底局部扰动或受水浸泡时，宜采用天然级配砂砾石或石灰土回填。地基承载力要满足要求；进行地基处理时，压实度和厚度要满足设计要求。

（4）管道敷设时管座要振捣密实，防止有空洞现象，安管应顺直、稳固、缝宽均匀，管底坡度无倒流水，管内无杂物，中线位置允许偏差<15mm。

（5）按照设计要求进行管道功能性试验，功能性试验要带井试验。

（6）压力管道水压试验前，除接口外，管道两侧及管顶以上可填高度不应小于 0.5m，水压试验合格后，应及时回填沟槽的其余部分；无压管道在闭水或闭气试验合格后应及时回填。回填材料要满足设计要求，管沟回填不能带水回填，回填压实度要满足设计要求。回填压实应逐层进行，且不得损伤管道；管道两侧和管顶以上 500mm 范围内胸腔夯实，应由沟槽两侧对称运入槽内，不得直接回填在管道上。回填其他部位时，应均匀运入槽内，不得集中推入，应采用轻型压实机具，管道两侧压实面的高差不应超过 300mm。管内径大于 800mm 的柔性管道，回填施工时应在管内设有竖向支撑。

3.1.2 钢板桩支护开挖管道施工技术

1. 适用范围

钢板桩支护开挖管道施工技术主要适用于地下水位较高、5～10m 深沟槽；土质为软弱土、粉土、黏性土、砂土等一般土层且不具备放坡条件的管道敷设施工。

2. 工艺流程（图 3.1-6）

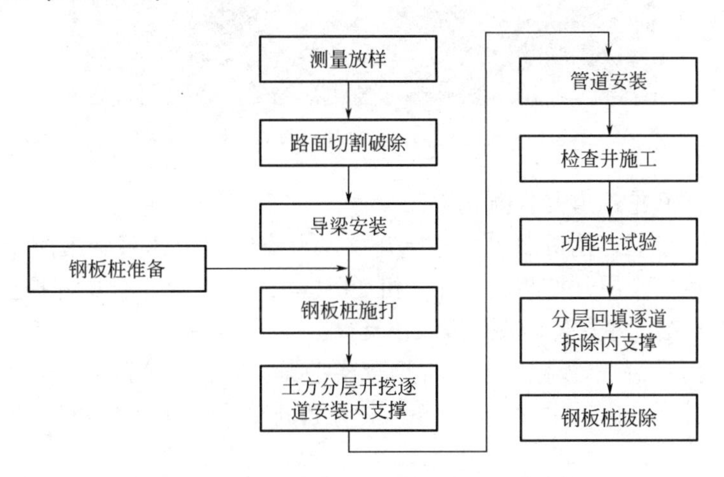

图 3.1-6 钢板桩支护开挖管道施工技术工艺流程图

3. 主要施工方法

（1）钢板桩施打（图 3.1-7）

1）拉森钢板桩规格型号及长度要满足设计要求，拉森钢板桩根据周边环境采用履带式挖土机（带振动锤机）或者静压打桩机施打。

2）打桩前，对钢板桩逐根检查，剔除连接锁口锈蚀、变形严重的钢板桩，不合格者待修整后才可使用。

3）打桩前，在钢板桩的锁口内涂油脂，以方便打入拔出。

4）在插打过程中随时测量监控每根桩的斜度不超过 2%，当偏斜过大不能用拉齐方法调正时，拔起重打。施工中应根据具体情况调整施打顺序，采用一种或多种施打顺序，逐步将钢板桩打至设计标高。钢板桩施打允许偏差标准见表 3.1-1。

钢板桩施打允许偏差表　　表 3.1-1

编号	项目	允许公差
1	轴线偏差	±10cm
2	桩顶标高	±10cm
3	垂直度	1%

5）钢板桩密扣且保证开挖后入土不小于 2m，确保钢板桩顺利合拢，特别是检查井四个角要使用转角钢板桩，若没有此类钢板桩，则用旧轮胎或烂布塞缝等辅助措施密封。

图 3.1-7　钢板桩施打

（2）土方分层开挖逐道安装内支撑

钢板桩打设完成后，挖机沿沟槽分层开挖。为确保支护体系施工质量和周边环境安全，加快施工进度，土层开挖与支护施工相互衔接，互相配合，分层开挖至内支撑标高以下 50cm 时停止开挖，并安装钢腰梁以及内支撑。

1）根据设计位置在钢板桩内壁上焊钢腰梁牛腿，然后吊装钢腰梁并焊接加固。钢腰梁、牛腿及钢支撑形式满足设计要求，钢支撑设置间距及每道钢支撑竖向间距满足设计要求（图 3.1-8）。

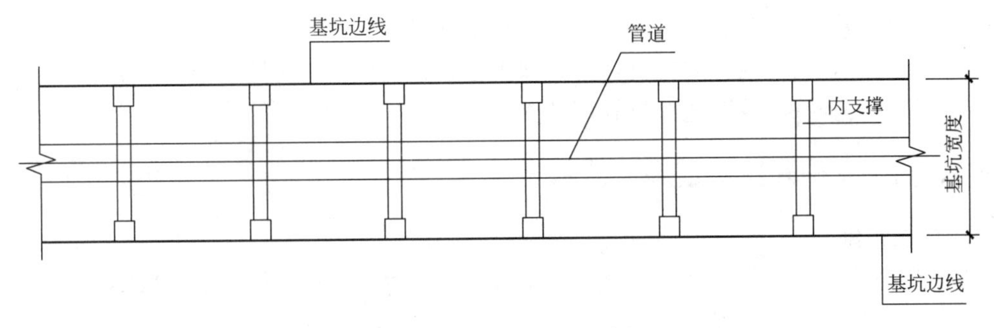

图 3.1-8　钢板桩支护示意图

2）钢板桩与钢腰梁之间，贴合不紧密处，应打入钢楔，确保型钢腰梁与钢板桩贴合紧密。

3）挖土和支撑的架设施工过程必须紧密配合，挖土过程在保证安全的前提下，迅速为支撑施工创造工作面（图 3.1-9）。

图 3.1-9　钢板桩支护图

（3）钢板桩拔除

当回填材料回填至桩顶部以下 50cm 后，方可拔桩。

优先采用静力拔桩，当采用振动拔桩时，振动应减小到最小，振动锤连续工作不超过 1.5h。拔桩可根据沉桩时的情况确定拔桩起点，顺序与打桩时相反，必要时也可用间隔拔桩，间距不小于 2m。对较难拔出的桩可先用振动锤将桩振打下 100~300mm 再拔桩，拔桩留下的空隙应及时灌砂填充，当灌砂不理想时可改用 1∶1 水泥砂浆填充，水泥采用强度等级不低于 42.5MPa 的普通硅酸盐水泥，注浆压力不大于 0.1MPa，注浆浆液应施加速凝剂，边拔边灌。

管道施工、沟槽回填及管道功能性试验详见本书 3.1.1 节主要施工方法。

4. 质量控制要点

（1）拉森钢板桩采用履带式挖土机施打，施打前一定要熟悉地下管线、构筑物的情况，认真放出准确的支护桩中线。

（2）确保钢板桩质量，连接锁口锈蚀、变形严重的钢板桩不得使用。

（3）在钢板桩插打过程中，严格控制钢板桩倾斜度。

（4）沟槽开挖时及时做好内支撑并确保钢腰梁和钢板桩间连接紧密。

（5）钢板桩拔除时及时进行桩孔回填。

3.1.3 槽钢支护开挖管道施工技术

1. 适用范围

由于槽钢之间搭接处不严密，不能完全止水，故槽钢支护一般用于深度不超过 3.5m，无水且地质条件较好的沟槽。

2. 工艺流程（图 3.1-10）

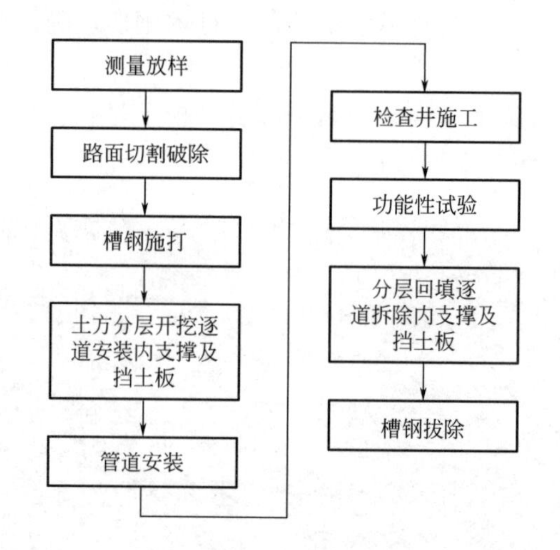

图 3.1-10　槽钢支护开挖管道施工技术工艺流程图

3. 主要施工方法

（1）槽钢施打（图 3.1-11）

依据设计方案选择合适槽钢进行支护，为便于施工，将槽钢底部制作成扁尖状，槽钢间距、施打深度、施打形式满足设计要求。槽钢起吊时采用吊带或者钢丝绳作为吊索，槽钢起吊时必须注意防止吊钩松动脱落。槽钢头起吊至 50cm 时，应检查吊钩的现状，然后才允许起吊。起吊过程应缓慢、稳定，不允许突然转向及槽钢吊离地面后大幅度转向。槽钢吊至打桩位置后，进行位置的调整，调整结束后，挖掘机开始进行静压。

（2）土方分层开挖逐道安装内支撑及挡土板（图 3.1-12）

槽钢打设完成后，挖机沿沟槽分层开挖。为确保支护体系施工质量和周边环境安全，加快施工进度，土层开挖与支护施工相互衔接，互相配合，分层开挖至内支撑标高以下 100cm 时停止开挖，在槽钢间安装内支撑并根据土体散落情况在槽钢和土体间挡土板，内支撑和挡土板设置满足设计方案要求。

（3）槽钢拔除

施工完成后即进行槽钢拔除。采取反铲挖掘机和人工配合来进行槽钢拔除，依靠附加起吊力作用将槽钢拔除，拔除槽钢采用跳拔。槽钢拔除后留下桩孔，必须及时用中粗砂或干素土做回填处理。

管道施工、沟槽回填及管道功能性试验详见本书 3.1.1 节主要施工方法。

图 3.1-11　槽钢施打

图 3.1-12　槽钢内支撑及挡土板施工

4. 质量控制要点

（1）槽钢采用履带式挖掘机施打，施打前要核对地下综合管线、建（构）筑物情况，必要时做好迁改保护，根据沟槽宽度认真放出准确的支护桩中线。

（2）槽钢施打前，对槽钢逐根进行检查和选材，对有变形的进行矫正。

（3）沟槽开挖时及时做好内支撑和挡土板防止沟槽发生变形及土方散落沟槽。

（4）槽钢拔除时及时进行桩孔回填。

3.1.4　顶管施工技术

1. 适用范围

顶管施工技术主要适用于穿越河流、公路、铁路、建筑物以及在城市市区、古迹保护区、农作物及环境保护区等不允许开挖的管道施工以及地质条件差，管道埋设深度大不具备开挖条件的管道施工。

2. **工艺流程**（图 3. 1-13、图 3. 1-14）

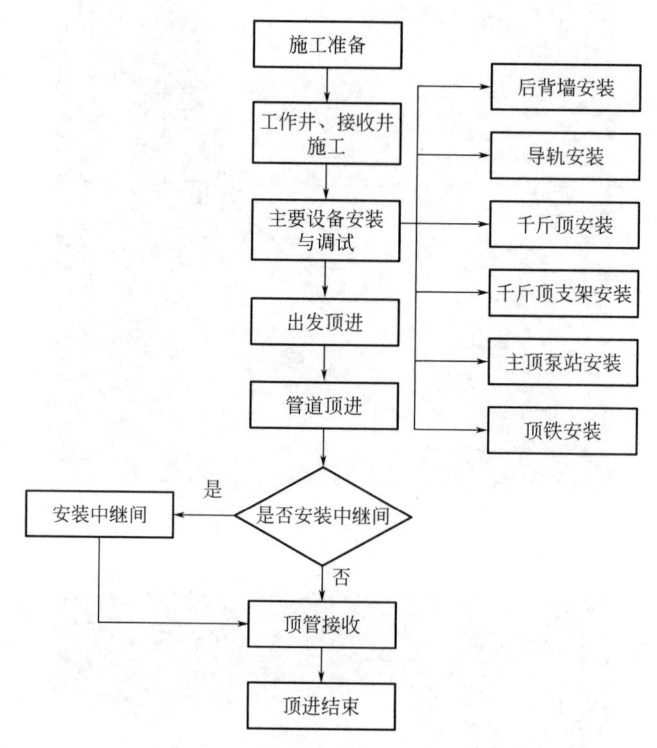

图 3. 1-13　顶管施工技术工艺流程图

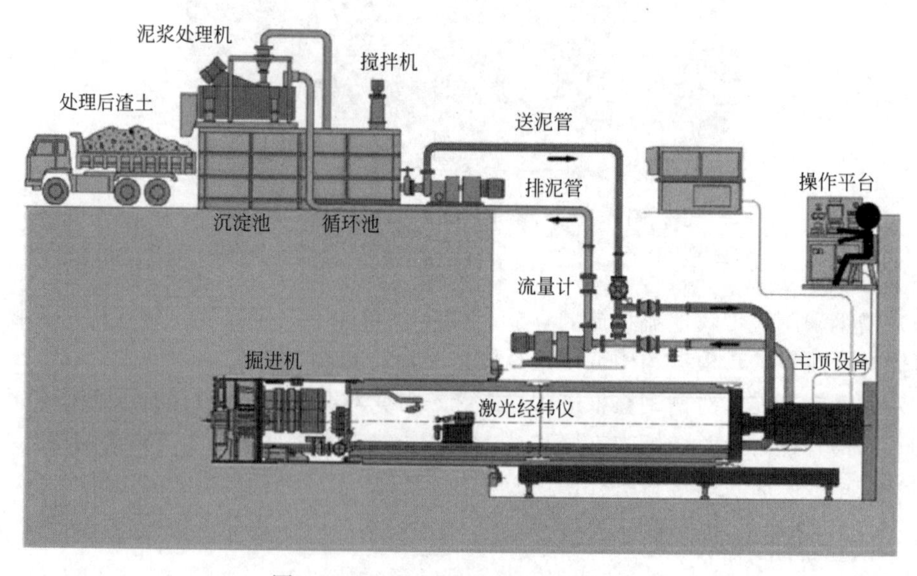

图 3. 1-14　泥水平衡顶管工艺示意图

3. 主要施工方法

（1）工作井、接收井施工

工作井和接收井主要采用沉井施工。

1）沉井制作

沉井一般采用分节制作，分节下沉，沉井分节制作要做好施工缝处理。

沉井制作流程：场地清理整平→放线→夯实基底→抄平放线验线铺砂垫层、素混凝土垫层→刃脚砖模→绑扎钢筋→安装井壁模板→浇筑混凝土→养护、拆模→拆砖座。

2）沉井下沉（图 3.1-15）

下沉工艺流程：下沉准备工作→排水→第一节挖土下沉→观测→纠偏→施工第二节沉井→第二节挖土下沉→观测→纠偏→后续各节沉井制作和下沉、观测及纠偏→沉至设计标高、核对标高→设集水井、铺设封底垫层→绑底板钢筋、隐检→底板浇筑混凝土→井外壁回填。

沉井下沉必须在第一节混凝土达到设计强度、后续各节达到设计强度 70%后方可进行。沉井下沉采用排水挖土下沉，人工配合长臂挖掘机挖掘沉井内土壤，开挖土方后用渣土车运送至指定弃土场，井内取土不得堆放在基坑周围，避免对基坑外围增加荷载。下沉前割除对拉螺栓的拉杆，并用水泥砂浆分两次对拉杆割除位置进行修补，用钢板或者砖砌将所有预留孔封堵。

图 3.1-15　沉井开挖下沉示意图

井内取土时，先挖锅底后掏刃脚。掏土时要对称取土，均匀下沉。在下沉过程中要及时测量观察，若发现偏移及时采取措施进行纠正，当刃脚距离设计标高在 1.5m 时，沉井下沉速度应逐渐放缓，挖土高差控制在 50cm 内，当沉井接近标高时，应预先制定止沉措施。止沉措施可采用在刃脚四周间隔挖出设计标高的槽，填入方木，并应注意抛高系数，禁止超沉和超挖。

3）沉井封底

沉井封底前进行修整，使之成锅底形。当沉井在 8h 内的累计下沉量不大于 10mm 时，方可浇筑素混凝土封底，然后浇筑防水层和钢筋混凝土底板。刃脚内侧与封底混凝土接触部分和与底板接触的凹槽在沉井下沉之前必须进行打毛处理。混凝土在刃脚下切实填严，振捣密实，以保证沉井的最后稳定。沉井封底预留 50cm×50cm×50cm 集水坑，组织人员 24h 不间断排水。

（2）顶管顶进

1）顶进机头，当机头进入土体时，开动大刀盘和进排泥泵。机头入洞阶段速度控制在 3～5mm/min，此阶段重点是找正管道中心、高程，偏差控制在±5mm 之内，所以速度不能太快。

2）机头顶进至能卸管节时停止顶进，拆开动力电缆、进排泥管、进排泥泵、控制电缆和摄像仪连接，缩回顶进油缸。

3）将事先安放好密封环的管节吊下，对准插入就位。

4）接上动力电缆，控制电缆、摄像仪连接、进排泥管路并接通压浆管路。

5）启动顶管机、进排泥泵、压浆泵、主顶油缸，顶进管节。初始顶进 500mm 后，顶进测量开始，每顶进 300mm 做一次中心、高程记录，并及时向技术总监汇报，以便采取措施。

（3）中继间安装

当顶进阻力即顶管掘进迎面阻力和管壁周围摩擦阻力之和超过主千斤顶的容许总顶力或管节容许的极限压力或工作井后背极限反推力，无法一次达到顶进距离要求时，应采用中继接力顶进技术，实行分段使每段管道的顶力降低到允许顶力范围内。

（4）安装管节

用 25t 起重机将管子下到导轨上时，管外皮与导轨之间不能有空隙。下管要注意插口朝前，承口朝后。在插口安装胶圈衬垫时要涂抹凡士林，以便管道接口顶紧时胶圈均匀被压缩，不被扭曲、翻转，防止漏浆漏水。

（5）顶进到位

顶进即将到位时，放慢顶进速度，准确测量出机头位置，当机头到达接收井洞口封门时，停止顶进。

（6）管道功能性试验

具体施工方法详见本书 3.1.1 节。

4. 质量控制要点

（1）管节进场前先进行外观检查，包括管端面是否平直、管壁表面是否光洁、管体上有无裂缝等，检查合格的管子用起重机放到工作井内的导轨上，进行顶进。

（2）顶进测量时，初始顶进每 1m 测量一次，并做记录。测量人员分别绘制出管道中心及高程曲线图，随时预测机头的前进趋势。

（3）顶管施工中泥水排入泥浆池进行沉淀，随后上清液排入下水道，泥渣外运。

（4）顶管施工时要做好顶管路由影响范围内建筑物、路面、地下管线的位移变形监测。

3.1.5 拉管施工技术

1. 适用范围

拉管施工技术适用于城市道路、公路、铁路、河流及其他不宜在大开挖施工地段的管道穿越工程。可敷设天然气、热力、自来水、雨污水、电力、电信、有线电视、网络等各类地下管线，管材主要可分为钢管、PE管、铝塑管、铜塑管、电缆、光缆等。

2. **工艺流程（图 3.1-16）**

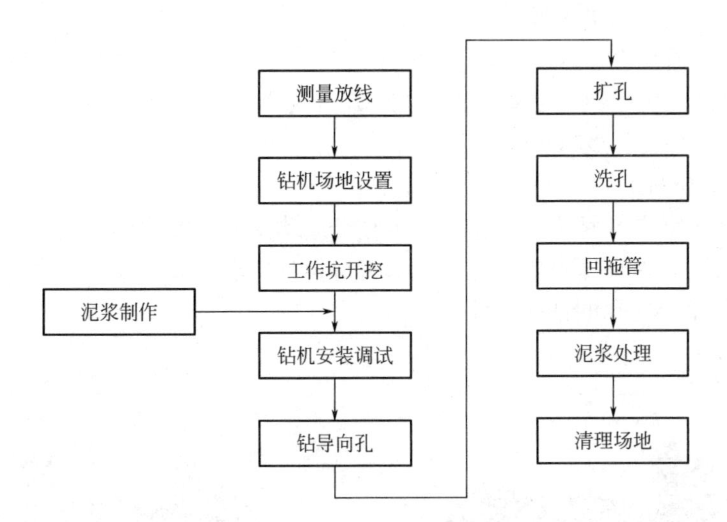

图 3.1-16 拉管施工技术工艺流程图

3. **主要施工方法**

（1）工作坑开挖

定向钻施工出土点及入土点位置均开挖工作坑代替造斜段，管道安装完成后工作坑分层回填，工作坑尺寸根据现场环境确定。

（2）泥浆制作

按照设计确定好的泥浆配合比，利用自来水或其他中性水添加膨润土及泥浆添加剂制作泥浆，泥浆的使用在钻导向孔与扩孔期间不得中断。钻孔泥浆用量计算综合考虑扩孔直径、钻孔长度、扩孔次数、孔内漏失状况等因素。根据穿越地层类型确定泥浆性能参数，见表 3.1-2。

泥浆性能参数表 **表 3.1-2**

泥浆性能	地层类型				
	松散粉砂、细砂及粉土	密实粉砂、细砂层和砂岩、泥页岩	黄岗岩等坚硬岩石层	中砂、粗砂、卵砾石及砾岩层	黏性土和活性软泥岩层
马氏漏斗黏度(s)	60～90	50～60	40～55	80～120	35～50
塑性黏度 PV(mPa・s)	12～15	8～12	8～12	15～25	6～12
动切力 YP(Pa)	>10	5～10	5～8	>10	3～6
表观黏度 AV(mPa・s)	15～25	12～20	8～15	20～35	6～12
静切力 G_{10s}/G_{10min}(Pa)	5～10/15～20	3～8/6～12	2～6/5～10	5～10/15～20	2～5/3～8
滤失量(mL)	8～12	8～12	10～20	8～12	8～12
pH 值	9.5～11.5	9.5～11.5	9～11	9.5～11.5	9～11

$$V=k\pi\frac{D_c^2}{4}L \tag{3.1-1}$$

式中：V——钻孔泥浆用量（m^3）；

D_c——终孔直径（m）；

k——比例系数，取值范围为3～5，一般取3；

L——钻孔长度（m）。

（3）钻导向孔（图3.1-17）

采用钻头进行导向孔钻进，每钻完一根钻杆要测量一次钻头的实际位置，以便及时调整钻头的钻进方向，保证所完成的导向线形符合设计要求，如此反复，直到钻头在预定位置出土，完成整个导向孔的钻孔作业。

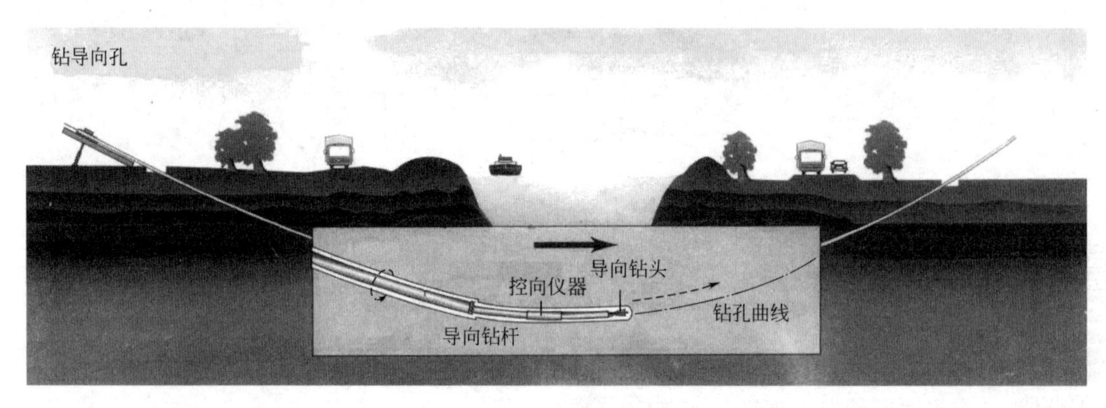

图3.1-17 钻导向孔

（4）扩孔（图3.1-18）

在钻导向孔阶段，钻出的孔小于回拖管线的直径，需要用扩孔器从出土点开始向入土点将导向孔扩大至要求的直径。为防止一次扩孔直径过大，造成塌孔，大管径扩孔可分多次进行，将孔逐步扩大至需求孔径。

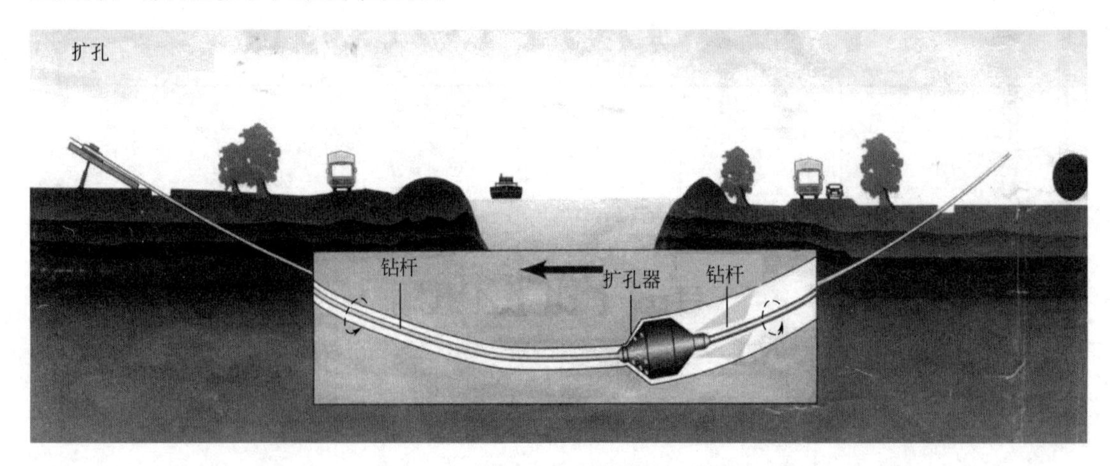

图3.1-18 扩孔

（5）回拖管

管道全部连接完成后，将钻杆、扩孔器、回拖活节和被安装管线依次连接好，从出土点开始，由钻机转盘带动钻杆旋转后退，进行管线回拖（图 3.1-19），在回拖时进行连续作业，避免因停工造成阻力增大，管线回拖前要仔细检查各部位是否连接牢固。

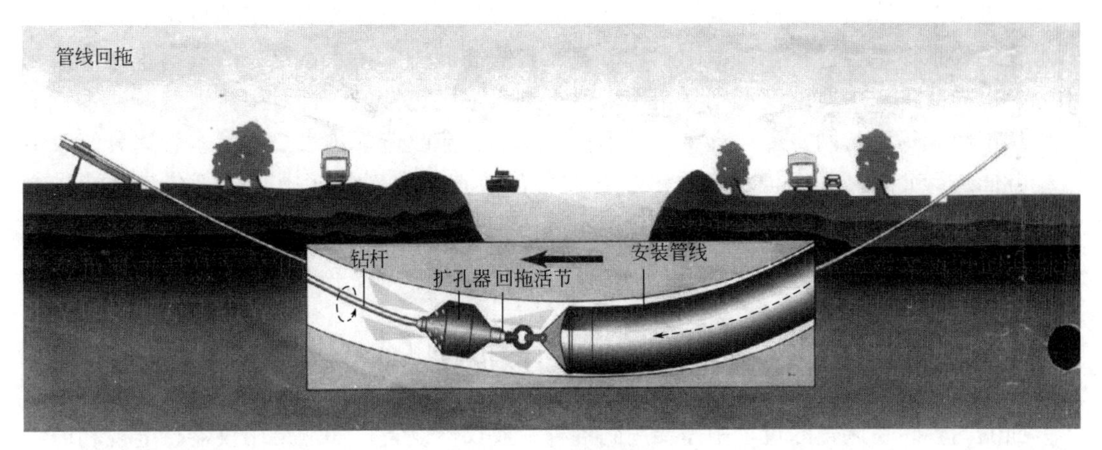

图 3.1-19 管线回拖

4. 质量控制要点

测量放线需准确，注意保护测量控制桩，保证所有标志和记录的准确性；钻机安装需按照设计轨道进行，调整钻头的位置和角度，根据钻头的回拖力等进行加固。

钻机必须先进行试运转，确定各部分运转正常后方可钻进；第一根钻杆入土钻进时，应采取轻压慢转的方式，稳定钻进导入位置和保证入土角，且入土段和出土段应为直线钻进，其直线长度宜控制在 20m 左右。钻孔时应匀速钻进，并严格控制钻进给进力和钻进方向。每进一根钻杆应进行钻进距离、深度、侧向位移等的导向探测，曲线段和有相邻管线段应加密探测。保持钻头正确姿态，发生偏差应及时纠正，且采用小角度逐步纠偏，钻孔的轨迹偏差不得大于终孔直径，超出误差允许范围宜退回进行纠偏。

泥浆黏度试验中，应使用马氏漏斗，每 2h 进行 2 次检查；应适时增加润滑剂用量，适当减小剪切和黏滞，以确保浆液的流变性，使钻屑能够安全地返回地表。在钻孔时，泥浆的黏度应控制在 40～50s；在预扩孔、回拖过程中，泥浆的黏度增加幅度可达 50～55s。在实际应用中，随着地层的不同，泥浆的比例也会发生相应的改变。每小时测量泥浆的黏度，其值应符合规定。

扩孔从出土点向入土点回扩，扩孔器与钻杆连接应牢固；根据管径、管道曲率半径、地层条件、扩孔器类型等确定一次或分次扩孔方式，分次扩孔时每次回扩的级差宜控制在 100～150mm，终孔孔径宜控制在回拖管节外径的 1.2～1.5 倍；严格控制回拉力、转速、泥浆流量等技术参数，确保成孔稳定和线形要求，无塌孔、缩孔等现象；扩孔孔径达到终孔要求后应及时进行回拖管道施工。

3.2 雨污分流改造

目前我国城镇排水系统已基本构建完成，但大部分城市分流制排水系统存在较为明显的雨污不分和清污不分等问题。城镇排水系统雨污混接存在三种类型：第一种类型是污水混接至雨水管道，致使未经处理的污水经雨水系统排入城市水体，对城市水环境质量造成严重影响；第二种类型是雨水混接进入污水系统，造成污水系统清污不分，导致雨天污水处理厂进水浓度降低，直接影响污水处理厂的正常运行；第三种类型是地下水等外水入渗污水管道或水体水通过排水口、雨水管、截流管等倒灌进入污水系统，造成污水系统清污不分，也导致进水水质浓度低于甚至严重低于进水浓度正常值。针对雨污混接改造本章节主要从市政雨污水管网本底调查、市政雨污水管网分流改造、排水户雨污水管网分流改造三个方面进行介绍，其中排水户雨污水管网分流改造主要对混接雨水立管分流改造进行介绍。

3.2.1 市政雨污水管网本底调查

城镇排水系统雨污混接调查工作是一项专业性强的工作，涉及排水管道的系统调查、排水口位置调查、管道测绘、水质采样与检测、水量测量、混接分布图绘制混接报告编制等方面的内容。在调查的过程中需要用到各种专业仪器设备，如测绘用仪器、电视和声纳检测设备、流量计、水质测量仪表等，所以要求受委托进行调查的公司必须拥有相关专业设备，具备调查和治理的能力。本节根据《城镇排水管道混接调查及治理技术规程》T/CECS 758—2020 对雨污水管网本底调查进行简单介绍。

1. 工艺流程（图 3.2-1）

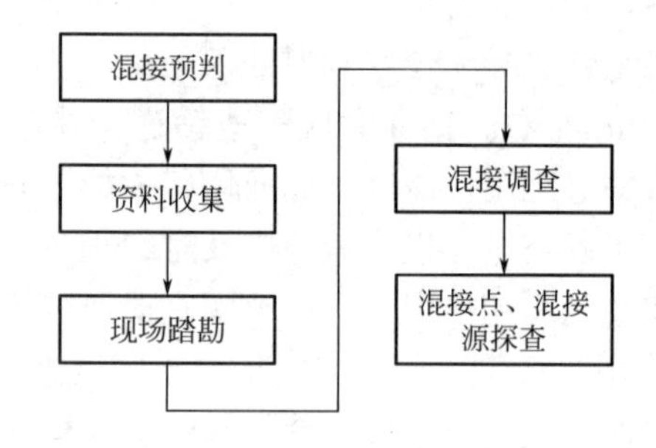

图 3.2-1 雨污水管网混接调查流程图

2. 主要实施方法

（1）混接预判

雨污混接调查宜首先进行混接预判。有下列现象之一者可预判调查区域存在雨污混接、外水入渗和水体水倒灌：

1）区域水体存在黑臭现象；

2）旱天雨水排水口或雨水管道内明显有污水排出或有水流动；

3）旱天雨水泵站或集水井有污水或有外水流入；

4）旱天污水泵站运行时，相邻雨水管道检查井水位下降；

5）雨天污水管道检查井水位明显升高；

6）水体水位升高时，污水管道检查井水位明显升高；

7）污水管呈满管状态；

8）污水处理厂进水浓度、泵站、管道中的水质低于正常值。

（2）资料收集

应收集经预判可能存在雨污混接、外水入渗和水体水倒灌现象的区域的相关基础资料，基础资料应包括下列主要内容：

1）区域范围内的相关排水系统规划、设计与竣工图资料；

2）区域范围内的雨水排水口、截流设施分布情况；

3）区域范围内的排水系统泵站、排水口旱天和雨天的运行数据，包括水位、水量、水质资料；

4）区域范围内的地下水、水体水文地质等资料。

（3）现场踏勘

经基础资料分析与现场踏勘，旱天排水口或雨水泵站存在下列现象之一时，可判定相关排水口或雨水泵站的汇水区存在污水混接进入雨水管道（图 3.2-2）：

1）旱天排水口有水流出或雨水泵站集水井内有水流动，且水质浓度明显高于受纳水体水质；

2）雨水泵站开启，且排放水质浓度明显高于受纳水体水质。

图 3.2-2　现场踏勘污水混接雨水井

经基础资料分析与现场踏勘，雨天污水系统存在下列现象之一时，可判定雨水混接进入污水管道：

1）污水处理厂进水水量或污水提升泵站流量较旱天有明显增加；

2）污水处理厂进水或污水提升泵站进水水质较旱天有明显波动。

经基础资料分析与现场踏，污水系统在旱天存在下列现象之一时，可判定污水管道存在外水入渗现象：

1）污水处理厂进水水量或污水提升泵站流量高于区域实际污水产生量；

2）污水处理厂进水水量或污水提升泵站进水水质明显低于正常值。

经基础资料分析与现场初步踏勘，污水系统在旱天时存在下列现象之一时，可判定污水管道存在水体水倒灌现象：

1）水体水位高时，邻近污水检查井水位或较水体低水位时增加；

2）分流制雨水管道实施截流设施后，水体邻近污水检查井内水质或污水处理厂进水水质明显降低；

3）水体高水位时，水体邻近污水检查井内水质浓度较水体低水位时降低。

对判定存在雨污混接、外水入渗和水体水倒灌的区域应进行混接调查，并应进一步收集下列资料信息：

1）已有的排水管线图或排水管道地理信息系统信息；

2）排水管道普查、设计、施工、改造等资料；

3）排水系统服务范围内各居民小区、公共建筑及企事业单位的建成年代和现状管道分布、用水量和排水量信息；

4）排水系统服务范围内各排水户的接管信息；

5）污水处理厂、泵站、排水管道运行的水量及水质检测数据。

结合收集的资料，应开展现场详细踏勘工作，详细踏勘工作应包括下列内容：

1）复核已有管道的走向、管道连接关系、管道属性等要素，若发现与收集资料不符，应予以标注并结合后续调查工作做进一步核实；

2）踏勘老旧居民小区、公共建筑和企事业单位雨污混接，沿街商业、餐饮业等污水直排雨水口问题；

3）调查污水、雨水检查井水位，若发现旱天检查井内水位淹没主管管顶时，应予以标注。

（4）混接调查

混接调查应符合下列规定：

1）雨水管道中的污水混接调查，应采用溯源调查法查找混接点、混接源，并应从排水口开始，先干管后支管；

2）污水管道中的雨水混接调查，应采用溯源调查法查找混接点、混接源，并应从接入污水处理厂或污水提升泵站的干管开始先干管后支管；

3）污水管道中的外水入渗和水体水倒灌调查，宜与混接调查同步进行；

4）对截流式分流制排水系统，应调查污水处理厂进水浓度、截流系统的运行状况、排水口淹没现状。

对通过调查识别存在雨污混接、外水入渗和水体水倒灌状况的区域，应采用开井目视、仪器检测的方式做进一步判定。

对通过调查识别存在雨污混接的区域，应对区域内居民小区、公共建筑、企事业单位、沿街商铺及洗车场所等做重点调查（图 3.2-3、图 3.2-4）。

图 3.2-3　市政道路错混接点溯源摸排

图 3.2-4 小区及沿街商铺错混接点溯源摸排

雨水管道中污水混接调查，应符合下列规定：

1）对预判存在污水混接的雨水管道，应在旱天进行水质、水量检测；

2）每个检测点的水质特征因子检测，取样频率不应小于 4h 一次，并应连续检测 24h 以上；

3）水质检测点可同步开展流量测量，并应连续检测 24h 以上。

污水管道中雨水混接调查，应符合下列规定：

1）对预判存在雨水混接的污水管道，应在雨天进行水质、水量检测，宜在中雨期间检测；

2）每个检测点的水质特征因子检测，取样频率不应小于 4h 一次，并应连续检测 24h 以上；

3）水质检测点可同步开展流量测量，并应连续检测 24h 以上。

污水管道中外水入渗或水体水倒灌调查，应符合下列规定：

1）对预判存在外水入渗的污水管道，应在旱天进行水质、水量检测，检测点宜设在干、支管交汇点、污水泵站，每公里管道长度不应少于 1 个；

2）对于排水口低于水体水位的区域，可将邻近水体的污水检查井、沿岸截流管、截流井、截流泵站设为水质、水量检测点；

3）每个检测点的水质特征因子检测，取样频率不应小于 4h 一次，并应连续检测 24h 以上；对于存在水体水位变化的，取样宜分别在水体水位高于排水口水位和低于排水口水位的时间段进行；

4）水质检测点可同步开展流量测量，并应连续检测 24h 以上。

混接调查中，雨污混接、外水入渗或水体水倒灌的判断，宜按下列规定执行：

1）雨水管道旱天下游检测点的污水水质特征因子浓度或污染负荷量高于上游检测点时，可判定雨水管道中存在污水混接；

2）污水管道雨天下游检测点的污水水质特征因子浓度较上游检测点明显降低或流量较旱天明显增加时，可判定为存在雨水混接的区域；

3）污水管道旱天下游检测点的污水水质特征因子浓度较上游检测点低且污染负荷量基本保持不变或下游检测点位水质平均浓度明显低于正常生活污水时，可判定存在外水入渗；

4）旱天水体高水位期间的检测点位的污水水质特征因子浓度低于水体低水位期间的浓度或检测点位水质平均浓度明显低于正常生活污水时，可判定存在水体水倒灌。

对于居民小区、公共建筑、企事业单位内部有下列情况之一者，可判定存在雨污混接、外水入渗或水体水倒灌：

1）旱天接入市政雨水管道的检查井内有水流出；

2）雨天接入市政污水管道的检查井内水质明显降低或流量明显增加；

3）旱天污水管下游检查井的污水浓度明显低于污水浓度正常值。

（5）混接点、混接源探查

混接点或混接源探查范围应为前期调查确认存在混接的区域。

混接点的探查对象应为探查范围内的雨、污水管道及附属设施。混接源的探查对象应为探查范围内非雨、污水管道收纳属性的水源产生处。

混接点或混接源探查开始前，应对探查区域各管段进行综合分析，选择探查方法和配套措施，调查区域较大时应选择部分管段进行试验。

对经由混接调查需要进一步探查的区域，所有管道应逐个开井目视检查，确定管道属性、连接关系、材质、管径、流向等信息。当发现下列现象之一时，可判定为混接点：

1）雨水检查井或雨水口有污水管或合流管接入；

2）污水检查井中有雨水管接入。

在探查区域内，当发现下列现象之一时，可判定为混接源：

1）存在向雨水检查井或雨水口直接倾倒或通过管道排放的污染水源；

2）存在通过排水户雨水管道接入市政雨水管道的出流污染水源；

3）污水管道内存在外来水和倒灌水。

当确认检查井或雨水口存在混接点或混接源时，应在检查井或雨水口旁实地标注混接点或混接源号，拍摄含有附近参照物的照片。

管道、检查井和雨水口内的混接点或混接源应使用管道潜望镜、电视检测设备或照相机现场采集图像。

当人工开井探查无法判断管道混接情况时，应采用仪器探查的方式查明混接问题可能存在的位置。

3.2.2 市政雨污水管网分流改造

位于规划分流制区域的合流制排水管网，应进行雨污分流改造。对于市政分流制排水系统，且存在雨污混接，应进行局部混接点改造。

1. 改造方法

（1）针对市政污水管道接入市政雨水管道的情况，应核算下游污水管道排水能力及水力高程，确认无误后方可将错接的污水管改接入污水排水系统，并封堵原错接的污水管道，废弃管道应做填实处理。

（2）因污水系统不完善或管道结构性缺陷等造成排水出路不畅引起雨污混接的，应实施新建、改建、扩建污水管道或对损坏管道进行修复。

（3）针对市政雨水管道接入市政污水管道的情况，应核算下游雨水管道排水能力及水力高程，确认无误后方可将错接的雨水管改接入雨水排水系统，并封堵原错接的雨水管道，废弃管道应做填实处理。当下游无雨水管网时，雨水管道临时接入污水管道，连通管道应有标记，远期雨水系统完善后予以封堵废除。

（4）针对市政合流管道接入市政雨水管道的情况，应对合流管道实施雨污分流改造。若暂不具备雨污分流改造条件，应在核实计算的基础上，按现行国家标准《室外排水设计标准》GB 50014 的有关规定采取截流措施，将旱天污水和雨天部分雨污混合水截流至市政污水管道，并应确保截流系统不会再次产生雨污混接现象。

（5）对于存在水体水倒灌的截流式分流制系统，应设置防水体水倒灌的装置；同时，采用重力式截流方式的截流系统宜改为泵排式截流方式。

（6）合流排水系统，雨污分流改造应符合下列规定：

1）当现状合流管道尺寸满足雨水过流、排水管网高程、排水规划要求时，宜将原有合流管道作为雨水干管，新建污水管道，小区污水改接入新建污水管道；

2）当现状合流管道尺寸仅满足污水过流、排水管网高程、排水规划要求时，宜将原有合流管道作为污水干管，新建雨水管道，路面及小区雨水改接入雨水管道。

（7）雨污口混接分流改造应符合下列规定：

1）市政雨水口接入现状污水管道，宜保留现状雨水口，就近接入雨水检查井，封堵连接雨水口的污水管道；

2）商铺门店、建筑小区、城中村等用户的污水管道接入市政雨水口，宜将雨水口改造为污水检查井，改接至污水系统。

2. 主要施工方法

市政管道雨污分流施工主要为管道新建和管道缺陷修复，管道新建具体施工方法参照本书 3.1 节，管道缺陷修复具体施工方法参照本书 3.3 节。

3. 验收

市政排水管网检测合格后，应对其效果进行验收，应符合下列规定：

（1）分流制雨水排水口旱天无水流出流；

（2）分流制雨水排水口出流污染物浓度较改造前有大幅度降低；

（3）分流制污水管道运行水位较改造前有明显降低；

（4）污水泵站或污水处理厂进水污染物浓度较改造前有大幅提高。

3.2.3 排水户雨污水管网分流改造

1. 小区雨污管网改造方法

位于规划分流制区域的合流制小区，以及建设年份较早、管道破损或雨污混接严重的分流制小区，应进行全面雨污分流改造。接入市政分流制排水系统，且存在雨污混接的分流制小区，应进行局部混接点改造。

（1）合流排水系统，雨污分流改造应符合下列规定：

1）宜新建雨水系统接入市政雨水管道，原雨水口接入新建雨水系统内；

2）原有小区合流系统宜作为污水管道。

（2）当合流排水系统原有管道保留利用时，应符合下列规定：

1）对管道进行排水能力评估和检测，排水能力满足排水要求且结构性缺陷不影响正常排水的管道，宜保留。

2）保留利用的合流管道应按管网排查评估结果进行清通和修复。

（3）合流排水系统，无法新建排水管道的小区，当路面纵坡满足雨水散排要求时，宜利用路面坡度或新建雨水明沟外排。

（4）合流管道的城中村，雨污分流改造应符合下列规定：

1）现状为排水沟排水，宜将排水沟用作雨水管道，新增污水管道。

2）现状为合流管道排水，宜将合流管道用作污水管道，新增雨水管道，将雨水引至下凹绿地或生物滞留设施，溢流排水。

3）建筑应实施分流改造，按照每户或每栋建筑各设置一座雨污水接驳井。

（5）混接、错接应进行分流改造，雨水就近接入雨水检查井。污水与雨水管网混接处应进行永久性封堵、截断，将污水排至污水管道，并应校核下游管段的排水能力。

（6）结构性缺陷严重的雨、污水管道，应组织修复或敷设新的管道，恢复管道功能，保障排水安全。

（7）室外存在倒坡、破损、下沉、堵塞无法清通，严重影响排水的管道应予以更换。

（8）小区内部渗漏、破损严重的排水检查井应进行修复，同时对盖板不严或不配套、存在安全隐患的井盖应进行更换，并增设防坠落措施。

（9）小区内部渗漏严重、结构破损严重或运行不达标的化粪池，应纳入雨污分流改造范围；现状未设置化粪池，宜采取沉砂后不设置化粪池。

2. 小区雨污管网改造主要施工方法

小区雨污管网改造施工含管道新建和管道缺陷修复，管道新建具体施工方法参照本书3.1节，管道缺陷修复具体施工方法参照本书3.3节。

3. 建筑雨污分流改造方法

建筑雨污分流改造主要针对混接雨水立管改造。

（1）除屋面和阳台的雨水、空调排水、消防水池和生活水箱的溢流排水外，建筑内其他排水应整改纳入污水系统。

（2）屋面雨水立管应独立设置并接入室外雨水系统。

（3）建筑排水系统雨污分流改造，新增排水立管应符合下列规定：

1）小区建筑不高于10层；

2）建筑外墙有空间。

（4）阳台立管分流改造方案，应符合下列规定：

1）现状立管仅排除阳台废水，在现状立管上增设伸顶通气，末端设防臭气装置，改造接至污水系统；

2）现状立管同时排除阳台废水和屋面雨水，符合上述（3）条规定时，应新增雨水立管，宜在女儿墙侧开口设置雨水斗；现状立管宜作污水管，在立管上增设伸顶通气，末端设防臭气装置，改造接至污水系统；

3）现状立管同时排除阳台废水和屋面雨水，不符合上述（3）条规定时，宜将立管接入智能雨污分流设施，溢流接入雨水系统。

（5）智能雨污分流设施（图 3.2-5）应符合下列规定：

1）路面雨水系统不应进入智能雨污分流设施；

2）按安装位置宜选用立管式和埋地式，立管式宜单独设置，埋地式宜 1、2 楼栋合并设置；

3）因条件限制无法设置立管式或埋地式雨污分流设施，宜在管网末端设置截流井。

图 3.2-5　智能雨污分流设施

（6）建筑排水系统改造应优先利用原有雨水斗和阳台地漏，当新增雨水斗时，应采取防漏和集流措施。

（7）应对公共建筑、沿街商业错接问题进行排查整改，规范排水系统。改造方案应符合下列规定：

1）理发店、洗浴场所、游泳场馆洗涤废水应经过毛发收集器或毛发收集井后接入污水管道。

2）酒楼、餐饮店废水应经过油水分离器或隔油池后接入污水管道。沿街餐饮、夜市、美食街等小型且相对集中餐饮区域，应设置集中隔油设施。

3）修配厂、洗车场、汽车加油站、加气站废水应经隔油沉砂池后接入污水管道。

（8）室外垃圾收集点应设置给排水设施，冲洗废水应接至污水管道，并应采取防止垃圾堵塞的措施。

建筑雨污分流改造技术主要从新建雨水立管施工技术和智能雨污分流装置施工技术进行介绍。

4. 新建雨水立管施工技术

（1）适用范围

建筑现状阳台雨水立管同时排除阳台废水和屋面雨水，满足建筑高度不超过 10 层且建筑外墙具有安装雨水立管的空间时应新增雨水立管，将原阳台雨水立管改造接至污水系统，见图 3.2-6。

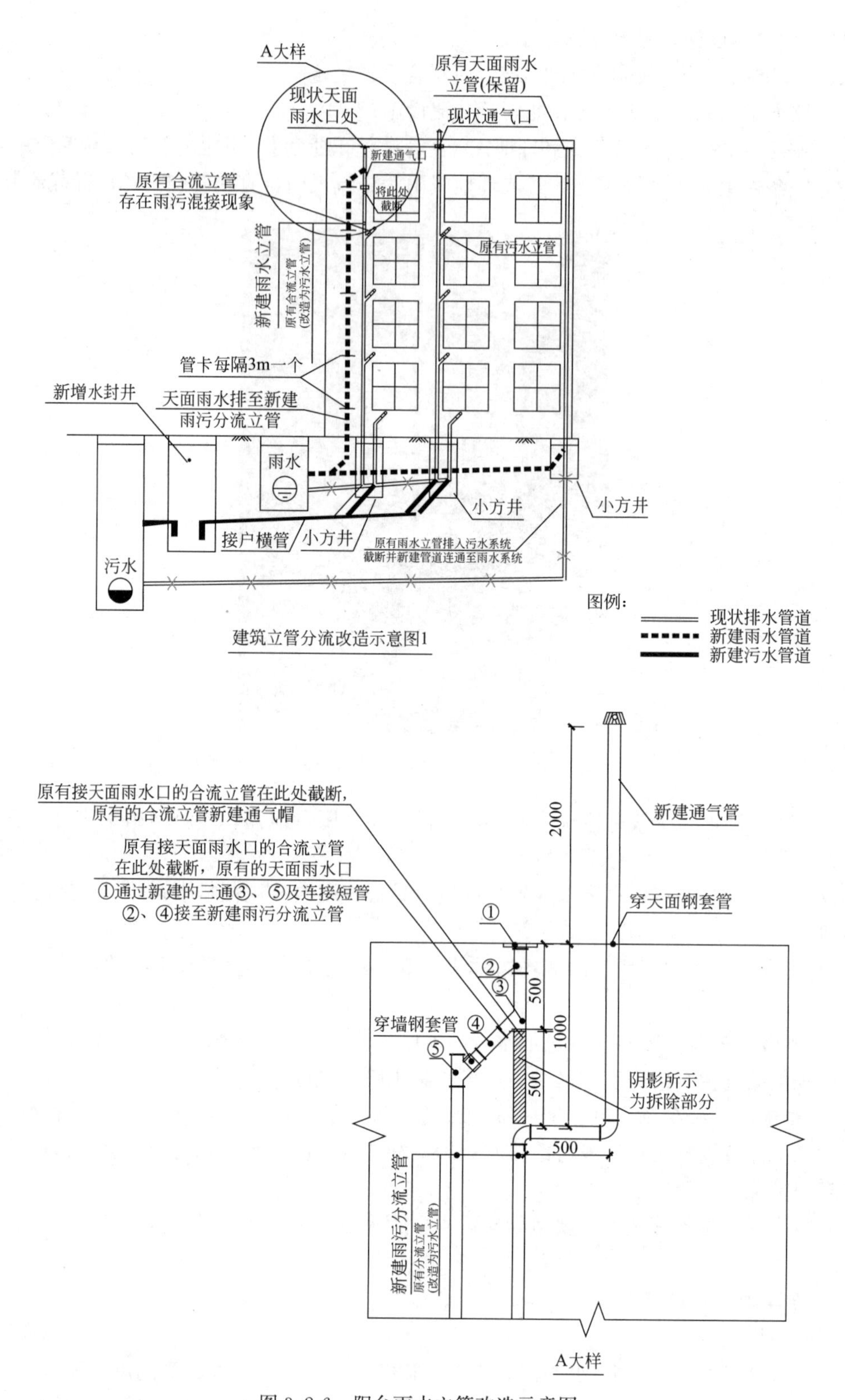

图 3.2-6　阳台雨水立管改造示意图

（2）工艺流程（图 3.2-7）

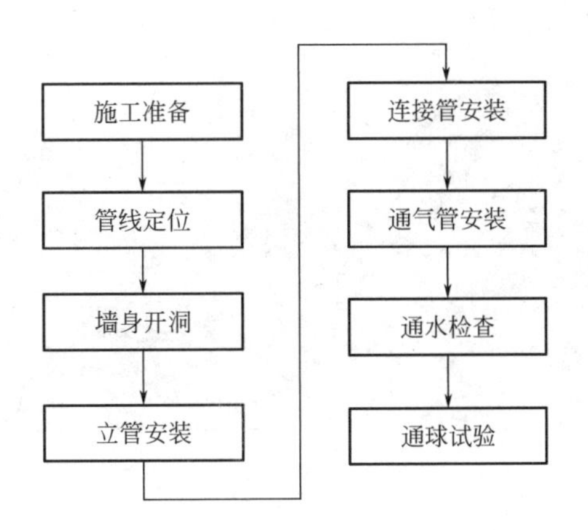

图 3.2-7　新建雨水立管施工工艺流程图

（3）主要施工方法

1）施工准备

① 施工所用的立管材料已检测合格，绳索、机具已经项目部、监理组织检验合格，同意使用。

② 楼顶安全员已就位，座板式吊具安装完成，操作人员就位。

③ 已编制专项安全施工方案并报批完成，并对现场管理人员及施工人员进行书面安全技术交底。

④ 立管安装前已与对应住户进行沟通，在征得住户同意后，再对其住宅进行立管安装，确保施工顺利进行。

2）管线定位

根据施工图纸设计位置及现场摸排情况，并结合户主意见，确定两种类型管道施工位置。新建雨水立管位置应紧邻原合流立管屋面收水口，或选择在户主指定位置，原则上应选在屋面最低点。

3）墙身开洞

根据现场原有混流管道位置或屋面汇水最低点确定管道具体位置，采用 DN150 水钻进行墙体开洞。墙体完成开洞后安装钢套管及 PVC-U 管道，钢套管与 PVC-U 管道采用 1∶2 防水砂浆密封处理。

4）立管安装（图 3.2-8）

施工人员面朝房屋立面，双脚蹬墙，左手抓紧座板装置吊带，右手抓紧工作绳自由端，通过对工作绳的松弛控制下降情况，下降达到第一个工作位后卡住工作绳，使自身固定，开始施工操作。

第一步先将原合流管在屋顶下面截断，在原来的合流管道上面安装弯头、接长管将合流管升上屋面 2m，并安装通气帽，则原合流立管改装为污水立管使用。

第二步在原合流管截断位置的收水管口安装弯头，开始新建立管安装。立管采用管卡固定，间距 2m，安装管卡时用手持电钻对外墙进行打眼，然后将洞内粉尘吹尽，将管卡与 M2.5 膨胀螺栓打入洞内固定牢固，楼顶施工人员将立管通过绳索从下往上吊拉给安装

图 3.2-8　雨水立管安装

人员，立管承口向上，插口向下，连接时承插口位置采用粘胶连接，每节固定完成后再安装下一节，如此往复直至安装至地面，散排雨水立管管口离地面高度不大于 10cm。防止雨水溅在行人身上，在距地面 1m 位置设置检查口，并在一侧标注立管性质。

5）连接管安装

连接管为 DN150 与 DN200 的 PVC-U 管材。连接方式为两种，一种为连接既有污水管和原合流管（改造后变为污水管）接入新建污水管网，另一种为连接新建雨水立管接入原有合流管渠或新建雨水排水系统。连接管平均埋深为 0.5m，具体埋深根据出水口设置深度确定。连接管开挖及回填方式见本书 3.1 节。

连接管施工时在两井位之间设置通长管，先根据墙面立管位置找出对应的地面出水口，以最低立管出水口为基准面纳入所有立管，高于基准面的出水口采用接头及短管接入通长管，最后连入下游检查井，不得在管身开口接入。对于在开挖沟槽过程中发现的隐藏在房屋内的污水管，施工时做好标记，连接管施工时一并接入。

6）通气管安装

将现状混流立管顶端进行改造，顶端增加 DN100PVC-U 通气管，采用胶粘剂粘结。

上人屋面通气管应高出屋面 2.0m，若通气管口周围 4m 内有门窗时，通气管口应高出窗顶 0.6m 或引向无门窗一侧。

7）通水检查

管道安装完之后，做通水检查，灌水高度必须到每根立管最上部的雨水斗，以不漏水为合格。

8）通球试验

通球试验在通水检查合格后进行，在立管顶部将试球投入，在立管底部引出管的出口，将试球从出口冲出。将试球在检查管管段的始端投入，通水冲至引出管末端排出。室外检查井处需增加临地网罩，以便将试球截住取出。通球试验以试球通畅无阻障碍为合格，若试球不通的，要及时清理管道并重新试验，直到合格。

（4）质量控制要点

1）管节接头粘胶涂抹均匀，不得留有空隙。

2）管卡安装牢固，膨胀螺栓必须应打设在坚实的墙面上。

3）立管与屋面开孔位置用膨胀水泥砂浆填充，避免漏水污染墙面。

4）工作绳、柔性导轨在挂点装置均为死结，所有与房屋结构接触面必须垫设胶皮，防止磨损，下放时两绳不能有缠绕。

5. 智能雨污分流装置施工技术

（1）工艺原理

智能雨污分流装置（图 3.2-9）是一种可精确判别雨污混接管中雨污水的全自动无动力源头雨污分流控制装置。该装置设置一根无污水汇入的雨水汇流管作为水质判别管，以雨水作为判别依据，从而实现更加科学的水质判别和精准分流。

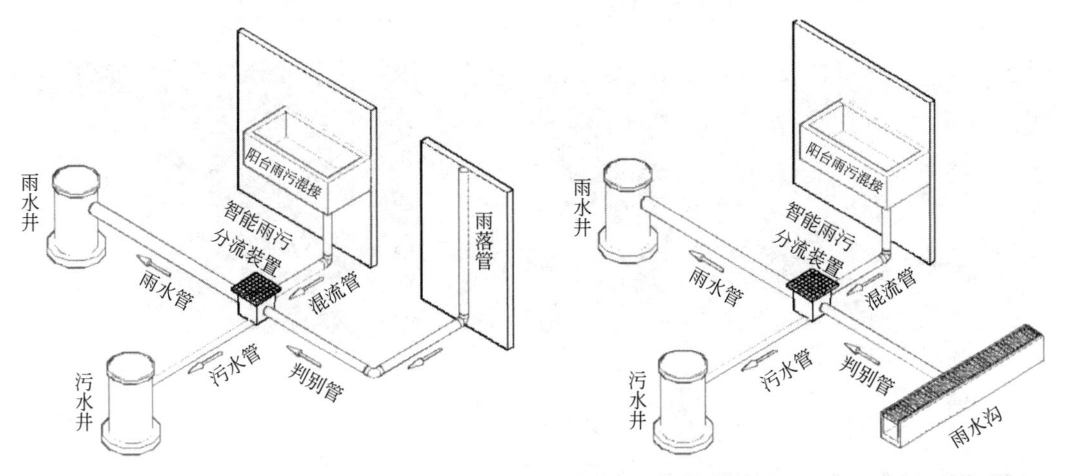

图 3.2-9　智能雨污分流装置工艺原理图

（2）适用范围

建筑现状阳台雨水立管同时排除阳台废水和屋面雨水，满足建筑高度超过 10 层或建筑外墙不具有安装雨水立管的空间时宜将混流立管接入智能雨污分流装置，实现雨污分流。

（3）工艺流程（图 3.2-10）

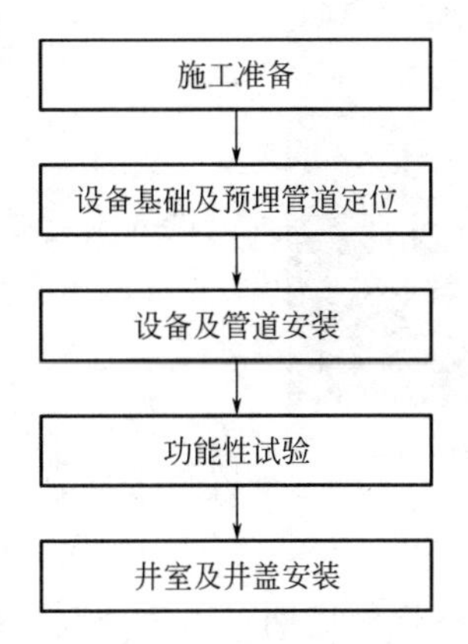

图 3.2-10　智能雨污分流装置施工工艺流程图

（4）主要施工方法

1）施工准备

根据现场情况选取好智能分流装置安装位置，安装位置周围应同时有雨水排水系统、污水排水系统、纯雨水立管或雨水口。位置选定后，确定混流立管接入路径、水质判别管接入路径、雨水接出管路径、污水接出管路径以及相关管道上下游标高，再根据上述路径进行雨水接出管、污水接出管、水质判别管预埋施工。

2）设备基础及预埋管道定位

根据混流立管、水质判别管上游管道底标高以及雨水系统管道、污水系统管道下游标高确定设备基础高程确保管道不出现倒坡。各管道走向根据智能雨污分流装置位置及与混流立管、水质判别管、接入雨水检查井、接入污水检查井位置进行确定。水质判别管可以是建筑雨落管、散水沟、地面雨水口等非混流雨水收集设施连接管（图 3.2-11）。

(a) 非混流的雨落管

(b) 散水沟

(c) 地面雨水口

图 3.2-11　水质判别管

图 3.2-12　管道及设备安装

3）管道及设备安装（图 3.2-12）

① 基础强度符合安装要求；

② 将装置底部 ϕ110 管道插入基础内预埋的弯头内，位置准确后，专用胶水粘结固定并接入附近的污水井；

③ 将雨污混流管与装置混流管通过伸缩节连接，伸缩节带密封圈一侧安装在装置上；

④ 将装置雨水进水管与水质判别管通过伸缩节连接；

⑤ 将雨水排管 ϕ160 通过伸缩节连接管道接入附近雨水井。

4）功能性试验

管道安装符合要求后，人工模拟下雨场景，保证混流管和判别仓持续进水，观察装置是否响应；停止进水后，装置是否能复位。

5）井室及井盖安装（图 3.2-13）

雨污分流装置设置在小方井内以便后期对雨污分流装置进行检查和维修，小方井可以采用成品小方井或者砖砌小方井，小方井安设井盖以防对雨污分流装置造成破坏。

（5）质量控制要点

雨污智能分流装置安装位置标高要根据接入混流立管、水质判别管、污水排放管、雨水排放管上下游标高进行确定，避免各管道出现倒坡。

图 3.2-13　井室及井盖安装

当混流管和判别管进水的来源为地面排水沟、雨水口等可能含有大粒径污染物来源时，应在管口前设置孔径小于 10mm 的穿孔格栅板或开孔小于 10mm 的沟盖板等拦截设施，防止大粒径污染物进入，影响设施正常运行。

污水管末端可接入水封井或污水检查井，当直接接入污水检查井时，须在末端设置排水偏心止回阀。

6. 验收

小区排水管网检测合格后，应对其效果进行验收，应符合下列规定：

（1）通水试验范围为整个小区范围的所有污水管道，当日天气应为晴好。如果雨水管道内无污水流出、效果试验结果为合格。

（2）水封井、分流井、末端截流井等设施在通水试验期间排水正常。

（3）效果试验合格后，在雨水和污水市政接驳井处分别设流量、水质监测设备，监测晴天和雨天情况下的雨污水流量和水质。通过监测数据分析，雨水管道晴天应无污水流出，污水管道雨天排水量、水质较晴天时无明显变化。

3.3　管道缺陷修复

目前，我国 20 世纪 70 年代及以前修建的排水管道达 21860km，20 世纪 80 年代修建的排水管道达 35927km，20 世纪 90 年代修建的排水管道达 83971km，2001—2010 年修建的排水管道达 227795km，2011—2013 年修建的排水管道达 95325km，截至 2019 年底合计排水管道 1000000km。不可否认的是，2001 年以前修建的排水管道由于地表荷载变化、地下水土流失、管道腐蚀以及管道材质劣化，已经进入老化期，发生了很多结构性缺陷，已严重影响管道的运行，甚至因道路下的排水管道破坏又涉及相关道路以及路面的安全。显然，亟须对这一类管道进行排查、修复，消除城市安全隐患，保障城市“静脉”运转正常。

依据《城镇排水管道检测与评估技术规程》CJJ 181—2012，排水管道缺陷分为功能性缺陷和结构性缺陷。排水管道的结构性缺陷将影响管体强度、刚度和使用寿命，并且存在导致地面变形、坍塌等次生灾害的隐患；排水管道的功能性缺陷将影响管道的过流能力，排水不畅可能导致地面积水、发生内涝的隐患。功能性缺陷可以通过管道疏通与清洗解决，结构性缺陷必须通过修复解决。对排水管道结构性缺陷修复有明开挖修复方法和非开挖修复方法。本节针对管道功能性缺陷管涵清淤修复技术及管道结构性缺陷非开挖修复技术进行介绍，其中常用的非开挖修复技术有拉入式紫外光原位固化法修复技术、热塑成型法修复技术、水泥基材料喷筑法修复技术、螺旋缠绕法修复技术、点状原位固化法修复技术、不锈钢快速锁法修复技术等。

3.3.1 管涵清淤修复技术

1. 适用范围

管涵清淤修复技术主要适用于管涵沉积（CJ）、结垢（JG）、障碍物（ZW）和浮渣（FZ）等导致管涵淤堵影响管道过流能力的功能性缺陷修复以及管道非开挖修复对管道进行预处理。

2. 工艺流程（图 3.3-1）

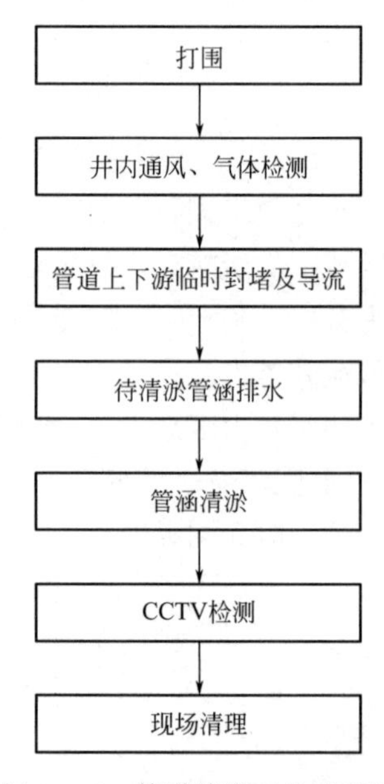

图 3.3-1　管道清淤工艺流程图

3. 主要施工方法

（1）打围

采用标准化生产的临时围栏对施工区段进行围护，并在围栏外设立警示标志，保证安全。警示标志包括：交通指示牌、警示带、夜间警示灯、水马、反光方锥等。

（2）井内通风（图 3.3-2）、气体检测（图 3.3-3）

气体检测前，应对有限空间、连通管道及其周边环境进行调查，分析有限空间内可能存在的气体种类。

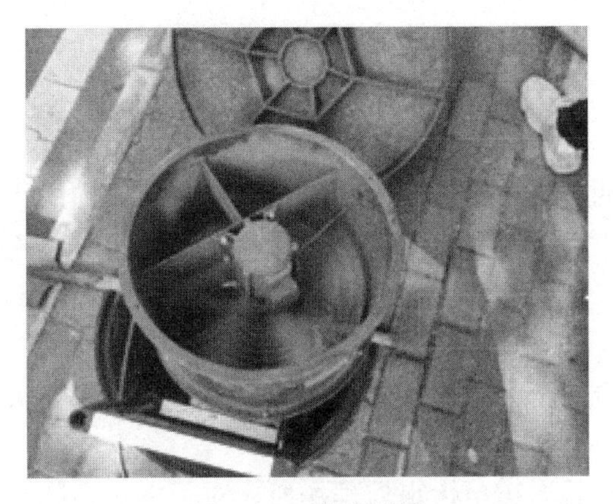
图 3.3-2　井内通风

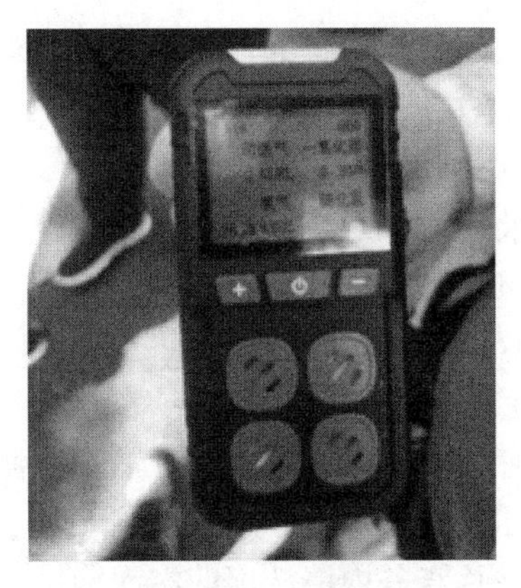
图 3.3-3　气体检测

用鼓风机对清淤段进行强制通风，通风不少于 30min 后对管段内可燃气、硫化氢和一氧化碳等有毒有害气体及氧气浓度进行检测。若有限空间内仍存在未清除的积水、积泥或物料残渣时，应先在有限空间外利用工具进行充分搅动，使有毒有害气体充分释放，有毒有害气体散发后再进行多次检测，确保安全才可下井施工。

气体检测结果应如实记录，内容应包括检测位置、检测时间、气体种类和浓度等信息。检测记录经检测人员签字后归档保存。

(3) 管道上下游临时封堵及导流

管道封堵前需了解封堵管段上下游水流来源情况、流量大小、管道分布情况、各支线管道及水流情况、泵站水压和调水时间等。

在封堵时可将几个井位组成一个清疏单元的两段进行封堵。封堵时先封堵支线，再在清疏单元的上下游两端根据管径大小及现场实际情况采用不同方式进行封堵，管道采用气囊封堵（图 3.3-4），箱涵采用砌筑围堰封堵（图 3.3-5）。

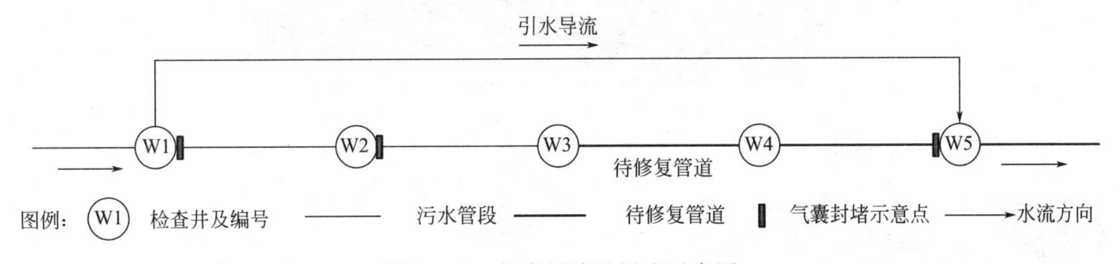

图 3.3-4　气囊封堵及导流示意图

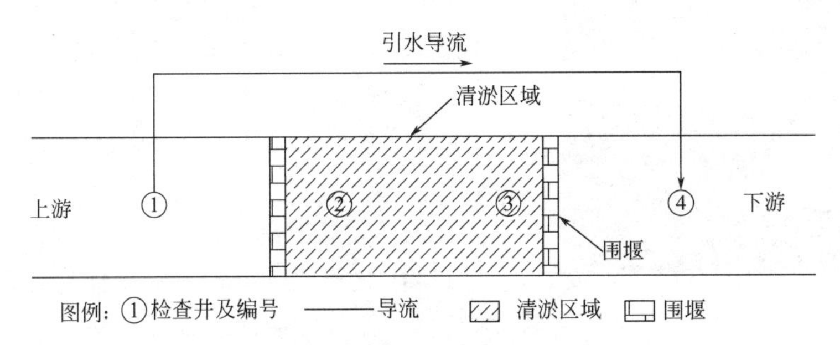

图 3.3-5　箱涵内设置围堰示意图

施工过程中，导流管可能需要跨越车行道，为保护导流管以及便于车辆通行，可在导流管上方布置钢便桥。

（4）待清淤管涵排水

将潜水泵及泥浆泵放置在检查井内，抽排封堵管涵段内积水，创造封堵段内的无水或少水环境。

（5）管涵清淤

1）管道清淤

使用吸污车将高压水管从下游伸入管道内至上游检查井底部，以便于高压水喷头可以从上游往下游冲洗。

将检查井内清洗出的淤泥抽排，经脱水后运送至指定处理场所；对于大块杂物、建筑垃圾等由人工装袋后统一外运。

2）箱涵清淤

人工配合小型机械先疏散箱涵内沉积物（铁锹、耙子配合高压水枪），箱涵淤积段内表面漂浮物先由人工清理装袋后由检查井或开孔处吊出。

采用高压水枪产生的高压水流将淤泥冲击混合成均匀泥浆，由吸污车吸出淤泥后送至污泥处理场地（图 3.3-6），沉底的大块垃圾等由人工清理装袋后由检查井或开孔处吊出。

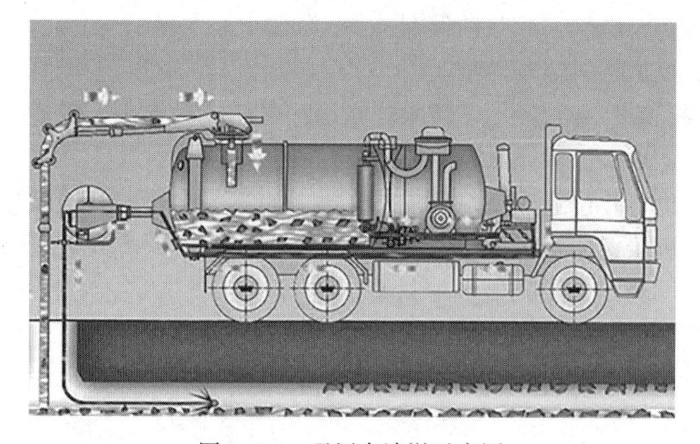

图 3.3-6　吸污车清淤示意图

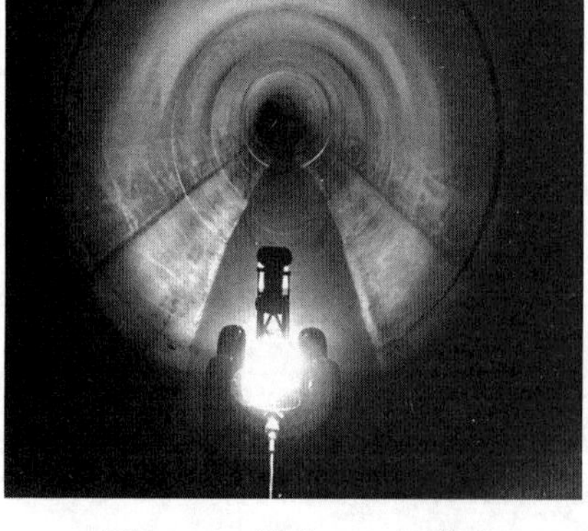

（6）CCTV 检测、现场清理

清淤完成后，进行 CCTV 检测（管道视频检测）（图 3.3-7），清淤未达标需重新清淤，清淤达标留好影像资料并制成文件留档，准备下一施工段清淤。

清淤结束后，淤后淤泥通过泥罐车运输至指定淤泥干化场进行干化、无害化处理后再行处置，清理清淤产生的污物以及施工产生的废料、垃圾，做到工完场清。

图 3.3-7　管道 CCTV 检测

4. 施工质量控制要点

（1）作业前现场负责人对全体作业人员进行安全技术交底，告知作业内容、作业过程中可能存在的安全风险、作业安全要求和应急处置措施等，交底人与被交底人双方应签字确认。

（2）作业前应对气体检测报警仪、呼吸防护用品（应使用送风式长管呼吸器）、通风设备、对讲机、安全帽、安全带、安全绳、照明灯具等设备设施的齐备性和安全性进行检查，发现问题应立即修复或更换。检查完毕应将设备用具有序就近摆放在作业部位便于取用。

（3）严格执行“先通风、再检测、后作业”，采取机械通风，通风管道长度确保新鲜风流能送至有限空间作业面。

（4）按要求办理好有限空间作业票，下井作业人员必须经过专业培训，考试合格后方能上岗，下井作业人员必须佩戴好安全绳、安全帽、呼吸设备等防护用品，现场监护人员记录下井人员数量。

（5）作业过程中，保持强制通风，作业人员携带实时检测报警仪，每隔 30min 开展一次气体检测并如实记录；与作业人员保持实时通话，并如实记录通话情况，作业人员每下井 30min 需出井休息一次。

（6）现场监护人员应在有限空间外全程持续监护，不得擅离职守。

（7）对于部分后续不再继续使用的管道，采用 C15 混凝土进行管道封堵。

（8）作业完成后清点人员和设备，确保有限空间内无人员和设备遗留，关闭进出口，解除隔离、封闭措施，恢复现场环境后安全撤离作业现场。

3.3.2 拉入式紫外光原位固化法修复技术

1. 工艺原理

拉入式紫外光原位固化法修复技术是将一定厚度的浸渍好光固化树脂玻璃纤维编制成软管拉入待修的旧管涵中，然后将其充气扩张紧贴原有管涵并使用紫外线加热固化定型，形成一层坚固的“管中管”结构（玻璃钢管），从而使已发生破损的或失去使用功能的地下管涵在原位得到修复。

2. 工艺特点

（1）该工艺适用于圆形管道和弯曲管道的修复，可修复的管径范围为 DN150～DN1500。一次修复最长可达 200m，可在一段内进行变径内衬施工。

（2）该工艺施工过程无需开挖，占地面积小，对周围环境及交通影响小，在不可开挖的地区或交通繁忙的街道修复排水管道具有明显优势。

（3）该工艺施工时间短，管道疏通冲洗后内衬管的固化速度平均可达 1m/min，修复完成后的管道即可投入使用，极大减少了管道封堵的时间。

（4）该工艺形成的内衬管强度高，壁厚小，与原有管道紧密贴合，加之内衬管表面光滑、没有接头、流动性好，极大减小了原有管道的过留断面损失。

（5）内衬管壁厚 3～12mm。

（6）该工艺修复后的使用年限最少可到 50 年。

总之，紫外光固化技术相对于传统的热固化工艺，其内衬管刚度大，相同荷载情况下所用内衬管壁厚较小；固化时间短，随着紫外线光源向前移动，内衬的冷却也随后连续发生，降低了固化收缩在内衬管内引起的内应力；紫外光固化设备上可以安装摄像头，以便实时检测内衬管固化情况；紫外光固化工艺中不用考虑排水管道端口断面高低引起的固化起始端的问题；固化工艺中不产生废水。

3. 适用范围

（1）该工艺对待修复管道的长度无限制，可在施工过程中根据待修复管道实际长度进行灵活裁切。

（2）该工艺主要适用于管径为 DN150～DN1500 的管道。

（3）该工艺适用于对多种类型的管道缺陷进行修复，包括管道坍塌、变形、脱节、渗漏、腐蚀等。如管道内部出现大量坍塌、变形等缺陷时，则需要在进行全内衬修复之前，先用铣刀机器人、扩孔点、点位修复器等辅助设备进行点位辅助修复处理。因此，施工进度相对会慢于直接进行全内衬修复的管段。

4. 工艺流程（图 3.3-8）

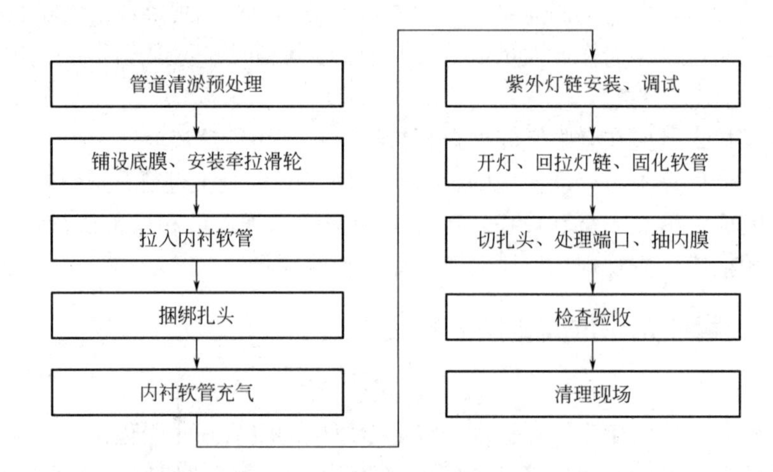

图 3.3-8　拉入式紫外光原位固化法修复技术工艺流程图

5. 主要施工方法

（1）管道清淤预处理

修复前对管道进行清淤预处理，彻底清除管道内的淤积物及凸起物，使管道内壁平整，清淤方法详见本书 3.3.1 节。

（2）铺设底膜、安装牵拉滑轮

拉入软管之前应在原有管涵内铺设底膜（图 3.3-9），底膜应置于原有管涵底部，并应覆盖大于 1/3 的管涵周长。铺设底膜的目的是减小软管拉入过程中的摩擦力和避免对软管的划伤，底膜拉入后应在井底固定并安装导向滑轮。

图 3.3-9　铺设底膜

（3）拉入内衬软管（图 3.3-10）

内衬软管应处于底膜上方，软管拉入宜对折放置在底膜上，拉入时应平稳、缓慢，拉入速度不大于 5m/min，拉入期间不得划伤内衬材料，内衬材料应超出原管道 30～60cm。

（4）捆绑扎头（图 3.3-11）

软管拉入管涵后在软管端口用扎带捆绑扎头，选用的扎头应比管涵直径略小，扎头捆

图 3.3-10　拉入内衬软管

绑三次以上，防止扎头崩脱，相邻扎带收紧方向宜相反，绑扎完成后，卡扣应位于扎头 12 点钟方向。

（5）内衬软管充气（图 3.3-12）

压缩空气压力应能使软管充分膨胀扩张紧贴原有管道内壁；0～50mbar 时 10mbar/min；50～100mbar 时 25mbar/min；100mbar 以上时 50mbar/min。

图 3.3-11　捆绑扎头

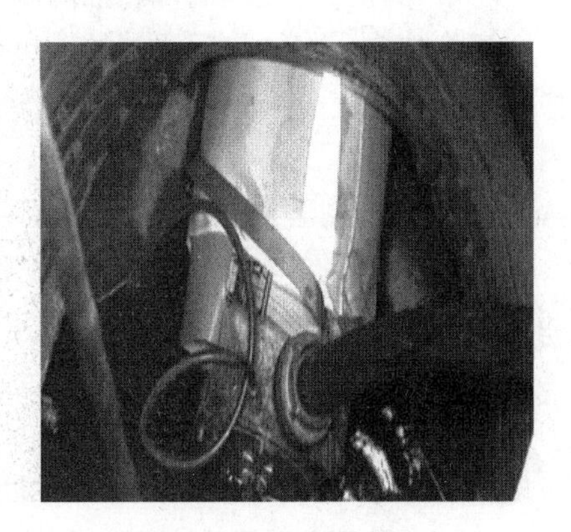

图 3.3-12　内衬软管充气

（6）紫外灯链安装、调试（图 3.3-13）

紫外灯链调试后关闭紫外灯，放入内衬软管，牵拉至管道另一端；紫外灯每 30s 打开一个。

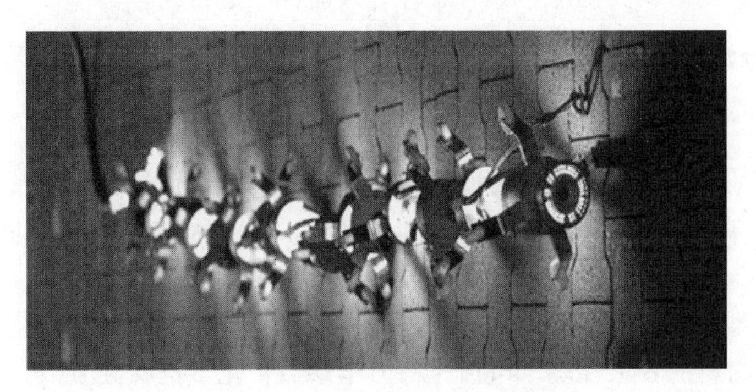

图 3.3-13　紫外灯链安装、调试

（7）开灯、回拉灯链、固化软管（图 3.3-14）

初始固化阶段紫外灯行走速度 0.2～0.3m/min，控制软管内温度，结合小车上的 CCTV 的监测，及时调整控制参数，当灯链距离终点 0.5m 时，紫外灯行走速度 0.2～0.3m/min。

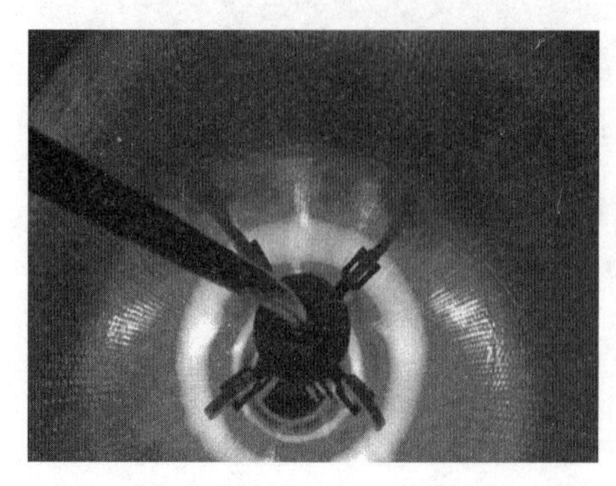

图 3.3-14　紫外灯链固化软管

（8）切扎头、处理端口、抽内膜

切除扎头，将切除后两端的毛边进行修整处理后在内衬管口与检查井接口处抹速凝型快速止水物，充分确保内衬管与老管道间不会有渗漏现象发生。端头处理后，切除软管内膜。

6. 质量控制要点

（1）内衬软管在储存、运输过程中应保持在厂家要求的温度下，且不会受到阳光照射。

（2）扎头应捆扎牢固。

（3）充气时每分钟加压 10MPa，当气压达到 100MPa 时，每分钟加压 50MPa，当气压到达 200MPa 时保压 40min，同时做好紫外线固化准备。

（4）初始固化阶段紫外灯链行走速度宜控制在 0.2～0.3m/min。软管固化过程中应观察控制台显示屏的紫外灯链行走里程并留意线缆标记。当紫外灯链距离终点 0.5m 时，紫外灯链行走速度控制在 0.2～0.3m/min。

（5）紫外线光固化速度应按规定进行控制，修复过程中通过安装在紫外线前端的 CCTV 监控测点，随时调整温度。如有意外，及时停止进行处理。

3.3.3　热塑成型法修复技术

1. 工艺原理

在待修管涵的内部，以原管涵为模子，依次采用内衬管预热、内衬管拖入、内衬管蒸汽加热固化、冷却、端口处理等工艺新建一条管涵，从而达到修复的目的。

2. 工艺特点

（1）热塑成型法修复技术的最大特点是高度的工厂预制生产。与传统通过开挖方式埋设的管道相似，衬管的各项性能，包括材料力学参数、化学抗腐蚀参数、管道壁厚等都是在严格控制的工厂流水线上决定。现场安装只是通过热量和压力对生产出的管材进行形状上的改变（使其紧贴于待修管道的内壁），而不造成任何材料形态变化，不改变管材的力学参数，从而大大提高非开挖修复管道的工程质量。

（2）现场安装设备简单，速度快，现场技术要求低。

（3）现场安装之前可以进行产品质量检测，杜绝不合格产品的应用。

（4）如现场安装过程出现问题或安装后检测发现问题，衬管可以通过非开挖的方式抽出，大大降低工程风险和成本。

（5）衬管的维护和保养与传统高分子材料管材基本一致。

（6）衬管安装前可常温长时间储存，储存成本低。

（7）修复后，井与井之间没有管道接口。

（8）管材可保证 100%不透水。

（9）强度高，在需要结构性修复的情况下，可以满足全结构修复的强度要求。

（10）管道的韧性好，抗冲击性能卓越。

（11）抗化学腐蚀性能好，高分子材料的抗腐蚀性能远高于其他金属类和水泥类管材，材料的抗化学腐蚀性适用于常规污水环境。

（12）部分产品可用于饮用水。

（13）产品的安装过程中不产生任何污染物，属于绿色施工。

3. 适用范围

（1）母管管材不限，可应用于任何材质的管道修复。

（2）部分产品可适用于饮用水修复。

（3）可应用于管道管径有变化的管道修复。

（4）可应用于管道接口错口位较大的管道修复。

（5）可应用于有 45°和 90°弯的管道修复。

（6）可应用于接入点难以接近的管道修复。

（7）可应用于动荷载较大、地质活动比较活跃的地区的管道修复。

（8）可应用于交通拥挤地段的管道修复。

（9）适用于管径小于 1200mm 的管道修复，管道的形状可为圆形、椭圆形、马蹄形、梨形等。

4. 工艺流程（图 3.3-15）

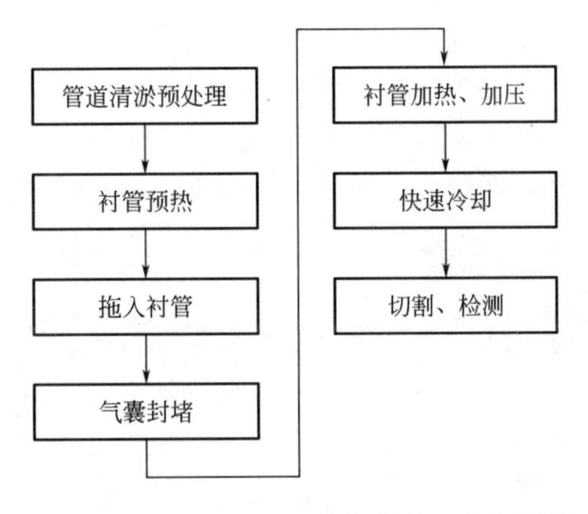

图 3.3-15　热塑成型法修复技术工艺流程图

5. 主要施工方法

（1）管道清淤预处理

修复前对管道进行清淤预处理，彻底清除管道内的淤积物及凸起物，使管道内壁平整，满足热塑成型修复工艺要求，清淤方法详见本书 3.3.1 节。

（2）衬管预热（图 3.3-16）

在现场对衬管进行预加热，使衬管软化，预热时间和温度满足衬管厂家要求。

图 3.3-16　衬管预热

（3）拖入衬管（图 3.3-17）

用牵引机将软化后的衬管拖入待修复管道。

图 3.3-17　拖入衬管

（4）气囊封堵（图 3.3-18）

当衬管完全拖入待修复管道后，开启车上混气罐蒸汽阀门对内衬管加热。测温枪检测在衬管达到 80℃并软化后关闭蒸汽阀门，使用相对应管径专用气囊堵头快速塞入衬管两端并用充气泵给气囊堵头充气确保材料端口不漏气（不可加压过高以免撑爆衬管口）。气囊堵头充气完成后用铁管穿过衬管偏心孔固定气囊堵头，入料井衬管的气囊堵头通过蒸汽管与混气罐连接，出料井的气囊堵头连接带有开关阀门、温度计和压力仪表的控制器。

（5）衬管加热、加压

衬管成型过程中，通过蒸汽机向衬管内输送水蒸气再次加热衬管，待温度达到材料软化点时，逐渐关闭蒸汽阀门并升高衬管内压力。衬管成型过程中温度不宜低于 100℃，压力不宜超过 0.04MPa（加压时需按每 2～3min 0.005MPa 缓慢施加压力）、衬管成型过程中实时观察出入料井室内衬管与原管道贴合情况，直到衬管紧贴于待修管道。

图 3.3-18　气囊封堵

（6）快速冷却、切割、检测

直到衬管紧贴于待修管道后，逐渐关闭混气罐蒸汽阀门并同时开启冷气阀门进行塑形。塑形过程中必须实时监测炮筒上的温度表及压力表。当温度降低到40℃以下时方可打开阀门，释放衬管内的压力。修复后切除管道两端多余衬管，衬管伸出待修管道的长度应大于10cm，伸出部分呈喇叭状。当内衬管两端与原有管道之间有环状空隙时，用堵漏材料处理端口，CCTV检测，监理现场验收，拆除上下游气囊、围挡。

6. 质量控制要点

（1）根据所需预加热的衬管的长度和管径，预加热时间一般需1～2h；当衬管触摸柔软后即可准备拖入待修管道。

（2）衬管一般伸出待修管道大于10cm。

3.3.4　水泥基材料喷筑法修复技术

1. 工艺原理

水泥基砂浆喷筑法主要采用离心浇筑方式在管涵内壁形成一个坚固的高性能复合砂浆内衬管；该工艺被广泛应用于铸铁排水管、混凝土排水管、泵站、检查井、污水处理厂等结构的防腐保护，以及各种现役污水管网结构的防腐修复。

水泥基材料喷筑法修复技术（图3.3-19）是将预先配制好的高性能复合砂浆泵送到位于管涵中轴线上由压缩空气驱动的高速旋转喷涂器上，浆料在高速旋转离心力作用下均匀甩涂到管涵壁上，同时通过专用绞车牵拉喷涂器在沿管涵匀速滑行，在管壁形成厚度均匀、连续的内衬，每层浇筑厚度通常控制在1cm左右，推荐保护层厚度一般至少2cm，腐蚀比较严重区域可以酌情增加厚度到3～5cm，当设计的内衬厚度较大时，可分多层浇筑施工，在前一层砂浆终凝后则可进行下一层的浇筑。

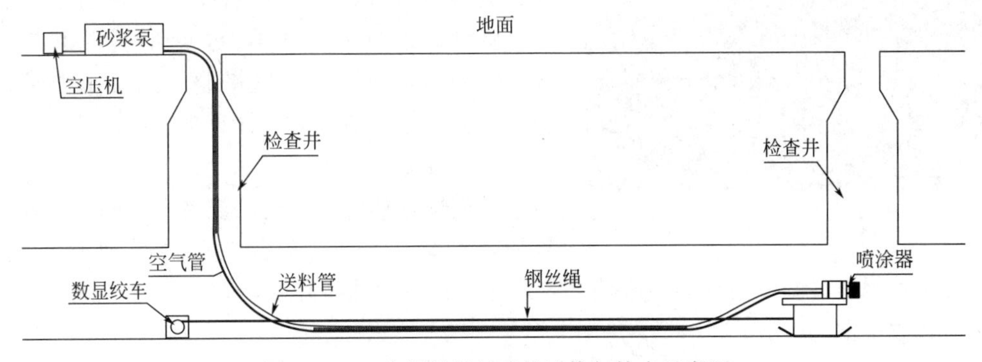

图 3.3-19　水泥基材料喷筑法修复技术示意图

2. **工艺特点**

（1）永久性、全结构性修复。

（2）全自动旋转离心浇筑，内衬均匀、致密。

（3）内衬浆料与结构表面紧密粘合，对结构上的缺陷、孔洞、裂缝等具有填充和修复作用，充分发挥了原有结构的强度。

（4）一次性修复距离长、中间无接缝，不受弯道弯曲段制约；内衬厚度可根据需要灵活选择。

（5）全结构性修复，材料可选方案多，最大限度节约工程成本。

（6）对于超大断面管涵，可在喷内衬之前加筋（钢筋网、纤维网等），增加整体结构强度。

（7）修复结构防水、防腐蚀、不减少过流能力，设计使用寿命可达到50年。

（8）设备体积小，专用设备少，一次性投资成本低。

3. **适用范围**

对破损的混凝土、金属、砖砌、石砌及陶土类排水管道进行防渗防水、结构性修复或防腐处理，适用管径300～3000mm。

4. **工艺流程（图3.3-20）**

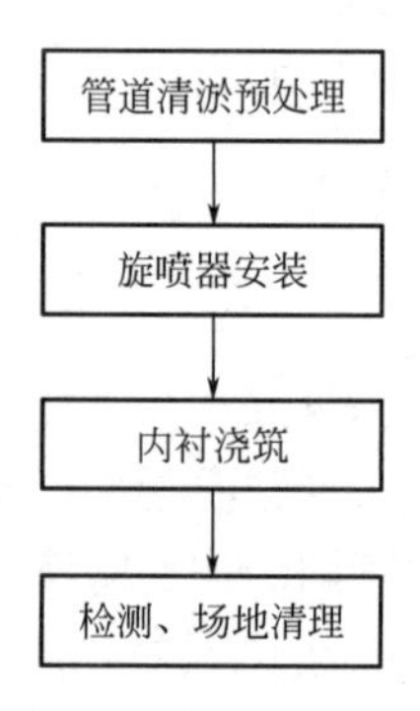

图3.3-20　水泥基材料喷筑法修复技术工艺流程图

5. **主要施工方法**

（1）管道清淤预处理

清除管内全部碎屑物，混凝土管道在内衬修复前，应保持表面潮湿。对管壁上的所有接口、沟缝、破洞等进行密封和填充，将管壁凸起物去除（图3.3-21），使管道内壁平整，满足水泥基材料喷筑工艺要求，清淤方法详见本书第3.3.1节。

图3.3-21　管涵高压冲洗

（2）旋喷器安装（图3.3-22）

管道预处理后，将离心浇筑专用的旋喷器安置到待修复管段尾端（牵引端对面），连接好料管、气管及牵引钢绳，调节喷涂器高度使之大致处于管道中轴线高度，在管口进行试浇筑以确定各项参数正常。

(3) 内衬浇筑（图 3.3-23）

根据管道直径、单次浇筑厚度及输浆泵的排量，确定牵引速度，确保内衬厚度均匀。需要进行多层浇筑时，须在前一层终凝后方可进行下一层的浇筑。在浇筑过程中，若出现供料不及时，可在原地暂停施工，待恢复供料后重新启动喷涂设备。若在某个修复段内有管径变化，或局部需要改变内衬厚度，可通过降低牵引速度或增加浇筑层数来实现。

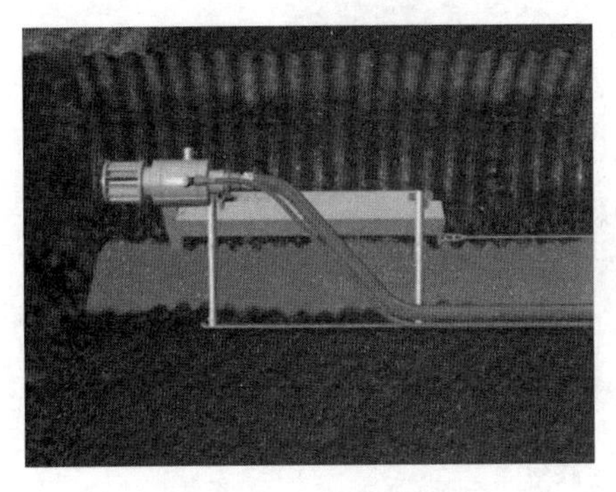
图 3.3-22　旋喷器安装

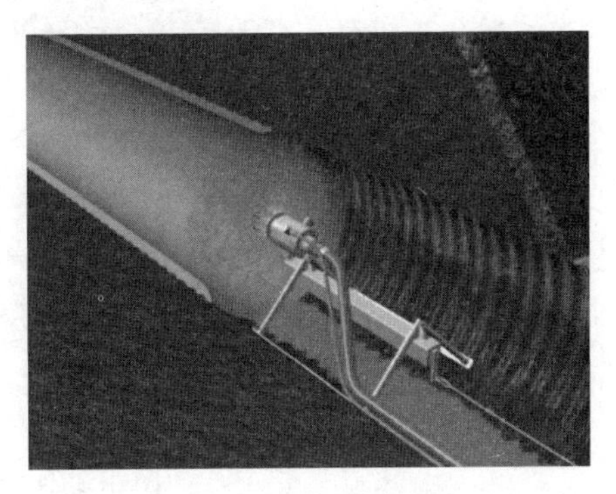
图 3.3-23　内衬浇筑

6. 质量控制要点

(1) 混凝土、砌筑结构宜采用高压水射流进行清洗，清洗后集体表面坚实，无松散附着物。

(2) 当环境温度低于 0℃时，不宜进行喷筑施工；当施工环境温度高于 35℃时，应采取降温措施。

(3) 水泥基材料施工完成后 6h 内不宜受激烈的水流冲刷。

(4) 内衬应在无风、潮湿的环境下养护，以免因水分过快蒸发造成内衬开裂；在施工过程及施工后的 24h 内，应确保内衬砂浆不结冰。

3.3.5　螺旋缠绕法修复技术

1. 工艺原理

螺旋缠绕法修复技术（钢塑加强型）是将工厂预制的带状 PVC-U 型材和钢带，同步送至检查井下提前安装好的缠绕机，以螺旋缠绕的方式进行推进（图 3.3-24），在缠绕的过程中型材边缘的公母锁扣互锁，并将钢带压合在接缝处，到达下一检查井后，在新管与旧管之间灌注水泥浆，从而形成一条具有高强度和良好水密性的钢塑加强型新管。

2. 工艺特点

(1) 强度高，口径大；

(2) 对原管壁的清理要求低；

(3) 可带水作业；

(4) 一次性施工距离长；

(5) 施工速度快；

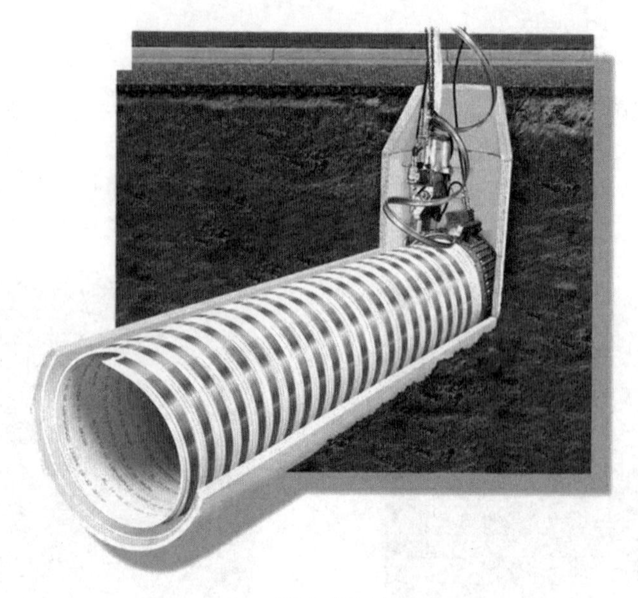

图 3.3-24　螺旋缠绕法修复工艺

（6）施工可以中断，机动灵活；

（7）施工占地小、安全性好；

（8）寿命长，专用 PVC-U 型材，防腐、耐磨，使用寿命达到 50 年以上；

（9）过水能力好，新管粗糙系数为 0.010，内壁光滑、平整，保证了管涵的过水能力。

3. 适用范围

（1）适用于母管管材为球墨铸铁管、钢筋混凝土管和其他合成材料的雨污排水管道局部和整体修复。

（2）适用于大型的矩形箱涵和多种不规则排水管道的局部和整体修理。

（3）适用管道结构性缺陷呈现为破裂、变相、错位、脱节、渗漏、腐蚀且接口错位应小于等于 3cm，管道基础结构基本稳定、管道线形没有明显变化。

（4）适用于对管道内壁局部沙眼、露石、剥落等病害的修补。

（5）适用于管道接口处在渗漏预兆期或临界状态时预防性修理。

4. 工艺流程（图 3.3-25）

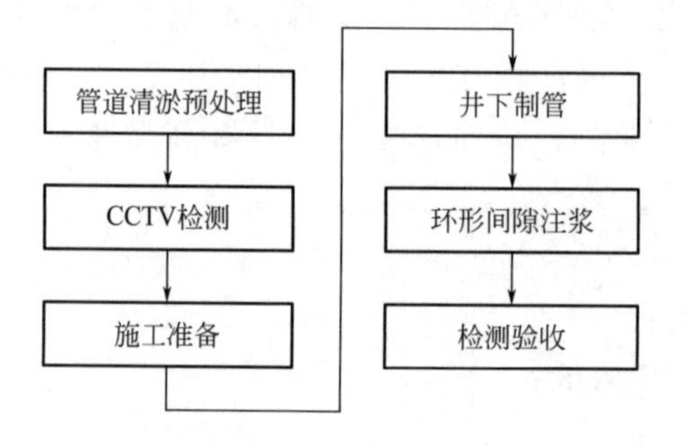

图 3.3-25　螺旋缠绕法修复技术工艺流程图

5. 主要施工方法

（1）预处理完成后，根据相应需修复管段的管径大小将分片的缠绕头和缠绕机放入井下由操作人员完成拼接安装（图 3.3-26），并将 PVC 型材放置在支架上，PVC 型材通过输送型材装置从滚筒上输送至井下。

图 3.3-26 缠绕头安装完毕

（2）在机器的驱动下，PVC 型材被不断地卷入缠绕机（图 3.3-27），通过螺旋旋转，使型材两边的主次锁扣互锁，从而形成一条比原管道小的、连续的无缝新管，在缠绕过程中，带状型材被卷成一条圆形衬管。

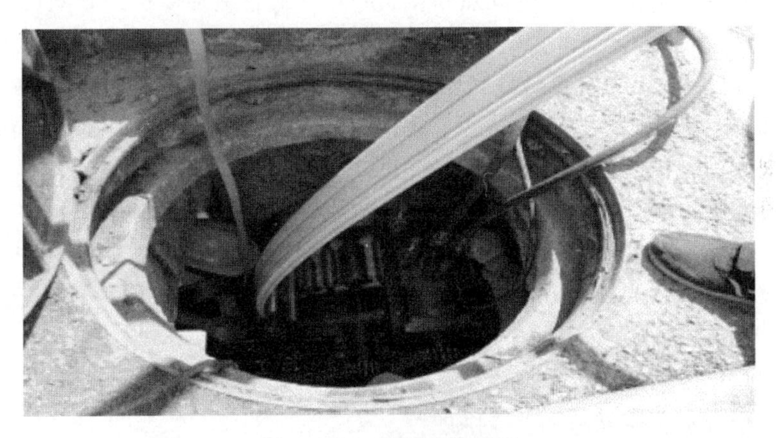

图 3.3-27 螺旋缠绕施工

（3）按固定尺寸缠绕新管完成后，在母管和新管之间可能会留有一定的间隙（环面）如果必要的话，这一间隙需进行管道注浆。注浆是使用密封剂泵，在压力的作用下将水泥浆通过预留的注浆管注入管道的裂隙区，以达到防渗目的。

3.3.6 点状原位固化法修复技术

1. 工艺原理（图 3.3-28）

（1）点状原位固化采用聚酯树脂、环氧树脂或乙烯基树脂，可使用含钴化合物或有机过氧化物作为催化剂来加速树脂的固化，进行聚合反应形成高分子化合物。该材料是单液性注浆材料，施工简单，设备清洗也十分方便。

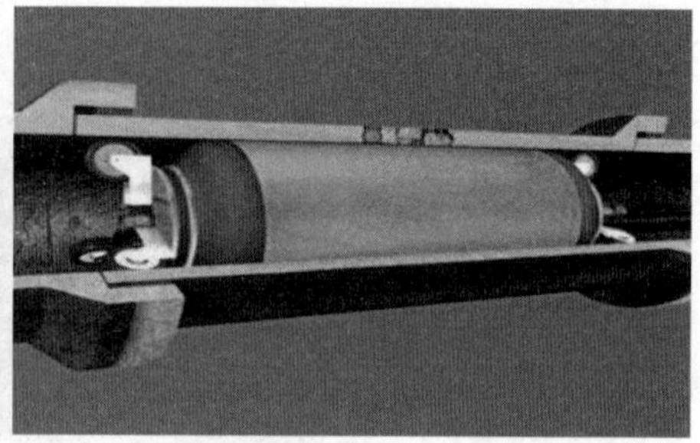

图 3.3-28　点状原位固化法修复技术示意图

（2）其树脂与水具有良好的混溶性，浆液遇水后自行分散、乳化，立即进行聚合反应，诱导时间可通过配合比进行调整。

（3）该材料对水质的适应性较强，一般碱性及污水对其性能均无影响。

2. 工艺特点

（1）点状原位固化法修复技术是一种排水管道非开挖局部内衬修理方法。利用毡筒气囊局部成型技术，将涂灌树脂的毡筒用气囊使之紧贴母管，然后用紫外线等方法加热固化。实际上是将整体现场固化成型法用于局部修理。

（2）点状原位固化主要分为人工玻璃钢接口和毡筒气囊局部成型两种技术，部分地区常用毡筒气囊局部成型技术，在损坏点固化树脂，增加管道强度达到修复目的，并可提供一定的结构强度。

（3）管径 800mm 以上管道局部修理采用点状原位固化修复方法最具有经济性和可靠性；管径为 1500mm 以上大型或特大型管道的修理采用点状原位固化修复方法具有较强的可靠性和可操作性。

（4）在排水管道非开挖修复中，通常与土体注浆技术联合使用。

（5）保护环境，节约资源。不开挖路面，不产生垃圾，不堵塞交通，使管道修复施工的形象大为改观。总体的社会效益和经济效益好。

3. 适用范围

（1）适用管材为钢筋混凝土材质及其他材质雨污排水管道。

（2）适用于排水管道局部和整体修理。

（3）管径为 800mm 以上及大型或特大型管道施工人员均可下井管内修理；管径为 800mm 以下可采用电视检测车探视位置，然后放入气囊固定位置。

（4）适用管道结构性缺陷呈现为破裂、变形、脱节、渗漏且接口错位小于等于 5cm，管道基础结构基本稳定、管道线形没有明显变化、管道壁体坚实不酥化。

（5）适用于管道接口处有渗漏或临界时预防性修理。

（6）不适用于检查井损坏修理。

（7）不适用于管道基础断裂、管道坍塌、管道脱节、管道接口严重错位、管道线形严重变形等结构性缺陷损坏的修理。

4. 工艺流程（图 3.3-29）

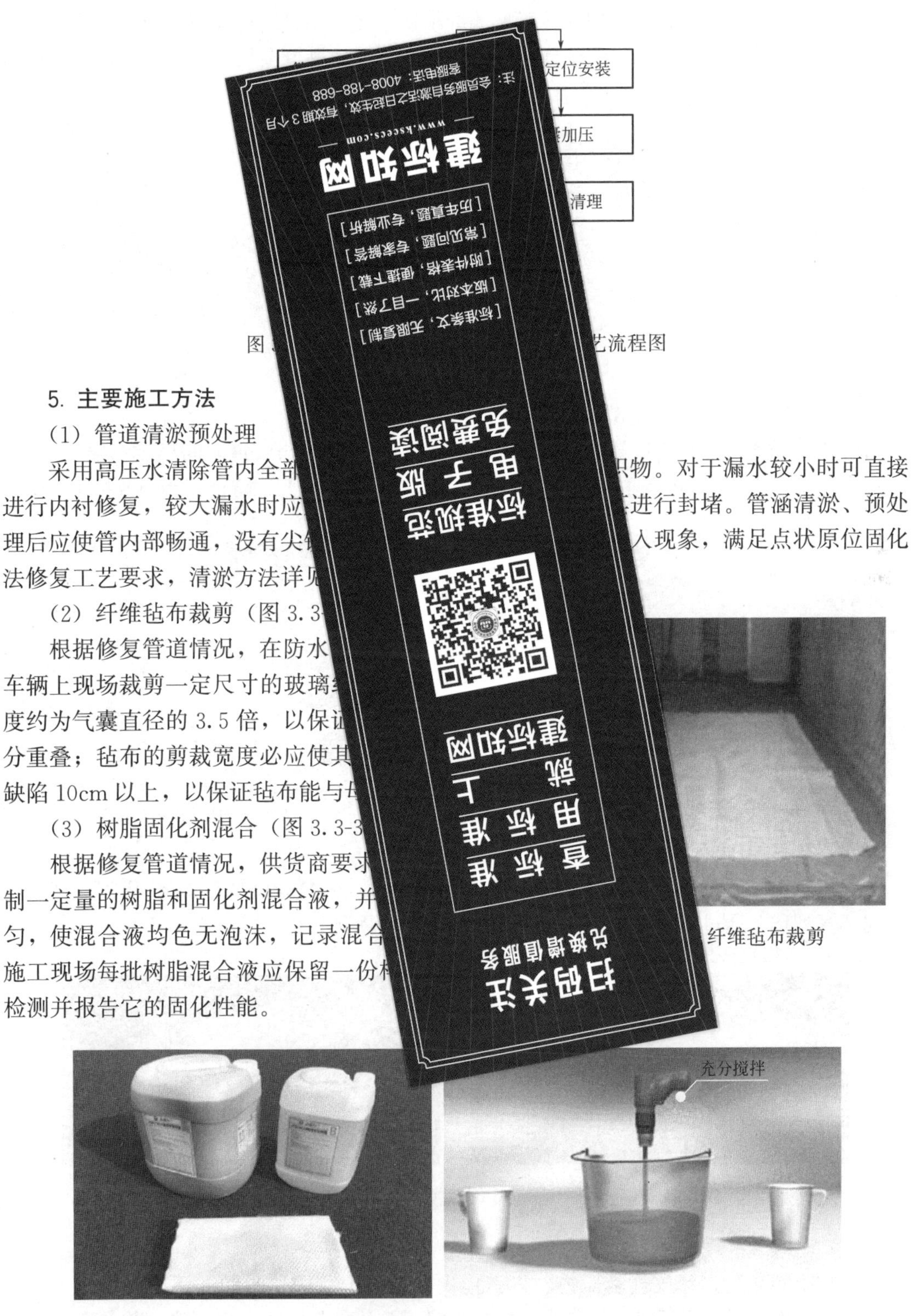

图 3……艺流程图

5. 主要施工方法

（1）管道清淤预处理

采用高压水清除管内全部……积物。对于漏水较小时可直接进行内衬修复，较大漏水时应……进行封堵。管涵清淤、预处理后应使管内部畅通，没有尖锐……入现象，满足点状原位固化法修复工艺要求，清淤方法详见……

（2）纤维毡布裁剪（图 3.3-……

根据修复管道情况，在防水……车辆上现场裁剪一定尺寸的玻璃纤……度约为气囊直径的 3.5 倍，以保证……分重叠；毡布的剪裁宽度必应使其……缺陷 10cm 以上，以保证毡布能与母……

……纤维毡布裁剪

（3）树脂固化剂混合（图 3.3-3……

根据修复管道情况，供货商要求……制一定量的树脂和固化剂混合液，并……匀，使混合液均色无泡沫，记录混合……施工现场每批树脂混合液应保留一份样……检测并报告它的固化性能。

图 3.3-31　树脂固化剂混合

（4）树脂浸透（图 3.3-32）

使用抹刀将树脂混合液均匀涂抹于玻璃纤维毡布之上。通过折叠使毡布厚度达到设计值，并在折叠过程中将树脂涂覆于新的表面之上。为避免挟带空气，应使用滚筒将树脂压入毡布之中。

图 3.3-32　树脂浸透

（5）毡筒定位安装（图 3.3-33）

经树脂浸透的毡筒通过气囊进行安装。为使施工时气囊与管道之间形成一层隔离层，使用聚乙烯（PE）保护膜捆扎气囊，再将毡筒捆绑于气囊之上，防止其滑动或掉下。

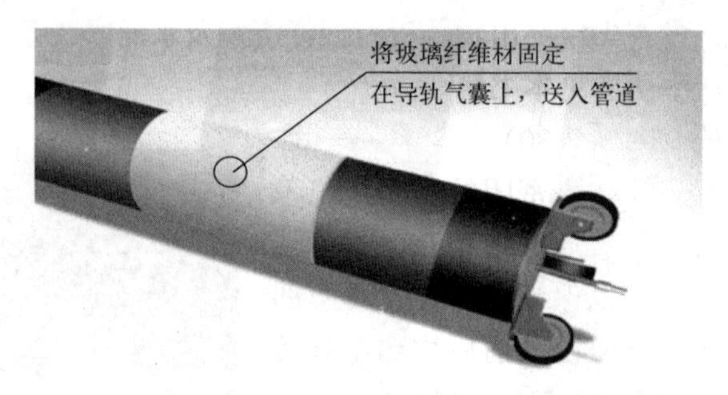

图 3.3-33　毡筒定位安装

（6）气囊加压（图 3.3-34）

气囊就位以后，使用空气压缩机加压使气囊膨胀，毡筒紧贴管壁。该气压需保持一定时间，直到毡布通过常温（或加热或光照）达到完全固化为止。

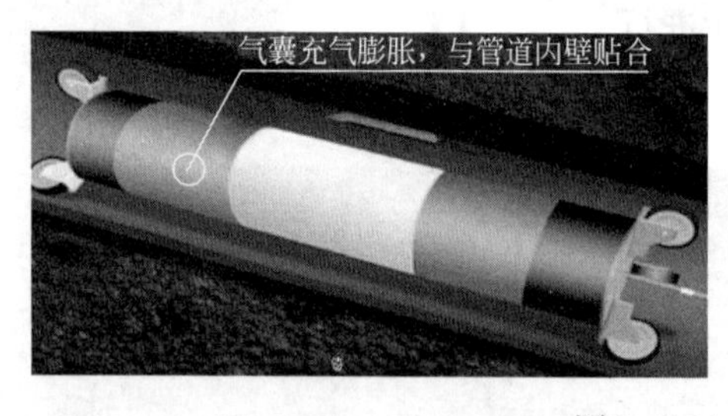

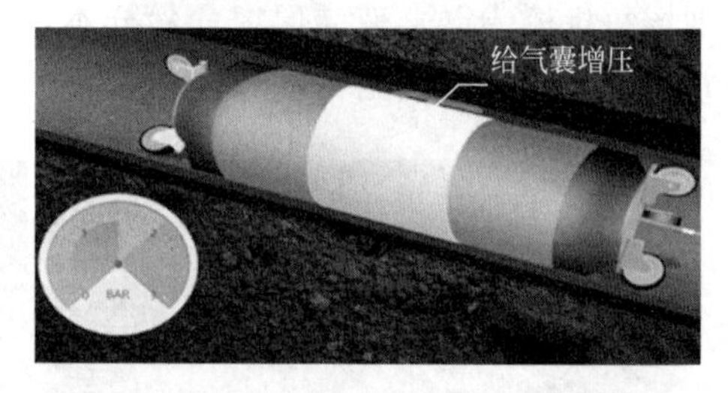

图 3.3-34　气囊加压

（7）验收、清理

待树脂固化后，释放气囊压力，将其拖出管道，记录固化时间和压力（图 3.3-35）。管涵内衬表面光滑、无褶皱、无脱皮，接口平滑、整洁，管内残余物清除，通水验收。

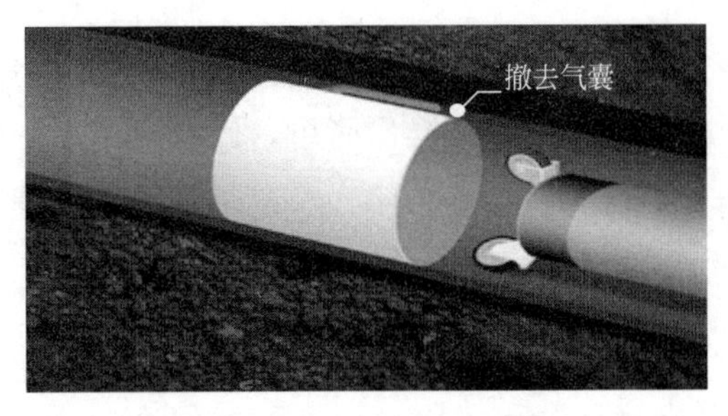

图 3.3-35　撤去气囊、修复完毕

6. 质量控制要点

（1）毡筒应在真空条件下预浸树脂，树脂的体积应足够填充纤维软管名义厚度和按直径计算的全部空间，考虑到树脂的聚合作用及渗入待修复管道缝隙和连接部位的可能性，还应增加 5%～10%的余量。

（2）毡筒必须用钢丝紧固在气囊上，防止在气囊进入管道时毡筒滑落。

（3）充气、放气应缓慢均匀。

（4）树脂固化期间气囊内压力应保持在 0.18MPa，保证毡筒紧贴管壁。

（5）树脂和辅料的配合比为 2∶1。

（6）准确确认管涵缺陷的宽度，确保剪裁玻璃纤维垫时超出 200mm 以上。

3.3.7　不锈钢快速锁法修复技术

1. 工艺原理

“快速锁-X”由 304 不锈钢拼合套筒、锁紧螺栓和 EPDM 橡胶（三元乙丙橡胶）套三部分组成。修复施工时，工人进入原有管道缺陷位置，将 EPDM 橡胶套套在不锈钢拼合套筒外部，使用控制器将不锈钢拼合套筒的环片扩张开来，并推动橡胶套紧密压合到管壁上后拧紧锁紧螺栓，完成对管道缺陷部位的修复（图 3.3-36）。

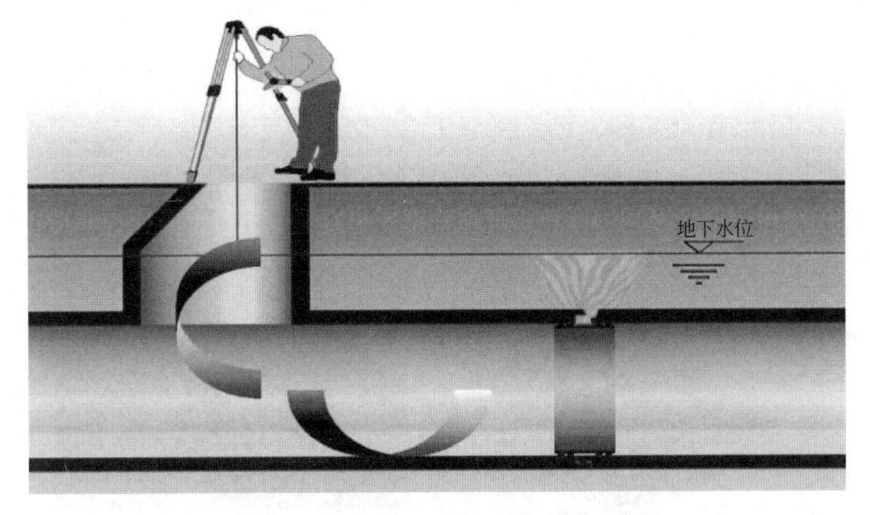

图 3.3-36　不锈钢快速锁法修复技术示意图

2. 工艺特点

相比于传统局部修复工艺，“快速锁-X”可适用于任何材质的排水管涵的局部修复，根据管径大小，不锈钢环片有 2～3 片，修复过程无需断水，操作简单，修复效率高。此外，对于缺陷沿管涵轴向方向长度较大时，可将若干个“快速锁-X”连续搭接安装，理论上可无限延长。

3. 适用范围

不锈钢快速锁法适用于 DN300～DN1800 排水管道的局部修复，不适宜管道变形和接头错位严重情况的修复。管径 DN600 以下的快速锁应采用专用气囊进行安装，DN800 及以上的快速锁宜采用多片式快速锁结构进行人工安装。

4. 工艺流程（图 3.3-37）

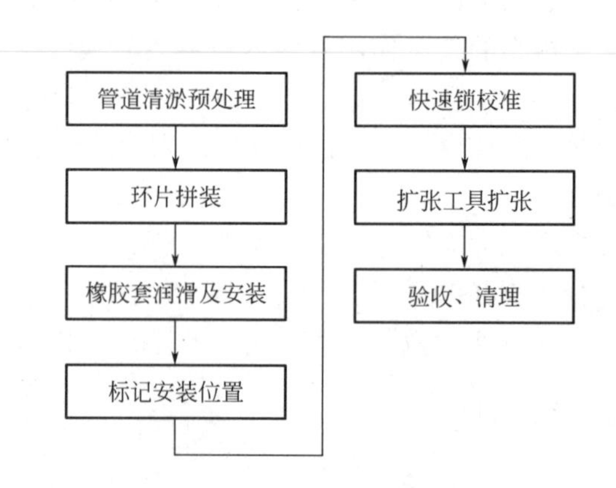

图 3.3-37　不锈钢快速锁法修复技术工艺流程图

5. 主要施工方法

（1）管道清淤预处理

清除管内全部碎屑物，管涵清淤、预处理后应使管内部畅通，没有尖锐突出物，满足不锈钢快速锁法修复工艺要求，清淤方法详见本书第 3.3.1 节。

（2）环片拼装（图 3.3-38）

在管口将快速锁环片拼装成钢套筒。

图 3.3-38　快速锁-X 组成及拼装

（3）橡胶套润滑及安装

在橡胶套的内表面抹上滑石粉，然后将橡胶套套在钢套筒上。

（4）标记安装位置

标记好安装位置，尽量使管道缺陷位于橡胶套两端密封凸起的中间位置。

（5）快速锁校准

校准快速锁，一方面使其沿管道方向正好覆盖缺陷，另一方面使快速锁的扩张锁紧位置居于管腰部。

（6）扩张工具扩张

将扩张工具卡入快速锁的专用卡槽内。扩张操作过程中，采用钢尺从橡胶套锥形边方向沿管周不同部位插入，当所有部位可插入深度小于 13mm 时，则表明快速锁与原管壁已经充分压合在一起。

（7）验收、清理

快速锁安装成功后，拧紧锁紧螺栓，退回微调节丝杆，卸下扩张工具。之后进行工程验收以及闭水试验，合格后清理现场。

4 老旧小区更新改造施工技术

根据《国务院办公厅关于全面推进城镇老旧小区改造工作的指导意见》，城镇老旧小区改造内容可分为基础类、完善类、提升类三类，具体内容如下：

（1）基础类。为满足居民安全需要和基本生活需求的内容，主要是市政配套基础设施改造提升以及小区内建筑物屋面、外墙、楼梯等公共部位维修等。其中，改造提升市政配套基础设施包括改造提升小区内部及与小区联系的供水、排水、供电、弱电、道路、供气、供热、消防、安防、生活垃圾分类、移动通信等基础设施，以及光纤入户、架空线规整（入地）等。

（2）完善类。为满足居民生活便利需要和改善型生活需求的内容，主要是环境及配套设施改造建设、小区内建筑节能改造、有条件的楼栋加装电梯等。其中，改造建设环境及配套设施包括拆除违法建设，整治小区及周边绿化、照明等环境，改造或建设小区及周边适老设施、无障碍设施、停车库（场）、电动自行车及汽车充电设施、智能快件箱、智能信包箱、文化休闲设施、体育健身设施、物业用房等配套设施。

（3）提升类。为丰富社区服务供给、提升居民生活品质、立足小区及周边实际条件积极推进的内容，主要是公共服务设施配套建设及其智慧化改造，包括改造或建设小区及周边的社区综合服务设施、卫生服务站等公共卫生设施、幼儿园等教育设施、周界防护等智能感知设施，以及养老、托育、助餐、家政保洁、便民市场、便利店、邮政快递末端综合服务站等社区专项服务设施。

结合以往老旧小区改造工程具体实施内容，老旧小区更新改造施工技术主要从管网改造及更新施工技术、环境改造及提升施工技术、便民设施提升施工技术、建筑改造提升施工技术四个方面进行介绍。

4.1 管网改造及更新施工技术

老旧小区管网改造及更新内容繁多，主要概括为“电、水、气”。“电”是指电线线路，老旧小区的电线线路普遍存在残旧、私拉乱挂的现象；“水”是指供水和排水管道，老旧小区的管道存在老化破漏、淤塞、室外管线不下地的情况；“气”是指供气管网，部分老旧小区还没有接入燃气管网。

老旧小区排水管网改造和提升施工方法主要为明挖施工，具体施工方法与雨污水管网新建施工方法相同，详见第3章雨污管网提质增效施工技术，本节主要针对广州某老旧小区改造项目老旧小区新旧给水管网不停水转换施工技术及老旧小区燃气管道施工技术进行介绍。

4.1.1 老旧小区新旧给水管网不停水转换施工技术

1. 适用范围

老旧小区新旧给水管网不停水转换施工技术适用于老旧城区新旧给水管网不停水转换

施工，主要适用于主管管径为 D150mm～D1000mm 的新建给水管网。

2. 工艺原理

老旧城区新旧给水管网不停水转换施工技术主要是先在需进行更新的片区内新建一套给水管网，在管网末端与入户管重新接驳，然后在管网起始端与市政主管接驳位置安装卡箍、钻孔机等设备进行不停水开孔接驳，完成后关闭旧管闸阀及老旧入户闸阀，并拆除老旧水表，增加丝堵封口，打开新装主管闸阀及新装入户闸阀，完成新旧给水管网的不停水转换，如图 4.1-1 所示。

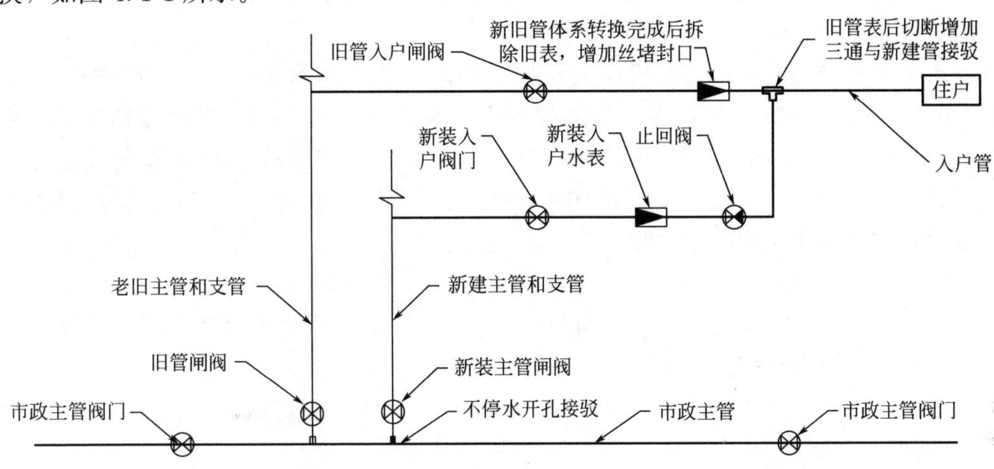

图 4.1-1　老旧小区新旧给水管网不停水转换施工技术工艺原理图

3. 工艺流程（图 4.1-2）

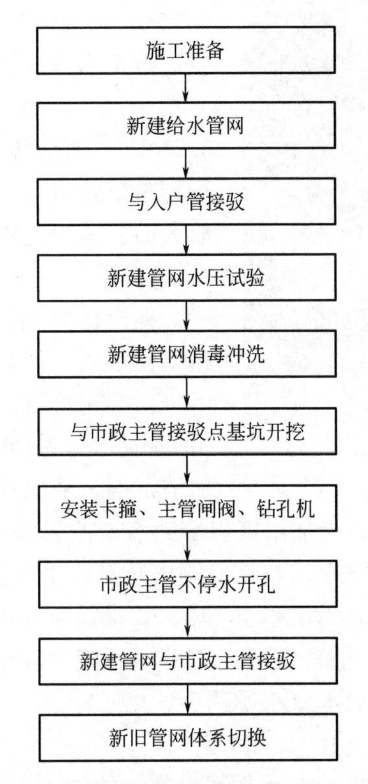

图 4.1-2　老旧小区新旧给水管网不停水转换施工技术工艺流程图

4. **主要施工方法**

（1）施工准备

1）上报供水单位及交通主管单位管网施工方案及交通导行方案；

2）提前一周张贴安民告示，告知居民施工内容、持续时间等信息；

3）根据设计图纸测量确定接驳点位置；

4）工作面协调、现场交通导行和安全围蔽已完成；

5）对所有现场人员进行施工技术交底和岗前安全教育培训。

（2）新建给水管网

新建给水管网沟槽开挖采取相应的支护措施。管道地基承载力大于100kPa，在机动车道上的管道覆土厚度不小于70cm。新建管网主要是DN100及以上的球墨铸铁管，采用T形承口连接，部分为钢管，采用法兰盘连接。施工时先在市政主管接驳点位置预留接口，然后从靠近市政主管端向入户端的顺序推进，待新建管网与入户管接驳完成并整体验收合格后，再与市政主管进行接驳。

（3）与入户管接驳

新建管网与入户管接驳时需先关闭旧管入户闸阀，在旧水表后靠入户端将管切断，增加三通接口与新建管网相连，并依次在新管上安装止回阀、新入户水表及入户闸阀。安装完成后，关闭新管入户闸阀，再将旧管入户闸阀打开，暂时恢复旧管供水状态，且能保证水不从新管反流。

图4.1-3　水压试验

（4）新建管网水压试验

根据《给水排水管道工程施工及验收规范》GB 50268—2008要求，给水水管为压力管道，应进行水压试验（图4.1-3），钢管水压试验压力为1MPa，球墨铸铁管水压试验压力为0.7MPa，钢塑管水压试验压力为0.8MPa。当不同材质管道一起进行水压试验时，试验压力取大值。试验过程及结果应满足规范要求。

（5）新建管网消毒冲洗

在进行新旧给水系统转换前需进行消毒，经检验水质达到标准后方可并网通水。

对新建管网消毒时保证沿线用户阀门均处于关闭状态，打开事先设置好的注药口阀门投加消毒剂，采用计量泵操作。管道消毒使用次氯酸钠（NaClO）作为消毒剂，投加浓度以有效氯不低于50mg/L计。投加消毒剂后，打开事先设置好的出水阀门进行排水，直至检测出余氯含量达到50mg/L以上，然后关闭进出水阀门进行浸管消毒，浸泡时间不小于24h。管道消毒过程由供水分公司水质员进行监督并填写《管道消毒记录表》。消毒完成后打开出水阀并在原注药口处注入清水冲洗，以便将管道内消毒水排出，直至出水口水质达到饮用水标准。

（6）与市政主管接驳点基坑开挖

接驳点基坑宜采用人工开挖，应采取可靠的支护措施，基坑宽度每侧大于卡箍长度

0.5m，长度超过钻孔机端头1m。

（7）安装卡箍、主管闸阀、钻孔机

接驳点基坑开挖完成后，根据设计接驳点位置安装专用配套卡箍，卡箍内侧与市政主管接触面粘贴环形橡胶垫，在卡箍上安装主管闸阀，采用法兰盘螺栓连接固定，完成后需将主管闸阀打开，回旋阀杆上升至极限，确保阀板不侵入闸阀过水通道中，继续在主管闸阀另一端安装钻孔机，从而形成由钻孔机、主管闸阀、卡箍组成的整体钻孔系统，再在钻孔机双盘短管自带的排水管上安装好用来监测钻孔机内水压力的压力表，各机具安装如图4.1-4所示。

图4.1-4　各机具安装

（8）市政主管不停水开孔

各机具安装完成后启动钻孔机钻孔，钻孔机为液压传动装置，必须由专职人员操作。钻孔机钻头由内杆和钻盘组成，内杆凸出于钻盘，钻孔时内杆先行钻入管道内，随后钻盘再进行钻孔切削，利用内杆卡住钻盘切削下来的孔板，防止掉落在管道内。

当钻孔机排水管上压力表达到正常值（与市政给水管压力相同，一般为0.2～0.4MPa）且压力保持稳定3min，即为钻孔完成。回旋钻孔机，使钻头全部回缩至闸阀外侧，关闭主管闸阀，拆除钻孔机，再次打开主管闸阀排放闸阀内污水。由于主管水压较大，再次打开闸阀时，出水口不能正对施工人员，开闸排水时间控制在5s之内，关闭闸阀，至此主管不停水开孔完成。

（9）新建管网与市政主管接驳

主管开孔完成后开始与新建管网预留口接驳，由于主管闸阀与新建管网预留口之间对接角度不规则，可现场加工钢管焊接法兰盘的方式连接，完成新建管网与市政主管的不停水接驳。

（10）新旧管网体系切换

新建管网与市政主管接驳完成后报批自来水公司进行验收及申请系统新旧管网体系切换施工。报批同意后，打开新装主管闸阀，关闭旧管入户闸阀，将原入户旧表拆除并安装丝堵封口，打开新装入户闸阀，按此步骤完成逐户切换，关闭旧管闸阀，至此完成片区内新旧给水管网的不停水转换。

5. 质量控制要点

（1）新建管网地基承载力、管道埋深、各管件连接满足设计及规范要求。

（2）新装入户阀门在入户管接驳完成后必须处于关闭状态。

（3）专用卡箍与接驳市政主管管径配套，安装时内侧橡胶垫必须和主管管壁贴合紧密，卡箍螺栓紧固到位，不能出现渗水、漏水情况。

（4）卡箍、阀门、钻孔机之间的法兰盘连接必须添加橡胶垫片，螺栓紧固密实。

（5）阀门必须用可全开的闸阀，不能用无法全开的蝶阀等其他阀门，阀门安装完成后启闭一个循环，确保正常可用。

（6）水压试验满足规范要求后方可进行管网冲洗消毒，水质必须经供水单位检测合格。

（7）钻孔机上的排水管压力表必须经检验校核合格，并且有检验合格报告方可使用。

（8）各用户新旧管转换完毕后，通知用水居民放水 1min，确保供水正常。

4.1.2 老旧小区燃气管道施工技术

1. 适用范围

老旧小区燃气管道施工技术主要适用于未接入燃气管道老旧小区燃气管道新建及已有燃气管道老旧小区燃气管道提升改造。

2. 工艺流程

（1）室内燃气管道施工技术工艺流程（图 4.1-5）

（2）室外燃气管道施工技术工艺流程（图 4.1-6）

图 4.1-5 室内燃气管道施工技术工艺流程

图 4.1-6 室外燃气管道施工技术工艺流程

3. 室内燃气管道施工技术主要施工方法

（1）管道组对焊接

室外地面以上入户燃气管线和室内燃气立管与户内第一个球阀前支管采用无缝钢管，

焊接连接；用户第一个球阀后的燃气管道采用镀锌钢管，螺纹连接，用户第一个球阀前的燃气管道与球阀螺纹连接。

1）焊接连接管线施工方法

① 按施工图给定安装位置，结合现场实际尺寸进行下料，并用角向磨光机修磨管口，管线、管件组对时，应检查坡口质量，其表面不得有裂纹、夹层等缺陷，对坡口及其两侧10mm范围内的油漆、锈、毛刺等污物清理，清理合格后进行组对。

② 在管线点焊固定后，用水平尺、角尺、线坠等工具检查管线的水平度和垂直度，偏差在1/1000以内为合格，合格后进行焊接。

③ 室内无缝钢管采用氩弧焊接，焊丝选用H08Mn2Si，配逆变直流电焊机，全部焊缝完成后，外观质量检验合格，对内部质量进行抽检，抽检数量为焊缝总数的30%，且每个焊工不应少于一个焊缝，抽查时应侧重抽查固定焊口。

④ 焊缝全部质量射线检验不得低于现行国家标准《无损检测 金属管道熔化焊环向对接接头射线照相检测方法》GB/T 12605中的Ⅲ级质量要求，超声波检验不得低于现行国家标准《焊缝无损检测 超声检测 技术、检测等级和评定》GB/T 11345中的Ⅱ级质量要求，本工程室内管线焊缝超声波检验，比例为30%。

⑤ 当抽样检验的焊缝全部合格时，则此次抽样所代表的该批焊缝应为全部合格，当抽样检验出现不合格焊缝时，对不合格焊缝返修后，应按规定扩大检验。

⑥ 用人工自顶层到一层分别敲打已施工完的垂直立管，以便使管内异物掉入一层，确保管内清洁，水平管线用清管器清管。

2）室内管线螺纹连接

管螺纹加工采用电动套丝机，设专人进行操作。螺纹连接填料采用聚四氟乙烯密封带，螺纹加工严格按国标管螺纹规定进行施工、检查及验收。

① 管线下料

按设计要求及现场实际测量尺寸进行下料，管线采用砂轮切割机进行切割，在螺纹加工前应用圆锉清除管口处的毛刺、铁屑等杂物。

② 螺纹加工

管螺纹采用电动套丝机设专人进行加工，管子与丝扣阀门连接时，管端的外螺纹长度应比阀门的内螺纹长度短1～2扣丝，以免过拧管子顶坏阀芯。丝扣套完后，需要试接，以用手拧进2～3扣为宜，套成的螺纹应端正、光滑、无毛刺、无断丝、偏丝和缺扣，锥度符合要求，连接好后，丝扣外露2～3扣为宜。管螺纹加工完成后，应用油石将端面打磨平滑，管内毛刺应清理干净。

③ 室内丝接部分填料采用聚四氟乙烯生料带，施工时沿丝扣旋转方向进行缠绕，用手拧入后，确认丝扣引入正确，再用扳手紧固，不可用力过猛，防止损坏零部件，对采用端面密封的接头、垫片选用随机带垫片，当随机带垫片损坏或不够时，在短时间无法解决时，可用耐油橡胶板或聚四氟乙烯板制作，规格尺寸同原垫片。

（2）室内管线吹扫及强度试验

① 管道安装完毕后，均应在试验前采用压缩空气对施工时残留下来的灰尘、焊渣、焦水进行吹扫，气源选用空气压缩机，安装在室外进户管入口处，中压管线吹扫压力0.3MPa，流速大于20m/s，低压管线吹扫压力0.2～0.3MPa，流速小于20m/s，并严格

执行现行国家标准《城镇燃气输配工程施工及验收标准》GB/T 51455 有关规定。逐个打开各户末端阀门，用临时管线引到室外排放，当目测排气无烟尘时，在末端吹扫口设置白布或涂白漆木靶板检验，5min 内靶上无尘土等其他杂物为合格。

② 吹扫完成后关闭所有阀门进行强度试验，强度试验压力 0.1MPa，燃气管道进行强度试验时可用发泡剂涂抹所有接头不漏气为合格，合格后把管内气体放净。

(3) 严密性试验

严密性试验方法同室内燃气管道。

4. 室外燃气管道施工技术主要施工方法

(1) 管线吹扫

1) 中压管线在强度试压前进行吹扫，吹扫介质采用压缩空气，吹扫压力 0.3MPa，流速大于 20m/s，低压管线吹扫压力 0.2～0.3MPa，流速小于 20m/s，并严格执行现行国家标准《城镇燃气输配工程施工及验收标准》GB/T 51455 有关规定。

2) 在对聚乙烯管道吹扫及试验时，进气口应采取油水分离及冷却等措施，确保管道进气口气体干燥，且其温度不得高于 40℃；排气口应采取防静电措施。

3) 吹扫管段内的调压器、阀门、过滤网、燃气表等设备不应参与吹扫，待吹扫合格后再安装复位。

4) 吹扫口应设在开阔地段并加固，吹扫时应设安全区域，吹扫出口前严禁站人。

5) 吹扫介质宜采用压缩空气，严禁采用氧气和可燃性气体。

6) 吹扫口与地面的夹角为 30°～45°之间，吹扫口管段与被吹扫管段必须采取平缓过渡对焊。

7) 当目测排气无烟尘时，在末端吹扫口设置白布或涂白漆木靶板检验，5min 内靶上无尘土等其他杂物为合格。

(2) 强度试验

吹扫合格后进行强度试验，强度试验满足现行国家标准《城镇燃气输配工程施工及验收标准》GB/T 51455 的相关规定。地埋管道的强度试验压力：中压为 0.6MPa，低压为 0.46MPa；试验时应缓慢升压，首先升至试验压力的 50%，进行初检，如无泄漏和异常现象，继续缓慢升至试验压力。达到试验压力后，宜稳压 1h 后，观察压力计不应小于 30min，无压力降为合格。在强度试验时，使用洗涤剂或肥皂液检查接头是否漏气，应在检验完毕后，及时用水冲去检漏的洗涤剂或肥皂液。

(3) 系统严密性试验

强度试验完成后进行系统严密性试验，试验介质选用空气或惰性气体，低压管道严密性试验压力应为设计压力，且不应小于 5kPa；中压及以上管道严密性试验压力应为设计压力，且不应小于 0.1MPa。严密性试验应连续记录 24h，记录频率不应少于 1 次/h，修正压力降小于 133Pa 时为合格，并严格执行现行国家标准《城镇燃气输配工程施工及验收标准》GB/T 51455 有关规定。

(4) 土方回填及敷设警示带

1) 管道主体安装检验合格后，沟槽应及时回填，但需要留出未检验的安装接口。回填前，必须将槽底施工遗留的杂物清除干净。

2) 对特殊地段，应经监理（建设）单位认可，并采取有效的技术措施，方可在管道焊接、防腐检验合格后全部回填。

3）不得采用冻土、垃圾、木材及软性物质回填。管道两侧及管顶以上 0.5m 内的回填土，不得含有碎石、砖块等杂物，且不得采用灰土回填。距管顶 0.5m 以上的回填土中的石块不得多于 10%、直径不得大于 0.1m，且均匀分布。

4）沟槽的支撑应在管道两侧及管顶以上 0.5m 回填完毕并压实后，在保证安全的情况下进行拆除，并应采用细砂填实缝隙。

5）沟槽回填时，应先回填管底局部悬空部位，再回填管道两侧。

6）埋设天然气管道的沿线应连续敷设警示带。警示带敷设前应对敷设面压实，然后将其平整地敷设在管道的正上方，距管顶的距离宜为 0.3～0.5m，但不得敷设于路基和路面里。

7）警示带宜采用黄色聚乙烯等不易分解的材料，并印有明显、牢固的警示语，字体不宜小于 100mm×100mm。

（5）安装标志桩

1）标志桩应安装在管道的正上方，当标志桩用作转角桩时，应安装在转角段中点的正上方。当管道正上方没有安装条件时，可设置在相对距离较近的路边绿化带内，并在标志桩上标明管桩示意图。

2）标志桩的安装间距宜为 15m。地面平坦、视碍少、管道路由顺直的情况下，标志桩的安装间距可大于 15m。特殊地段，事故多发地段可以缩短安装间距。

3）标志桩的正面应包含警示用语并面向道路。

4）混凝土、沥青路面和人行道路面宜使用不锈钢标识。

5）路面标识应设置在燃气管道的正上方，能正确、明显地指示管道的走向和地下设施。设置位置为管道转弯处，三通、四通处，管道末端等，直线管段路面标识的设置间隔应不大于 15m。

6）路面标识上应标注“燃气”字样以及公司和联系电话，可选择标注“管道标志”“三通”及其他说明燃气设施的字样或符号和“不得移动、覆盖”等警示语。

5. 质量控制要点

（1）施工前对地下管线进行踏勘，确保施工安全。

（2）新建管道地基承载力、管道埋深满足设计及规范要求。

（3）确保管道连接质量及管道连接检验试验。

（4）严格按照管道吹扫、管道强度试验、管道严密性试验先后顺序对管道进行检验试验。

4.2 环境改造及提升施工技术

老旧小区环境改造及提升主要包括拆除违法建设，整治小区及周边绿化、照明，完善小区交通结构和停车设施等，结合具体工程主要从绿化施工技术、室外停车位施工技术进行介绍。

4.2.1 绿化施工技术

1. 工艺流程（图 4.2-1）

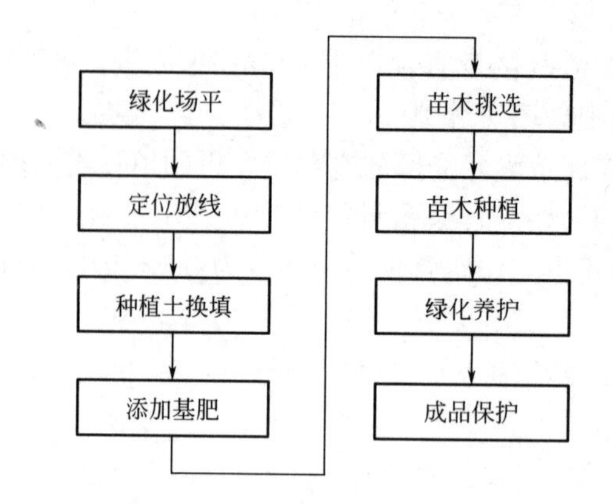

图 4.2-1 绿化施工技术工艺流程图

2. 主要施工方法

（1）绿化场平

1）绿化场地平整要顺地形和周围环境，整成龟背形、斜坡形等，设定坡度在 2.5%～3.0%之间以利排水。

2）绿化地形处理除满足景观要求外，还应考虑将地面水最终集水至市政管网排走。

3）所有靠路边或路牙沿线 50～100cm 宽内的绿地地面应低于路边或路牙沿线 5cm。

（2）种植土换填

1）种植土一般为 pH 值为 5.6～8.0 的壤土，含有机质的肥沃土壤，疏松、不含建筑和生活垃圾的土；强酸碱、盐土、重黏土、沙土等，均应采用客土或采取改良措施。

2）栽植土应见证取样，检测结果需符合《园林绿化工程施工及验收规范》CJJ 82—2012 规定要求，土壤物理性质指标见表 4.2-1。

土壤物理性质指标 **表 4.2-1**

指标	土层深度范围(cm)	
	0～<30	30～110
全盐含量(%)	0.1～0.3	0.1～0.3
密度(g/cm³)	1.00～1.35	1.00～1.35
有机质含量(%)	≥1.5	≥1.5
块径(cm)	≤5	≤5
总孔隙率(%)	>52	45～52
非毛管孔隙率(%)	>20	10～20

3）园林植物种植土厚度需满足最低土层厚度（表 4.2-2）。在耕翻中，若发现土质不符合要求，必须换合格土。换土后应压实，使密实度达 80%以上，以免因沉降产生洼。

园林植物种植必需的最低土层厚度表　　表 4.2-2

植被类型	草本花卉	草坪地被	小灌木	大灌木	浅根乔木	深根乔木
土层厚度(cm)	≥30	≥30	≥45	≥60	≥90	≥150

4）种植层需与地下土层连接，无水泥板、沥青、石层等隔断层，以保证土壤毛细管、液体、气体的上下贯通。草地要求土深 15cm 内的土任何方向上大于 1cm 的杂物石块少于 3%；花树木要求土深内 50cm 的土任何方向上大于 3cm 的杂物石块少于 5%。

（3）添加基肥

1）施工时对各种花草树木均应施足基肥，以弥补绿地土壤肥力不足，改良土壤，以使花草树木恢复生长后能尽快见效，施工可用下列基肥：

① 垃圾堆烧肥：利用垃圾焚烧厂生产的垃圾堆烧肥过筛，且充分沤熟后施用。

② 堆沤蘑菇肥：为蘑菇生产厂生产蘑菇后的种植基质废料掺入 3%～5%的过磷酸钙堆沤、充分腐熟后的基肥。

③ 塘泥：为鱼塘沉积涂泥、经晒干后，结构良好的幼稚泥块富含有机质和氮、磷、钾等肥料元素，成碎块（在任何方向直径 3～5cm 间）施用。

2）堆沤蘑菇肥作基肥用量：草地每平方米 7kg；花木（花坛）每平方米 10kg。乔木土球直径 50～60mm 的为 20～25kg，直径 70～80mm 的为 30～40kg。

3）草地、花坛在施肥后应进行一次约 20～30cm 深的耕翻，将肥与土充分混匀，做到肥土相融，既提高土壤养分，又使土壤疏松、通气良好。

4）乔木、灌木则应在种植前在穴边将肥土混匀，依次放入穴底和种植池。

（4）苗木挑选

1）花草树木质量：

① 所有花草树木必须健康、新鲜、无病虫害、无缺乏矿物质症状，生长旺盛而不老化，树皮无人为损伤或虫眼。

② 所有苗木的冠形应生长茂盛，分枝均衡，整冠饱满，能充分体现个体的自然景观美。

③ 严格按设计规格选苗，花灌木尽量选用容器苗，地苗尽量用假植苗，应保证移植根系完好，带好土球，包装结实牢靠。

④ 截干乔木锯口处要干净、光滑、无撕裂或分裂，正常截口应用蜡或漆封盖。

⑤ 棕榈科植物、开花乔木及主景树在种植时必须尽量保留原有的自然生长冠形。

⑥ 容器苗（袋苗），不能以棵根苗种植，以保证尽快见效和迅速恢复生长。

2）本地苗源的树种。

对本地无苗源或苗源不足的树种，应提前在苗源地对苗木进行技术处理，以保证移植到道路的苗木有较好的绿化初期效果。

3）施工单位应组织业主、设计、监理三方对苗木供应场进行考察，选定苗木。在苗木供应确定后应对苗木进行前期技术处理，以保证苗木符合设计要求。

（5）苗木种植

1）种植要求

种植时首先检查各种植点的土质是否符合要求，有无足够的基肥，基肥是否与泥土充分拌匀等。值得注意的是，种植时候接触地应铺放一层约10cm厚没有拌肥的干净种植土。

为保证施工能充分体现植物造景，要求施工种植时应有按照测量放样；对自然丛植树，应高低搭配有致，反映树丛的自然生长景观；对密植花木，应小心冠与冠之间的连接、错落和裸土的覆盖，显示群植的最佳绿化效果。

多个区域施工时在分区衔接处应注意相互间的种植衔接，以使整个绿化连成一体，顾全大局，成就初期效果。

2）大树移栽施工

① 大树挑选

选择需迁移的大树，应考虑其生态条件、树种、树龄、生长情况以及移植地点的自然条件及施工条件，确定形状、尺寸、树形、树势及根系的状态。移植树木应既能马上发挥良好的绿化效果，又能较长时间保留。应选生长正常，没有病虫害，未受机械扭伤的树木。早春为最好的移植时间，最好选用假植苗。

大树迁移前的准备工作主要包括大树预掘、大树修剪、编号空间、清理现场、安排运输路线、支柱、捆扎和工具材料的准备。

② 大树移栽

a. 软材包装移植。适用于挖掘圆形土球，胸径10～20cm或稍大一些的树。根据胸径确定土球规格，土球直径一般为树木胸径的7～10倍，同时根据树种及当地的土壤条件来确定土球大小。

b. 土球的挖掘。挖掘前先铲除树干周围的浮土，然后以树干为中心，以规定土球大小外扩3～5cm画圆，并沿着此圆往外挖沟，沟宽60～80cm，深度以土球所需要的高度为准，土球、树穴种植规格表见表4.2-3。

土球、树穴种植规格表 **表4.2-3**

树木胸径(cm)	土球规格		树穴规格	
	土球直径(cm)	土球高度(cm)	树穴直径(cm)	树穴深度(cm)
10～12	胸径8～10倍	60～70	120	100
13～15	胸径7～10倍	70～80	150	120
16～18	胸径7～10倍	80～90	150	130
19～20	胸径6～10倍	85～95	160	130
21～30	胸径6～10倍	100～110	150	150
31～40	胸径4～6倍	100～110	180	150
41～50	胸径4～6倍	100～110	200	150
51～70	胸径3～4倍	120～130	250	160
71～100	胸径3～4倍	130～140	300	180

c. 土球的修整，应用锋利的铁锨修整土球，修整遇到较粗的树根时，应用锯或铲将其切断，不得用铁锨硬扎，以防土球松散。当土球修整到1/2深度时，可逐步收底直至土球直径的1/3为止，然后将土球表面修整平滑，下部修成小平底。

d. 土球的包装，土球修整后，应立即用绳打上腰箍，其宽度为 20cm 左右，然后用薄包片将土球包严并用草绳将腰部捆好，接着要求打花箍，球打好后，将树推倒，用薄包片将底堵严，并用草绳子捆好。若土质较黏重，包装土球时可用遮阴网或草绳包装。

③ 大树吊运

a. 可用汽车或起重机运树木，运输应先调查行车道情况并做好必要准备，运输中防范危险发生。

b. 大树挖运前应根据要求先把树冠略作修剪，并用遮盖物包裹树冠，以减少运输途中的水分散失。特大型名贵大树建议用双层勾网包扎土球。

④ 大树定植

a. 做好定点放线，挖种植穴的准备工作，用起重机按要求放在定植坑旁。

b. 用人力或起重机将迁移来的树木放置于种植穴时，应掌握好方向，使树姿与周围环境相配合并尽量符合原来的朝向。

c. 当树木植种方向确定后，在坑内垫一土台并根据需要将土台做成一定坡度，确保大树定植后与地面垂直。

d. 大树落地前，应迅速拆去包装薄膜等材料，将大树置放于土台上调整位置，然后填土压实，如穴深达 40cm 以上，应在夯实 1/2 时浇踏足水，等水全部下渗再行填土。

e. 为促使大树增生新根，恢复生长，应适当使用植物生长调节剂。

3）孤植树、树丛林带移栽

① 挖穴

选定适宜的方法定位放线，以所定灰点为中心沿四周向下挖坑，坑的大小依土球规格及根系情况而定，带土球的应比土球大 16～20cm，裸根苗的应保证根系充分舒展，坑的深度应比土球高度深 10～20cm。

除行道树的坑外，坑的形状一般宜用圆形，且须一致。挖穴时要小心，发现电缆、管道等必须停止操作，及时找有关部门配合解决。

若挖穴后发现瓦砾多或土质差，必须清理瓦砾垃圾、换新土。根据土质情况和植物生长特点施加基肥。

② 起苗

苗木要求杆形通直，分叉均匀，树冠完整、匀称；茎体粗壮，无折断折伤，土球完整，无破裂或松散；无病虫害。特殊开挖的苗木要符合设计要求，起苗时间宜选在苗木休眠期，并保证栽植时间与起苗时间紧密配合，做到随起随栽。

起苗前 1～3d 应适当淋水使泥土松软，起苗要保证苗木根系完整，裸根起苗应尽量多保留根系并留宿土；若掘出后不能及时运走，应埋土假植。

③ 苗木修剪、运输及假植

种植前，应对苗木进行适度修剪；苗木的装车、运输、卸车等各项工序中，应保证树木的树冠、根系、土球的完好，不应折断树枝，擦伤、压伤、勒伤、吊伤树皮或损伤根系。苗木运到立即种植，若不能及时种植，应进行假植。

裸根苗木可平放于地面，覆土或盖湿土，可事先挖好宽 1.2～1.5m，深 0.4m 的假植沟，将苗木放整齐、排正，周围用土培好。若假植时间过长，则应适量浇水，保证土壤湿润，同时注意防治病虫害。

④ 苗木栽植

以拌有基肥的土为树坑底植土，使穴深与土球高度相符，尽量避免深度不符来回搬动。将苗木土球放到穴内，土球较小的苗木应拆除包装材料再放入穴内，土球较大的苗木，宜先放入穴内把生长态势好的一面朝外，竖起后垫土固定土球，再剪除包装。行列树一般要求从粗到细、从高到低进行排列。在接触根部的地方放一层没有拌肥的干净植土。填入好土至树穴的一半时，用木棍将四周的松土插实，然后继续用土填满种植沟并插实，使种植土均匀密实地分布在土球的周围。

栽植后，应及时淋定水。苗木成活期养护应符合当地园林绿化管养规范的规定。为保证种植效果，要求所有苗木尽量采用容器苗，大树采用假植苗。

⑤ 自然式种植

采用自然式种植的苗木同一品种除特殊指定规格外，应在要求规格范围内按高度、冠幅、胸径（大∶中∶小=3∶5∶3）的比例选购苗木，种植时应以各种高度穿插种植，形成高低错落的感觉。

（6）绿化养护

1）所选各类植物在养护管理期养护应符合当地园林绿化管养规范的规定。

2）园林绿化区内，对所有植物进行清杂物、浇水保持土壤湿润、追肥、中耕、修剪整形、抹不定芽、防风、防治病虫害（应选用无公害农药）、除杂草、排渍除涝等工作。

3）针对草坪、花卉、灌木、乔木的不同特性保证充分的灌水量，对于新栽植物，还要注意排水效果，尤其是在多雨季节和施工完成后地面出现沉降后要及时改善和修补。

4）主要追施氮肥和复合肥。草地追肥多为氮肥，在养护一年内，按面积计算，约每月每平方米50g（分2～3次）尿素做追肥，可撒施或水施工；花木和乔灌木最好施用复合肥，花木每月每平方米100g（分2～3次）左右，灌木每株每月25g左右，乔木每月每株150g左右。

5）对路树，如为截干乔木，成活后萌芽很不规则，这时应该在设计枝下高以下将全部不定芽抹掉，在枝下高以上选3～5个生长健壮、长势良好、有利于形成均匀冠幅的新芽保留，将其余的抹掉。其余乔灌依造景需要去新芽，以利于形成优美树形为准。

6）针对沿海地区，在台风和暴雨季节来临之前，对易倒的植物进行固定，其他内容按相关国家和地方规范进行。施工完成后，应定期对植物生长情况及病虫害情况进行检查，及时做好养护工作。

3. 施工注意事项

（1）绿化施工要求施工单位在挖穴时注意地下管线走向，遇地下异物时做到“一探、二试、三挖”，保证不挖坏地下管线和构筑物，同时，遇有问题应及时向监理单位、设计单位及工程主管单位反映，以使绿化施工符合现场实际。

（2）种植高大乔木，遇空中有高压线时应及时反映，高压线下必须留有足够的净空安全高度，一般不宜种植高大乔木。

（3）如遇绿化施工图有与现场不符合处，应及时反映给工程监理单位及设计单位，以便及时处理。

4.2.2　室外停车位施工技术

1. 工艺流程（图 4.2-2）

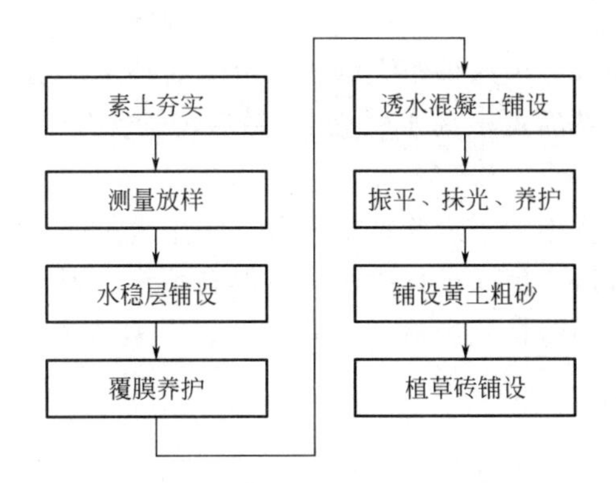

图 4.2-2　室外停车位施工技术流程图

2. 主要施工方法

（1）素土夯实

填筑应符合设计要求，分层填筑碾压，压实度应不小于设计要求，填料应满足设计和规范要求，取土送检，填筑完成经测量验收后方可填筑下一层。

（2）测量放样

填筑完成后测量工程师进行放样，对超高路基进行削平，对浅坑、穴等进行填筑平整，放出路基以上各层标高及边线。施工前对机械工和工人开展技术交底。

（3）水稳层铺设

路基验收合格开展水泥稳定碎石，经商混站运输至施工现场，采用小型挖机摊铺，压路机碾压密实，采用土工布覆盖养护。

（4）透水混凝土铺设

在水稳层上洒水充分湿润后摊铺透水混凝土，透水混凝土厚度和强度等级应符合设计要求，水泥应采用强度等级不低于 42.5 级的硅酸盐水泥。

（5）振平、抹光、养护

采用平板振动器或人工捣实，对欠料的地方及时填补。用平板抹光机对表面进行抹光，覆盖薄膜进行养护，养护期应不小于 7d。

（6）铺设黄土粗砂

铺设 30mm 厚黄土粗砂，其中砂：土＝1：1，砂子粒径应满足设计规范要求，混合均匀，铺设时保证厚度一致，无浅坑、洼穴，施工完成后开展下步工序。

（7）植草砖铺设（图 4.2-3）

植草砖经验收合格后进场，工人将砖轻轻平放在地面，用橡胶锤锤打稳定。铺设后要在砖孔中填入营养土、撒上草种，再进行浇水养护。

图 4.2-3　铺设植草砖

3. 质量控制要点

（1）植草砖底部交错排列可使其很好地固定安装在支撑层上。按要求需在整块地区外围加框或者用固定钉将其固定，为避免植草砖可能发生的热胀情况，必须在每块植草砖之间预留 1～1.5cm 的缝隙。

（2）植草要分两步完成。填入种植土洒水、沉降后补土，填土标高与植草砖完成标高一致，填土完成撒播草籽然后覆土为 1～2cm，最后覆盖无纺布进入养护期，养护期间避免车辆或人为碾压破坏。

（3）植草砖在搬运过程中，一定要轻拿轻放，防止边角损坏和破裂。

（4）应对植草砖的规格、色泽进行挑选，不得有歪斜、翘曲、空鼓、缺棱、掉角、裂缝等缺陷。砖面应平整，边缘棱角整齐，不得缺损，并且表面不得有变色、起碱、污点、砂浆流痕。

4.3 便民设施提升施工技术

老旧小区便民设施提升主要包括增设适老设施、无障碍设施、电动自行车及汽车充电设施、智能快件箱、文化休闲设施、体育健身设施、物业用房以及加装电梯等内容，本节主要介绍加装电梯施工技术。

老旧小区加装电梯施工技术

许多老旧小区在建设之时并未考虑电梯设计，在后来的使用过程中逐渐出现弊端，需要加装电梯来满足居民的需求，由于建筑形式多样，电梯加装主要有 3 种形式：通至楼梯间平台（图 4.3-1）、通至现有楼梯间入户平台（图 4.3-2）、通至现有室外阳台（图 4.3-3），具体采用何种形式要根据建筑形式、周边环境、规范要求、居民意见等因素综合考虑。电梯加装由专业队伍根据设计图纸进行施工，本章节对加装电梯施工技术进行简单介绍。

图 4.3-1　通至楼梯间平台

图 4.3-2　通至现有楼梯间入户平台

图 4.3-3　通至现有室外阳台

1. 工艺流程（图 4.3-4）

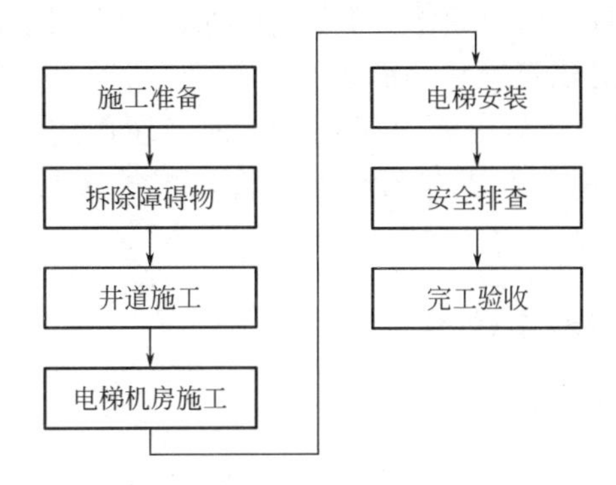

图 4.3-4　电梯加装施工工艺流程图

2. 主要施工方法

（1）施工准备

施工前熟悉设计图纸，做好安全技术交底；施工前准备好施工所需人工、机械及材料；施工前准备好临水和临电；封闭施工区域，悬挂警示标志，确保施工安全。

（2）拆除障碍物

根据加装电梯位置拆除外墙上影响电梯安装的电线电缆、管道等障碍物；通至阳台电梯需要拆除阳台栏杆及女儿墙等设施；对于通至楼梯平台和入户楼梯平台电梯加装需要破除打通部分外墙，为电梯井道施工做准备。

（3）井道施工

老旧小区加装电梯井道一般采用钢结构形式，按照设计图纸进行井道施工，包括基础施工、安装支撑结构、尺寸调整等工作。

（4）电梯机房施工

根据设计要求，建造或改造机房，安装相关设备、电线等。

（5）电梯安装

将电梯吊装至井道内，并与机房进行连接。

（6）安全排查

进行电梯安全性能和质量的检查，确保符合国家安全标准。

（7）完工验收

进行相关部门的验收，保证施工质量，确保项目安全。

3. 注意事项

（1）施工期间可能会对周边居民和交通造成一定影响，需要提前向居民进行告知，并制定合理的交通管理方案。

（2）施工前对建筑物结构强度进行复核，确保满足设计要求。

（3）施工人员须严格遵守安全操作规范，做好安全防护工作，减少施工事故发生的风险。

4.4 建筑改造提升施工技术

老旧小区的建筑躯体普遍出现老化，不仅影响小区的外观形象而且存在安全隐患。在建筑结构完好的情况下，对建筑外在功能性进行更新改造，能够令建筑重新满足居民的使用需求，提升生活品质。本节主要对建筑外立面及屋面防水保温施工技术进行介绍，其中外立面改造提升施工技术主要有旧墙面改饰涂料施工技术、干挂外墙装饰板施工技术。

4.4.1 旧墙面改饰涂料施工技术

1. 工艺流程（图 4.4-1）

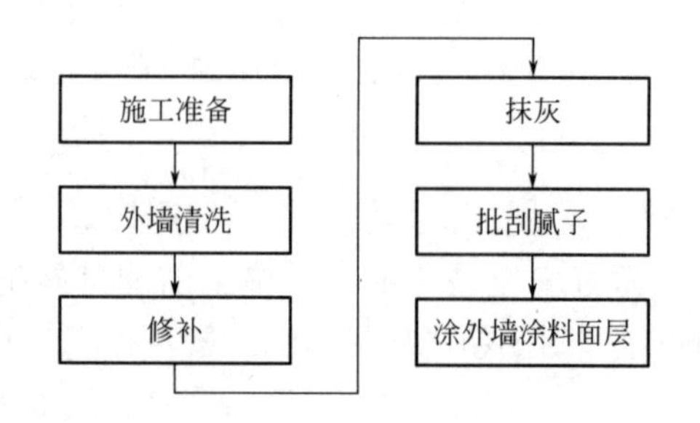

图 4.4-1 旧墙面改饰涂料施工技术工艺流程图

2. 主要施工方法

（1）施工准备

施工前熟悉设计图纸，做好安全技术交底；施工前准备好施工所需人工、机械及材料；施工前准备好临水和临电；根据改造建筑物高度搭设施工外脚手架或者安装挂篮。

（2）外墙清洗

用洗涤灵或碱液将表面的浮尘、油污进行彻底清洗干净，然后用高压水进行冲洗。

（3）修补

用专用修补砂浆、复合玻璃纤维网格布对局部损坏部位进行修补完整。

(4) 抹灰

由于面砖表面光滑，附着力差，用界面处理剂在瓷砖表面涂刷一遍，使得面砖表面有附着力，能够保证新饰面层不开裂、不剥落。用界面处理剂在面砖表面批刮 2mm 厚（视实际情况），选用粘结强度高的界面处理剂能牢牢地粘在面砖上，它具有防水效果，防止外墙渗水，等风干后再进行下一道施工。

(5) 批刮腻子

抹灰面上直接用白色腻子批刮，视不同的外墙涂料质地要求进行光面打磨、仿石或拉毛处理。

(6) 涂外墙涂料面层

待腻子完全干透后，按设计要求涂饰外墙涂料面层。目前有一种室外氟碳漆，具有杀菌、除臭、分解甲醛、自净、防霉的功能，只要一下雨，墙体表面的污渍就会被雨水带离墙面，从而使墙体可以在无需人工清洁的情况下保持长期洁净。

3. 质量控制要点

(1) 外墙清洗干净，确保后续涂饰层粘结牢固。

(2) 改造过程中，注意处理好原有建筑物的沉降缝、伸缩缝、滴水线，保持原有功能。

4.4.2 干挂外墙装饰板施工技术

1. 工艺流程（图 4.4-2）

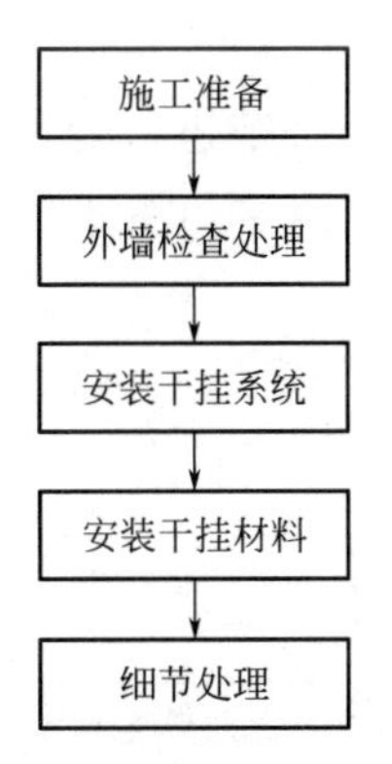

图 4.4-2 干挂外墙装饰板施工技术工艺流程图

2. 主要施工方法

(1) 施工准备

施工前熟悉设计图纸，做好安全技术交底；施工前准备好施工所需人工、机械及材料；施工前准备好临水和临电；根据改造建筑物高度搭设施工外脚手架或者安装挂篮。

(2) 外墙检查处理

检查墙体是否平整，是否存在裂缝和渗漏等问题，清理原有外立面的污垢和残留物，修复任何破损的部分，确保可施工的表面平整稳固。

(3) 安装干挂系统

1) 在墙体表面安装龙骨系统：根据设计要求和干挂材料的规格，按照一定的间距固定铝合金龙骨或钢龙骨于墙体上，以形成一个坚固的支撑结构。

2）安装横向龙骨：将横向龙骨垂直地安装在纵向龙骨上，形成网格状的结构，以增加干挂系统的稳定性。

3）安装挂件和固定件：在龙骨上安装挂件和固定件，根据干挂材料的特点选择合适的挂件和固定件，并保证其牢固可靠。

（4）安装干挂材料

1）进行预安装：根据设计要求，在地面或者室内进行干挂板件的预安装，以确保尺寸和装饰效果的准确性。

2）进行干挂：根据标准的施工图纸和安装要求，将预先组装好的干挂板件安装到干挂系统的龙骨上，并用螺栓或其他固定件进行固定，保证板件的平整度和牢固性。

3）注意事项。

在外墙干挂施工过程中，需要注意以下事项：

安全第一：施工人员必须穿戴好安全帽、安全鞋等防护装备，并进行必要的安全培训。

质量控制：在干挂系统和干挂材料的安装过程中，应严格按照设计要求和施工规范进行操作，确保施工质量。

防水处理：外墙干挂系统与墙体之间可能存在空隙，需要进行适当的防水处理，以确保墙体的防水性能。

考虑气候因素：在选择干挂材料和干挂系统时，要考虑当地的气候条件，以确保其耐久性和适应性。

（5）细节处理

在外立面改造的最后阶段，需要对细节进行处理，这包括处理角落和连接处的细节，如使用线条、装饰板等进行装饰，以及清洁和整理施工区域。

4.4.3 屋面防水保温施工技术

1. 工艺流程（图 4.4-3）

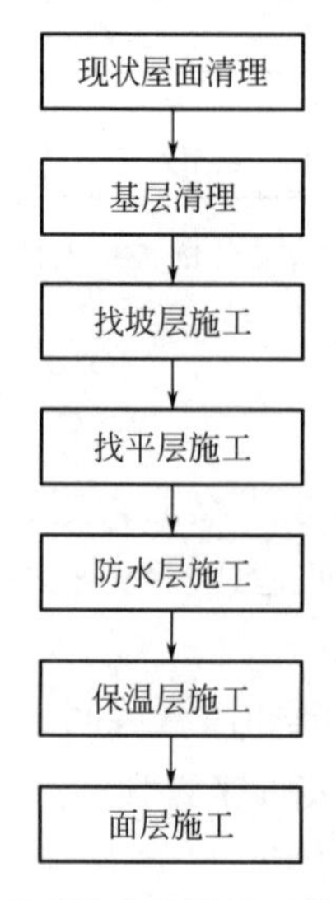

图 4.4-3 屋面防水保温施工技术工艺流程

2. 主要施工方法

(1) 现状屋面清理（图 4.4-4）

对现状屋面上的违建及障碍物进行拆除，将现状屋面原防水层及保温层清理干净露出屋面板基层。

图 4.4-4　现状屋面清理

(2) 基层清理

清除屋面基层的砂浆、尘土、松散混凝土、油渍等杂物，将屋面清扫干净，洒水湿润。

(3) 找坡层施工

1) 工艺流程

基层处理→洒水湿润→贴点标高、冲筋→铺设找坡材料→找平、压实。

2) 基层处理

在浇筑轻骨料混凝土前将基层上的松动混凝土及杂物清理干净。

3) 洒水湿润

适当洒水湿润表面，以利于上下层结合。

4) 贴点标高、冲筋

按照坡度要求进行拉线，一般按 1～2m 冲筋。坡度按业主及图纸要求进行拉线，水落口周围直径 500mm 范围内坡度不应小于 5%。

5) 铺设找坡材料

轻骨料混凝土应连续浇筑，间歇时间不得超过 2h。如间歇时间过长，应分段浇筑。

6) 找平、压实

以找坡贴饼为标志，控制好虚铺厚度，用铁锹粗略找平，然后用木刮杠刮平。然后用木抹子搓平、铁抹子压光。待浮水消失后，人踏上去有脚印但不下陷为度，再用铁抹子压第二遍，即可交活。

(4) 找平层施工

对采用结构找坡的屋面及施工完找坡层（图 4.4-5）后不平整，需采用水泥砂浆找平层。找平层的做法为将屋面清扫干净，用水浸透，采用素水泥浆打底，然后用水泥砂浆填补平。施工时，在突出屋面结构与基层的转角处，面层均应做成圆弧形（圆弧半径为 50mm），且应整齐平顺，以便防水施工。

图 4.4-5　屋面找坡层及找平层施工

找平层施工完后，对屋面坡度、平整度及时组织验收，必要时可在雨后检查屋面是否积水，找坡层和找平层的施工环境温度不宜低于 5℃。

（5）防水层施工

1）工艺流程为：基层清理→涂刷基层处理剂→附加层→卷材铺贴→卷材收头粘结→卷材接头密封→蓄水试验。

2）基层清理

涂刷冷底子油前，仔细将基层表面的垃圾、尘土等清除干净，必要时可采用喷灯局部喷烤，但喷烤时间不宜过长，防止爆裂、起砂。

3）涂刷基层处理剂

在基层表面满涂冷底子油，底油的施工也按先高后低、先远后近、先立面后平面的顺序进行。同一屋面上先涂刷排水较集中的水落口、天沟等节点，再进行大面积的涂布。屋面转角及立面的涂刷层应薄涂多遍，不得有流淌和堆积现象。涂刷要均匀、不透底、遮盖率 100％，底油总厚度不得小于 3mm。在底油未干燥前，不得在防水层上进行其他施工作业，不得上人和堆放物品。

4）铺贴附加层

屋面女儿墙、排风道出屋面、楼梯间（电梯间）外墙根部、出屋面管道、水落口、阴阳角部位加铺一层同质卷材附加层，将卷材裁成相应的形状进行热熔满贴，宽度 500mm，附加层施工必须粘贴牢固。水落口周围与屋面交接处，应做密封处理，并加铺两层附加层，附加层深入水落口的深度不得小于 50mm，粘结牢固。

5）卷材铺设

根据设计要求进行卷材铺设，防水卷材施工见图 4.4-6。

① 屋面采用热熔法铺贴卷材，要求满粘。先进行卷材起始端铺贴，卷材起始端铺贴完成后即可进行大面积滚铺。

② 从流水坡度的下坡开始由低处向高处铺贴，顺着流水方向，并使卷材平行于屋脊铺贴，上下层卷材不得相互垂直铺贴，平行屋脊的卷材搭接缝应顺流水方向。

③ 铺贴平面立面相接槎的卷材，先平面后立面，由下向上进行，使卷材紧贴阴阳角，不得有褶皱和空鼓等现象。

图 4.4-6　防水卷材施工

④ 卷材末端收头：接缝处用喷灯热熔卷材边缘，待表面熔化后随即用小铁抹子将边缝封好，再用喷灯均匀细致地将边缝烤一遍保证接头密封，以免翘边。

⑤ 卷材接缝口处理：卷材铺贴后，要求接缝口用宽 10mm 的密封材料封严，以提高防水层的密封抗渗性能。

⑥ 相邻两幅卷材短边搭接缝应错开，且不得小于 500mm；上下层卷材长边搭接缝应错开，且不得小于幅宽的 1/3，接缝部位必须距阴阳角 200mm 以上。

6）淋水试验、蓄水试验

检查屋面有无渗漏、积水和排水系统是否畅通，应在雨后或持续淋水 2h 后进行，有可能做蓄水试验的屋面（图 4.4-7），其蓄水时间不应少于 24h。合格后方可进行保护层施工。

图 4.4-7　屋面蓄水试验

（6）保温层施工（图 4.4-8）

采用挤塑聚苯乙烯泡沫塑料板（XPS 板）做屋面保温材料，采用干铺法施工。

1）基层清理：将防水层上的杂物、垃圾等清理干净，保持干燥，基层验收合格并做隐检记录。

2）保温层铺设：保温板应紧靠在基层表面上，铺平垫稳，当保温板需要裁切时，边角一定要顺直、整齐，保温板之间拼缝一定要密实，相邻两板面高度一致。保温板应错头铺设，禁止纵横方向全为通缝，错头长度应大于整块板的 1/3。板间缝隙应采用同类材料的碎屑嵌填密室，再用胶带纸粘贴形成整体。

3）已铺完的保温层，不得在其上面行走或运输小车和堆放重物。

（7）面层施工（图 4.4-9）

防水保护层经检查合格后，根据设计要求应立即进行混凝土面层施工，面层内配双向钢筋网。

图 4.4-8　保温层施工

图 4.4-9　面层施工

1）混凝土采用商品混凝土，浇筑时按先远后近、先高后低的原则，逐个分格进行。

2）分格缝间距和缝宽按照设计要求设置。待混凝土干燥并达到设计强度后用嵌缝膏嵌填，混凝土面层分格缝位置对齐找平层分格缝位置。

3）细石混凝土保护层应一次浇筑完成，否则新旧混凝土的结合处易产生裂缝，造成混凝土保护层局部破坏，影响屋面使用和外观质量。

3. 质量控制要点

（1）屋面施工所用材料均要符合设计要求，且有出厂合格证和复检报告。

（2）屋面施工前，要先检查屋面结构层有无渗漏，如局部有渗漏，必须修补合格后方可进行屋面施工。

（3）施工每道工序时，基层要按规范要求进行处理，清理干净。

（4）施工用砂浆和细石混凝土的材料配合比要准确，强度等级应符合设计要求。

（5）找坡层施工后要检查屋面是否有积水，坡度是否符合设计要求。

（6）找平层和保护层面层应密实清洁，养护不得过早或过晚，并不得过早上人踩踏。

（7）保温层施工应注意边角处质量问题，如边角不直、边槎不齐整，以免影响找坡、找平和排水。

（8）铺贴防水卷材时基层一定要干燥，彻底排除铺贴时的气体，卷材应压实并粘贴牢固，施工中严格控制各工序的验收，以防防水层（尤其在卷材接缝处）发生空鼓。

（9）防水层基层必须干燥，严格卷材搭接尺寸，保证女儿墙壁面卷材铺贴垂直度，采用定点弹线铺贴，杜绝余铺跑线，影响卷材搭接尺寸。

（10）热熔法施工时，不得过分加热或烧穿卷材。卷材表面热熔后立即滚铺卷材，滚铺时应排除卷材下面的空气，使之平展，并应辊压粘结牢固。卷材接缝部位必须溢出热熔的改性沥青。

（11）防水施工过程中如遇雨天，禁止施工，并准备大面积塑料布将防水施工成品进行遮挡，避免淋雨、受潮；雨后要将基层晾晒 3～4d，并进行基层含水率试验，符合要求后方能继续进行防水层施工。

5 河道整治施工技术

河道整治是以修复受损河道为目的，通过生态河床和生态护岸等工程技术手段，形成自然生态和谐、生态系统健康、安全稳定性高、生物多样性高、河道功能健全的非自然原生型河道，不仅包括结构稳定等水力学内涵，还包括生态健康、生态安全、景观协调等生态学内涵。

针对河流水体污染严重的事实，在河道整治生态水工技术的开发和推广方面，研发了一些生态型护岸技术和产品，如：开展建设生态清淤及淤泥无害化处置、生态岸坡、人工湿地、生物浮岛、生态滤坝、水下森林等技术措施修复受污染水体。

5.1 生态清淤及淤泥无害化处置

5.1.1 生态清淤施工技术

1. 生态清淤概述

河道生态清淤工作也称为环保清淤工作，主要是对河道内部的水体质量进行有效的改盖将河道内部的污染物进行彻底的清理，防止出现河道二次污染问题，在河道的处理工作当中重点包含了淤泥的清除、淤泥的输送以及脱水固结等相关工作环节。生态清淤工作是最近几年我国环境保护工作当中刚兴起的技术类型。环保清淤工作，不仅可以有效清理河道内部的污染物，同时还创造出了恢复水体生态系统的基础条件。河道生态清淤技术属于一种边缘性环境保护工程技术，相比于普通的环境治理工作来讲有着明显的区别。河道生态清淤工作主要是对河道底部的大量淤泥和污染物进行有效的清理，同时不会直接影响到原有的生态环境系统。

清淤是河道治理工程中非常重要的环节，也是现阶段河道治理工程的主要措施之一，河道积淤的成因主要有以下几个方面：

（1）城市引水和灌溉用水量不断增加，河道补水不足，水动力减弱，造成大量黏土、泥沙、有机质及各种矿物的混合物沉积下来，从而使河道不断淤积；

（2）随着工业生产和城市的迅速发展，大量的工业废水和生活污水排入河道中，带入大量有机质及各种矿物的混合物，经过一段时间物理、化学及生物等作用及水体传输而沉积于水体底部形成淤泥；

（3）大量的强降雨，将地表土壤颗粒挟带到河流中，从而形成黏附力较强的淤泥；此外，自然降尘及潮汐的影响形成的淤泥量也是不可低估的。

河道淤泥堆积会导致河床抬高，河道过水断面减小，影响行洪河道功能发挥，同时由于水质污染问题日益严重，沉积淤泥累积了大量污染物，随着时间推移又释放到水体中形成二次污染。故对于河道淤泥的处理也逐渐成了人们普遍关注的问题，需采用清淤方式消除河道内污染源，多采用人工及机械方式清除河底淤泥，消除底泥污染。

2. 主要施工方法

（1）人工清淤

人工清淤适用于干作业，采用围堰导流创造干作业施工环境，待围堰范围内河水排干可下人作业后，采用人工清淤方式进行河道清淤，每组清淤工人分别配备铁锹与推车，工人将淤泥铲至推车，再将装满淤泥的推车运至指定淤泥堆放点（图 5.1-1）。

图 5.1-1 人工清淤

（2）水力冲淤

水力冲淤适用于干作业，对于河底淤泥较少的情况，可采用高压水枪从上游开始冲刷底泥。安排工人手持高压水枪，冲刷河床上沉积的淤泥（图 5.1-2），直至清洗出河底原色，在下游设置沉淀池统一收集沉淀淤泥。

图 5.1-2 水力冲淤

（3）机械清淤

机械清淤适用于干作业，对于具备机械施工条件的河道，在围堰导流创造干作业施工环境后，采用小型挖掘机在河面上进行挖掘作业，将河底淤泥采用挖掘机挖出河道（图 5.1-3）。

图 5.1-3 机械清淤

（4）水上挖掘机清淤

水上挖掘机清淤适用于带水作业，是利用浮船配合挖掘机对湖底粘结性较大的黏土进行清理，采用水上挖掘机将底泥挖出后，放于旁边的浮船上，人工用高压水枪将黏土冲散，同时采用滤网排出多余的水，并将较大的石头或垃圾清理出后即可进行固化处理（图 5.1-4）。

图 5.1-4 水上挖掘机清淤

（5）绞吸式挖泥船

绞吸式挖泥船适用于带水作业，是利用转动着的绞刃绞松河底或湖里的土壤，与水混合成泥浆，经过吸泥管吸入泵体并经过排泥管送至排泥区（图 5.1-5）。绞吸式挖泥船施工时，挖泥、输泥和卸泥都是自身一体化完成的，生产效率较高。

（6）淤泥水上输送

淤泥水上输送适用于带水作业，可采用浮筒、泵管将淤泥在水面进行运输（图 5.1-6），最终输送至临时固化点进行集中固化。

图 5.1-5 绞吸式挖泥船清淤

图 5.1-6 淤泥水上输送

3. **主要实施要点**

(1) 围堰施工

围堰导流的施工质量直接影响河内作业的施工条件，围堰可分为顺河围堰和拦河围堰，内河常采用拦河围堰。围堰常用的做法有砂袋围堰、拉森钢板桩围堰、卵石钢筋笼围堰。

1) 砂袋围堰

砂袋围堰断水效果一般，人工操作便利，适用于小河水位较浅、水流较缓的条件。在每一道围堰施工位置附近设置砂袋堆场，堆场铺设 20mm 厚钢板。因场地需要砂袋瞬间量较大，场地宽度受限，故需要在附近具备条件位置设置砂袋制作场地，制作好后由土方车运至砂袋堆场，并由专人看管。采用人力与汽车起重机相结合的方式将材料卸至施工场地。

围堰材料：采用草袋、中粗砂，袋内装满天然中粗砂，袋口缝合，不得漏砂。砂袋堆码在两边，也可以全断面采用。

围堰内净尺寸：在满足基坑放坡开挖后，围堰内坡脚距基坑边缘还应留有不小于 1m 的净距。迎水面设置土工膜覆盖，土工膜需延伸至围堰前部 5m 并压重物（采用预制混凝土块，间距 1m 放置），防止围堰渗水（图 5.1-7）。

堆码要求：先筑上游围堰，再筑下游，独立围堰也由上游向下游合拢。堆码在水中的砂袋，可用钢筋焊制铁钩或铁笼将砂袋送入水中，其上下层和内外层应相互错缝，尽量堆码密实整齐，可临时由潜水工配合堆码，并整理坡脚。

2) 拉森钢板桩围堰

拉森钢板桩围堰可以起到断水支护双重效果，需机械压装、可周转，适用于水位较深的河道（图 5.1-8）。

① 打桩：在钢板桩运至现场后，打设前，应对其进行检查，钢板桩立面应平直，锁扣符合标准，对锁扣不合的进行修整合格后再用。同时应将桩尖处的凹槽底部封闭，避免

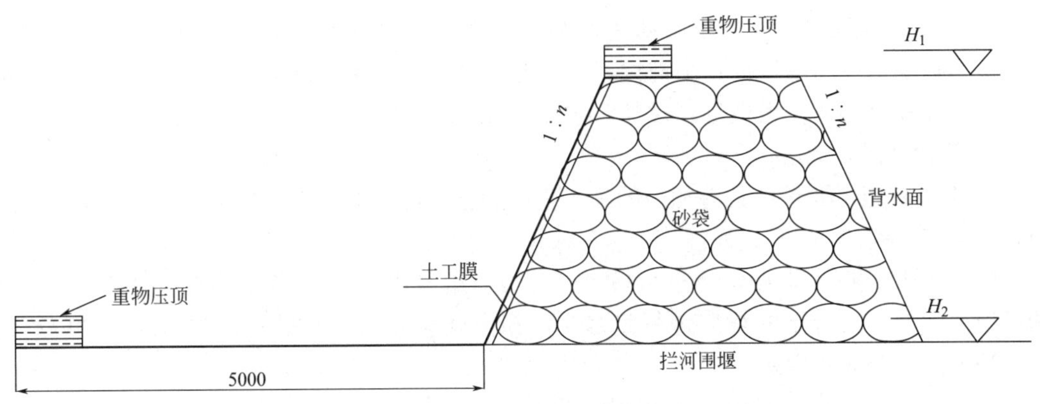

图 5.1-7　围堰断面示意图
H_1—围堰顶部标高（m）；H_2—围堰底部标高（m）

图 5.1-8　拉森钢板桩围堰

泥土挤入锁扣并涂以黄油。

a. 履带式打拔机停在离打桩点就近的施工平台，侧向施工，便于测量人员观察。挂上振动锤，升高，理顺油管及电缆。

b. 锤下降，开液压口，拉一根桩至打桩锤下，锁口抹上润滑油，起锤。

c. 待钢板桩尖离开地面 30cm 时，停止上升。锤下降，使桩至夹口中，开动液压机，夹紧桩，至打桩地点。

d. 对准桩与定位桩的锁口，锤下降，靠锤与桩自重压桩到地面以下一定深度至不能下降为止。

e. 试开打桩锤 30s 左右，停止振动，利用锤惯性打桩至坚实土层，开动振动锤打桩下降，控制打桩锤下降的速度，使桩保持竖直，以便锁口能顺利咬合，提高止水能力。

f. 板桩至设计高度前 40cm 时，停止振动，振动锤因惯性继续转动一定时间，打桩至设计高度，要求桩入淤泥下层土质至少 5m 深度。

g. 松开液压夹口，锤上升，打第二根桩，第一、二块板桩打设位置和方向要确保精度，起导向板作用，每入土一米测量一次，板桩打设桩身发生倾斜时，用钢丝绳拉住桩身，边拉边打，逐步边打，逐步纠正，以此类推至打完所有桩。

② 拔桩：拔除时，可先用振动锤将锁口振活，以减少互相间的摩擦，然后用吊机、振动锤边振动边拔出每根桩；个别拔不动的桩可先用振动锤振打下沉100～300mm，然后再用一台卷扬机协助拔出板桩。板桩拆除及时清理出场地。

③ 施工要求：

a. 钢板桩施工要求由具有相关的施工资质和施工经验的施工方负责施工，以保证施工质量和施工进度。

b. 钢板桩运到工地后，应进行检查、分类、编号和登记，并进行锁扣检查，凡有弯曲、破损、锁口不合格的均应进行整修。锁扣内外应光洁，并呈一直线，全长不应有破损、缺损、扭曲或死弯。

c. 施工时，应合理安排好打桩顺序。

d. 每根钢板桩的水平定位尺寸和垂直度必须时打时测时纠，以减少误差，从而保证施工质量和施工进度。

e. 在插钢板桩前。除在锁扣内涂以润滑油以减少锁口的摩阻力外，同时在未插套的锁口下端打入铁锲或硬木楔，防止沉入时泥沙堵塞锁口。

3）卵石钢筋笼围堰

卵石钢筋笼围堰断水效果好，制作安装较慢，可周转，适用于水位较浅、水流较急河道。

① 主要材料：

a. 钢筋：采用HRB400钢筋（f_y=360N/mm^2），钢筋连接全部采用焊接。

b. 卵石：卵石粒径不小于150mm。

② 钢筋笼制作。先组装好钢筋网，配筋前将钢筋上的铁锈除尽，各部位的钢筋规格必须符合设计要求；在组装钢筋网过程中，按照设计规定要求对钢筋网进行焊接，控制好钢筋网间距，间距不能超过10cm，按设计要求控制钢筋笼外形尺寸，竖向钢筋的偏斜不得超过2%。

钢筋的安装要求：

a. 钢筋的安装位置、间距、保护层及各部位钢筋的大小尺寸，均应符合设计要求及有关文件的规定。绑扎或焊接的钢筋和钢筋骨架，不得有变形、松脱和开焊。

b. 现场焊接的钢筋网，其钢筋交叉的连接，应按设计文件的规定进行。如设计文件未规定，且钢筋直径在25mm以下时，则除靠近外围两行外，其余按50%的交叉点进行焊接。钢筋相交点应逐点焊接。

③ 填充石料箱体焊接好后，进行填充石料；卵石填充时应采用人工投放，石料应满足设计要求，粒径不得小于15cm，石料填充应密实，填充石料时注意，以避免石料填充时发生箱体挤压变形，或钢筋焊接处发生脱焊现象。卵石填装完成后封闭钢筋笼上部钢筋网，四角顶部设置钢筋吊耳，钢筋笼安装前，要正确丈量主钢筋的长度和接头长度，并检查钢筋笼的制作质量，及堆放运输后是否变形。钢筋笼采用起重机吊装、挖掘机和人工配合。起重机在抛投区支撑好，人工用吊钩挂在已安装好石料的钢筋笼吊耳上，吊装时应用方木垫衬，以防止钢筋笼发生变形或钢筋脱焊现象。按照图纸要求尺寸摆放、逐层摆放，直至依照图纸要求填装完毕后，人工对钢筋笼表面整平，以利于下层钢筋笼安放。现场需将水上钢筋笼连接牢固，每个钢筋笼之间采用卡扣连接的方法，尽量确保钢筋笼稳固，达

到抗冲刷的目的。

铺设卵石钢筋笼时（图 5.1-9），首先由测量人员按照设计断面尺寸进行施工放样，并布设控制标线。铺设时根据河宽、受力方向要求尽量减少接缝数量。

图 5.1-9 卵石钢筋笼围堰

（2）导流施工（图 5.1-10）

为保证河道围堰施工时不让下游河水断流，避免下游河道干涸发臭，设置导流管将上游河水导入下游，使下游河水流动，导流管采用 DN500，HDPE 加强缠绕导流管，每一个围堰段设置一条导流管，导流管位置位于上游常水位标高处，为保证导流管完整性，在导流管下设置松木桩（长度 6m，间距 1m），以保证将上游河水导入下游。

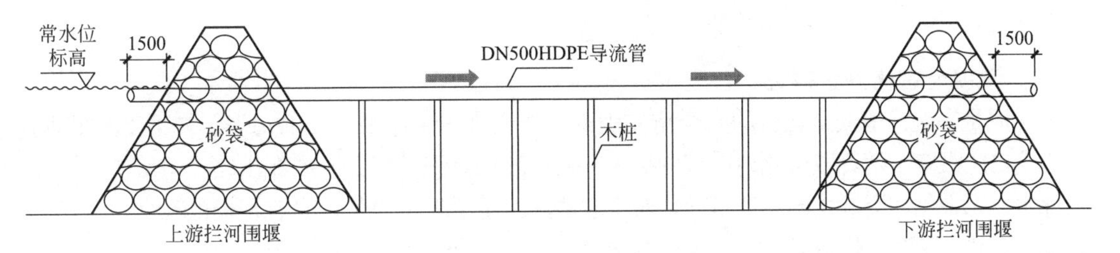

图 5.1-10 导流施工图

4. 质量保证措施

（1）质量检查标准（表 5.1-1）

质量检查标准表（mm） **表 5.1-1**

项目	序号	项目	允许偏差或允许值					检验方法
			校基坑槽	挖方场地平整		管沟	地(路)面基层	
				人工	机械			
主控项目	1	标高	−50	±30	±50	−50	−50	水准仪
	2	长度、宽度（由设计中心线向两边量）	+200 −50	+300 −100	+500 −150	+100	+100	经纬仪，用钢尺量
	3	边坡	设计要求					观察或用坡度尺检查

续表

项目	序号	项目	允许偏差或允许值					检验方法
			校基坑槽	挖方场地平整		管沟	地(路)面基层	
				人工	机械			
一般项目	1	表面平整度	20	20	50	20	20	用2m考尺和楔形塞尺检查
	2	基底土性	设计要求					观察或土样分析

（2）质量保证措施

1）土石方工程施工前综合考虑各个后续分项的施工程序，依据方案编制措施，减少重复挖运，土石方挖到基底标高后，设专人看护基槽，避免造成基底土石方扰动。

2）清淤施工过程中全过程由测量人员跟随，根据在基坑周边设置的土石方开挖控制桩，进行控制。严格控制土石方开挖深度，严防超挖。

3）机械挖土坡面距最后成型坡面要留出约100mm的修坡量，进行人工修坡，以确保边坡位置及坡度的准确。

4）在挖方前，检查定位放线、场区排水和降低地下水位系统，合理安排土石方运输车的行走路线及弃土场。

5）土石方工程施工过程中，经常测量和校核其平面位置、水平标高和边坡坡度。平面控制桩和水准控制点采取可靠的保护措施，定期复测和检查。

5.1.2 淤泥无害化处置技术

1. 淤泥无害化处置概述

淤泥是影响河道安全运行的一个重要因素。河道维护工作中产生的污泥，如不妥善处理，会造成二次污染。随着城市化地区范围扩大，人们环保意识的提升，淤泥出路亟待解决。淤泥减量化、无害化、资源化的总体目标，对于改善人民生活环境质量，具有积极的意义，常用的方法有自然干化法、机械脱水法、水力淘洗法、土工管袋法、预处理＋回收利用法。

2. 主要施工方法

（1）自然干化法（图5.1-11）

主要构筑物是底泥干化场，一般用土堤围绕和分割的平地，如果土壤的透水性差，可铺薄层的碎石和砂子，并设排水暗管。依靠下渗和蒸发降低流放到场上的底泥的含水率。一般适宜于在干燥、少雨、砂质土壤地区采用。该法占地大，但投资较少，运营成本较低，能耗低，适用于用地宽裕的地区。

（2）机械脱水法（图5.1-12）

机械脱水是利用淤泥砂石含量高、持水力较差的特点，采用离心、板框压榨等方式去除污泥中的自由水和部分间隙水。

淤泥固化对于河内清理出来的淤泥，可采用淤泥脱水固化一体机进行脱水固化，便于淤泥的运输。

（3）水力淘洗法

淤泥中的固体物质主要由大量的无机物和少量的有机物组成，污泥淘洗的目的是将淤

图 5.1-11　自然干化法

图 5.1-12　机械脱水法

泥中的各成分分离，以便进一步分开处理。通过水力淘洗污泥，利用水力、机械力和重力分选结合粒度分选，将淤泥分离为重质沉砂和轻质浮渣，沉砂由沉砂清洗机清洗后外运，轻质浮渣由脱水机脱水后外运，产生的污水统一收集后处理或直接进入市政污水管网。

（4）土工管袋法（图 5.1-13）

图 5.1-13　土工管袋法

土工管袋法一般用于泥水混合物的脱水处理，高强度、可渗透的土工管袋能截流底泥并同时允许水的排出。在泥浆进入土工管袋之前，提前加入聚合物以提高其脱水性能，减少脱水周期。在使用土工管袋压滤时，需采用污泥泵将一定浓度的泥浆输送到滤袋压滤。

(5) 预处理+回收利用法

为了实现污泥的减量化、资源化和综合处理，可以综合运用振动筛分、水力旋流、水力冲洗、污泥搅拌工艺等方法，通过预筛、粗筛、水力旋流、细筛工艺将污泥中各成分分离为大粒径渣料、中粒径渣料和小粒径渣料，然后外运，作为生活垃圾填埋或混合填埋，产生的污水统一收集后处理或直接进入市政污水管网。其中，小粒径渣料可考虑制作免烧砖，实现资源化利用。根据“减量化、无害化、稳定化、资源化”的原则。

该工艺首先对管涵淤泥进行分类，通过筛分、洗涤和过滤等预处理手段，将其分为生活垃圾和砂石、有机污泥以及污水三部分。生活垃圾和砂石根据颗粒粒径大小还可进一步细分为粗大物（生活垃圾和粗大石块，粒径>10mm）、可沉砂砾（粒径为0.2～10mm）和矿化物质（粒径<0.2mm）。

3. 主要实施要点

(1) 淤泥沉淀

淤泥处理的第一步是通过沉淀将淤泥与水分离。这可以通过将淤泥沉淀在一个池中，并等待一段时间让淤泥自然沉降来实现。通过这个工艺，大部分的淤泥会被沉淀下来，使水分离出来。

(2) 过滤

经过淤泥沉淀后，需要将分离出的水进行过滤。过滤的目的是去除淤泥中的细小颗粒和污染物。常见的过滤方法包括使用滤网或滤纸，将水慢慢通过滤网或滤纸，以去除淤泥中的固体颗粒。

(3) 浓缩

在过滤后，可能还会存在一定量的淤泥和水混合物。为了压缩体积和提高处理效率，可以采取淤泥浓缩的方法。淤泥浓缩可以通过采用离心分离或加热等方式实现。浓缩后的淤泥体积减小，含有较高浓度的固体颗粒。

(4) 固化分离

经过淤泥浓缩后，可以根据具体情况选择进一步的处理方法。一种常见的处理方法是将淤泥进行固化，使其成为坚固的固体物质，以便于储存和处置。另一种处理方法是将淤泥与水进一步分离，以减少淤泥对环境的影响。

4. 质量保证措施

(1) 严格按照ISO 900质量管理体系文件建立质量台账，配合监理工程师对工程质量进行监督检查，做到工程质量“全过程、全方位”监控。

(2) 严格按照施工图纸的设计要求及国家颁布的施工规范及操作规程精心组织施工，并严格按国家现行的市政工程质量评定标准和竣工验收制度规定进行评定。

(3) 坚持“标准化、规范化、程序化”作业，对重难点工序制定出切实可行的施工方案和针对性的措施。

(4) 制定相应的对策和质量岗位责任制，推行全面质量管理和目标责任管理，从组织实施上使创优计划真正落到实处。

(5) 施工过程中严格执行自检、互检、专检的“三检”制度。清淤的过程中，确保本段施工合格并保留好影像资料后，方可进行下一个工作断面施工。各分部、分项、检验批工程质量合格率100%。工程质量一次交验合格率100%，杜绝质量事故的发生。

(6) 每道工序施工前严格执行三级技术交底，包括总工对工长的技术交底、工长对班组长的技术交底、班组长对班组人员的技术交底。

5.2 生态岸坡施工

5.2.1 生态岸坡概述

生态岸坡是采用植物、工程结构或两者相结合的措施，形成的具有边坡防护、水土保持、生态修复、景观绿化和维持生境连续性等综合功能的护坡体系，可采用直植型、附着型、砌块型和其他类型。

1. 生态护坡基本规定

(1) 生态护坡工程应在基体安全稳定的前提下进行，并应确保完工后生态护坡和基体的整体安全稳定。

(2) 生态护坡工程材料应满足强度、稳定性、耐久性、低碳环保等相关要求。

(3) 植被应以草灌为主，宜选择乡土植被，营造生物多样性，与周边生态环境相协调。

(4) 施工前应编制施工方案，确定施工工艺和方法，确保工程质量和安全文明施工。

(5) 应控制粉尘、噪声、污废水、固废等污染。

(6) 避免产生新的水土流失。

2. 生态护坡设计选型

(1) 生态护坡设计应全面调查和收集项目区地形、地质、水文、气象、土壤特性、原生植被、本土动物、经济社会条件等资料。

(2) 护坡层与基体之间宜设置滤水保土、保湿或整平的过渡垫层。砂垫层厚度不应小于60mm，碎石垫层厚度不应小于100mm。

(3) 有安全隐患的临空临边部位应设置安全防护设施。

(4) 生态护坡工程宜选择喷灌、微灌或滴灌等节水灌溉方式。

(5) 生态护坡工程宜设置截排水措施。砌块型生态护坡应设置镇脚，坡顶或戗台边缘宜设置封顶，横向宜设置间距10～20m的混凝土格梗围护。

(6) 植被物种子发率应大于70%，植被成活率不宜小于90%，覆盖率不宜小于85%，高海拔、寒冷地区或特殊边坡区可根据实际情况调整。

(7) 生态护坡设计应统筹水文、气象、地质、生态需求、管护能力等因素，因地制宜选择相应形式。

(8) 生态护坡可采用直植型、附着型、砌块型和其他类型。生态护坡适宜类型见表5.2-1。

生态护坡适宜类型表　　表 5.2-1

序号	护坡分类	护坡形式	适用条件				
			地基条件			常水位界限	
			土质	砂砾石	岩质或混凝土	水位被动区及常水位以上	常水位以下
1	直植型	人工种草	√	×	×	√	×
		铺设草皮	√	×	×	√	×
2	附着型	生态袋	√	√	√	√	√
		土工格室	√	√	√	√	×
		纤维毯	√	√	√	√	×
		混合料喷播	√	√	√	√	×
		生态混凝土	√	√	√	√	√
3	砌块型	混凝土或砌体格梗	√	√	√	√	×
		多孔植生砌块	√	√	√	√	×
		格宾石笼	√	√	×	√	√
		预制栏筐	√	√	×	√	√
		自嵌式砌块	√	×	×	√	√
4	其他类型	塑钢板桩	√	×	×	√	√
		预制混凝土波浪桩	√	×	×	√	√
		鱼鳞穴	√	√	×	√	×

5.2.2　主要施工方法

（1）直植型生态护坡施工

1）草皮护坡施工（图 5.2-1）应符合下列要求：

图 5.2-1　草皮护坡施工

① 主要施工流程宜为：施工准备→表土耕作→种子撒播（草皮铺设）→养护管理。

② 撒播前应将表层土壤耙平，宜保持坡面土壤湿润；种植范围内纵横向尺寸的允许偏差为±0.2m。

③ 草皮进场前应有检疫证明，不应出现干枯及脱水现象，质量应符合设计要求。

④ 宜从坡脚向上逐排错缝铺设，按设计要求选择平铺、叠铺或方格铺等方式。

⑤ 宜采用滚压或拍打方式，使草皮与土壤密切接触。

⑥ 草皮切边时，斜切深度宜为40～50mm；铺设草皮范围内纵横向尺寸的允许偏差为±0.2m。

⑦ 草皮铺设覆盖率应满足设计要求，单块裸露面积宜小于25cm，杂草及病虫害面积占比不应大于5%。

2）栽植或扦插护坡施工（图5.2-2）应符合下列要求：

① 主要施工流程宜为：施工准备→栽植穴开挖→栽植或扦插→养护管理。

② 栽植苗的土球直径应根据苗木类别及移植要求确定，乔木类、灌木类应为胸径的8～10倍，从生类灌木类宜为植株自然冠幅的1/3～1/2。

③ 乔灌木树穴直径宜为苗木胸径的12倍，树穴深度宜为苗木胸径的8倍。

④ 苗木栽植前，应进行苗木根系修剪。对于树冠的修剪应保留树冠的总体骨架，在确保成活的基础上保持树形。

图5.2-2 栽植护坡施工图

（2）附着型生态护坡施工

1）生态袋护坡施工（图5.2-3）应符合下列要求：

① 主要施工流程宜为：施工准备→生态袋充填→铺砌或叠砌→表面植生→养护管理。

② 生态袋充填后应饱满且具有扁平稳定形状。

③ 施工时底层生态袋应与基础可靠连接，生态袋与土坡应密实扣结。

④ 袋间缝隙应用土填实，袋体外侧应保持整齐平顺。

⑤ 袋体与坡面间的回填土应同步升高、逐层夯实，转折处宜增设T形袋。

⑥ 顶层生态袋上宜采用黏土夯压，并预留顺坡。

2）土工格室施工应符合下列要求：

① 主要施工流程宜为：施工准备→土工格室布设→种植土填筑→植被种植→养护管理。

图 5.2-3　生态袋护坡施工

② 土工格室片拼接位置应合理划分，准确下料，并按编号堆放。

③ 土工格室宜采用连接件连接格室，紧贴坡面均匀展开，先固定两边，充分张拉后及时用锚杆固定。

④ 土工格室采用热熔焊接方法连接时，应在施工前进行焊接工艺试验，根据试验选定施工工艺及相应的施工参数。焊接强度不得低于母材，焊接长度不应小于 0.1m。焊接后 2h 内不得拉扯搭接面。

⑤ 平铺式土工格室应自上而下铺设，坡顶应加强锚固；叠砌式土工格室应自下而上铺设。

3）纤维毯护坡施工（图 5.2-4）应符合下列要求：

① 主要施工流程宜为：施工准备→纤维毯铺设固定→植被种植→养护管理。

② 纤维毯宜自上而下紧贴坡面进行摊铺，应与坡面密贴，平整无褶皱，外形、厚度尺寸的允许偏差为±2mm。

③ 边沿的纤维毯埋入土体长度应不小于 200mm，填土并压实。

④ 锚固钉宜按设计要求布置，必要时可适当加密。

⑤ 适宜喷播的边坡可采用喷播方式进行播种。

图 5.2-4　纤维毯护坡施工

4）混合料喷播施工应符合下列要求：

① 主要施工流程宜为：施工准备→坡面处理→混合料配制→喷播→养护管理。

② 挂网作业应自上而下进行，先铺设挂网，再钻孔植锚钉，锚钉应垂直坡面或上倾15°固定，灌浆后固定绑扎。

③ 混合料分层喷播顺序应先上后下，先难后易，不得漏喷。表层喷播时，混合料应加入植物种子。分区分片应均匀喷播，防止遗漏和重叠。

④ 喷播作业宜在坡面浸润结束后3h内完成，混合料应在拌合后6h内喷播完成。

5）生态混凝土护坡施工（图5.2-5）应符合下列要求：

① 主要施工流程宜为：施工准备→浇筑→种植土填筑→植被种植→养护管理。

② 应通过试验确定生态混凝土配合比，水泥、水、矿物掺合料、外加剂的允许偏差为±1%，骨料的允许偏差为±2%。

③ 生态混凝土浇筑宜均匀摊铺，不应缺角少边。

④ 生态混凝土应采用机械搅拌，宜合理选择搅拌机的容量。搅拌地点距作业面运输时间不宜超过0.5h。

⑤ 采用强制式搅拌机时，宜先将骨料、水泥和50%用水量加入强制式搅拌机拌合2～3min，再加矿物掺合料、外加剂，边搅拌边加入剩余用水量，拌合2～3min，待浆体均匀包裹，即可出料。必要时可再搅拌2～3min，增强混合料均匀性，保持良好的和易性及流动性，确保喷播施工质量和效果。

⑥ 搅拌机出料后，运至施工地点进行摊铺、压实直至浇筑完毕的允许最长时间，应根据配合比试验测定的初凝时间及施工期气温条件综合确定。

⑦ 生态混凝土压实设备可选用专用低频振动器、平板振动器或滚压工具等。振密压实应均匀，避免单点或局部过度密实，边压实边补料找平。

⑧ 施工完毕后，应及时采取覆盖、洒水等养护措施，避免雨淋、冻结或暴晒。

图5.2-5　生态混凝土护坡施工

（3）砌块型生态护坡施工（图5.2-6）

1）混凝土或砌体格梗施工应符合下列要求：

① 主要施工流程宜为：施工准备→格梗施工→种植土填筑→植被种植→养护管理

② 按照设计要求开挖格梗基槽，施打锚杆。

③ 应自下而上浇筑或砌筑格梗，宜平整、稳固、缝线规则。格梗网规格尺寸应符合设计要求，允许偏差为±5mm。

④ 应分缝分段做好镇脚、连接或封顶。

图 5.2-6　砌块型生态护坡施工图

2）多孔植生砌块施工（图 5.2-7）应符合下列要求：

① 主要施工流程宜为：施工准备→多孔植生砌块铺设→碎石或种植土填筑→植被种植→养护管理。

② 砌块外形的允许偏差为±10mm，厚度尺寸的允许偏差为±5mm。

③ 砌块搬运、铺设时不应损坏。

④ 砌块铺设布局造型、连接形式、缝宽应满足设计要求，铺设表面平整美观。

⑤ 砌块孔内碎石或种植土应填实，必要时人工捣实。

⑥ 植被种子应均匀种植在砌块孔内的种植土上。

图 5.2-7　多孔植生砌块施工图

3）格宾石笼施工（图 5.2-8）应符合下列要求：

① 主要施工流程宜为：施工准备→格宾石笼装填→种植土填筑→植被种植→养护管理。

② 格宾石笼加工尺寸应符合设计要求，不得扭曲变形，尺寸的允许偏差为－20～100mm。

③ 格宾石笼组装应展开网片、校准折缝，隔网与网箱应成90°拼联。

④ 网箱各角端应与相邻网箱连接。隔网与网箱、上下层网箱及四周之间的连接点间距均应小于0.2m。端网、网盖与网箱之间连接间距均应小于0.1m。网箱相邻接触面应均匀连接，连接点不应少于4处/m。连接材料应与网笼材料相同。

⑤ 宜采用人工填筑石料，应先外侧后中间，有序紧密，石料填筑应密实，空隙宜用小粒径石料填塞，孔隙率应符合设计要求。石笼外露表面应平整。

⑥ 格宾石笼封盖前，顶面应填充平整，并以钢制工具先行固定角端，再绑扎边框线与石笼网封盖。

⑦ 植生宜按设计要求撒布种植土并种植适宜的植被。

图5.2-8　格宾石笼施工图

4）预制栏筐施工应符合下列要求：

① 主要施工流程宜为：施工准备→预制栏筐砌筑→卵块石填筑→种植土填筑→植被种植→养护管理。

② 预制栏筐外形尺寸的允许偏差为±10mm，壁厚尺寸的允许偏差为±5mm。

③ 块石充填料软化系数、强度及粒径应满足设计要求，土质充填料应用土工布包裹。

④ 栏筐施工应自下而上砌筑，砌筑宜整齐规则，外观尺寸的允许偏差为±20mm，平整度的允许偏差为±20mm。

⑤ 坡式铺筑宜按栏筐平面尺寸8～10倍划片，采用锚筋将栏筐拼接牢固，形成规则格梗。

⑥ 墙式叠砌宜按栏筐长方向尺寸10～20倍分段砌筑，上下层角部位通过竖向锚固孔插销锚固，逐层安放逐层充填。

5）自嵌式砌块施工应符合下列要求：

① 主要施工流程宜为：施工准备→基础施工→自嵌砌块砌筑→种植土填筑→植被种植→养护管理。

② 砌块应表面完整，线条顺直，无翘曲掉角。平面尺寸的允许偏差为±4mm，厚度尺寸的允许偏差为±2mm。

③ 基槽底沿纵向可成阶梯状开挖，每台阶长度不宜小于3.0m，且应与砌体长度模数相一致。基槽底和加筋体下的基础在横向的倒坡宜为3%～5%。地形变化调整基础标高时应与砌体的高度模数相吻合。

④ 砌块平放堆积高度不宜大于1.2m，砌块间宜用方木衬垫。

⑤ 第一层自嵌块应用水泥砂浆找平铺设，砂浆强度应与自嵌块强度相同且不宜低于M7.5，挂线标定按设计轮廓依次摆放，对于弧形挡墙，应按差分原理细分段长并弥合砌筑。

⑥ 叠砌时上下层砌块应入槽卡固、锚固棒销固。上下层砌块错缝长度不应少于砌块长度的1/4。边叠砌边逐块检查安放位置，发现偏差应及时调整。

⑦ 墙后回填应分层施工，按铺设土工格栅、土工布→回填土料→压实→土工布翻裹回填土→回填砌体墙后碎石→上一层砌筑实施，随筑随填。

⑧ 土工格栅应按设计要求或1%～3%倒坡铺设并拉平绷紧。

⑨ 回填土宜采用小型机械碾压或人工夯实。

⑩ 同层相邻砌体水平偏差不宜大于2mm，轴线偏差每10m不宜大于10mm，砌缝宜小于3mm。每三层砌体安装完毕均应测量标高和轴线。

（4）其他类型生态护坡施工

1）塑钢板桩施工（图5.2-9）应符合下列要求：

① 主要施工流程宜为：施工准备→安装导向架→沉桩→冠梁安装或浇筑→种植土填筑→植被种植→养护管理。

② 桩体应表面光滑、色泽均匀，无明显的划伤、孔眼、气泡、异物等瑕疵，局部硫损深度不大于公称壁厚的1/8，且不影响结构性能和使用功能，桩长的允许偏差为±5L/1000mm，截面尺寸的允许偏差为±5mm。

③ 沉桩宜采用双侧式导向架，当土层松软、桩较短时，可采用单侧式导向架。

④ 沉桩宜采用刚性护套、夹具等辅助装置振动沉桩，达到桩顶设计标高后终止沉桩。

⑤ 塑钢板桩不宜随意截桩。确需截桩时，应经设计单位复核确认。

⑥ 桩顶宜设置帽梁，板桩与帽梁内钢筋应有连接点，混凝土施工应符合规定。

图5.2-9　塑钢板桩施工图

2）预制混凝土波浪桩施工应符合下列要求：

① 主要施工流程宜为：施工准备→波浪桩打设→冠梁浇筑→种植土填筑→植被种植→养护管理。

② 桩体的宽度、半径、对角线尺寸的允许偏差为±10mm，厚度的允许偏差为±5mm。

③ 应根据不同的桩型选择适宜的旋挖钻头或异形钻头施工定位先导孔；宜采用专用液压振动器结合先导孔打设，达到桩顶设计标高后终止沉桩。

④ 波浪桩轴线定位的允许偏差为±50mm，高程的允许偏差为±50mm。打桩过程中的垂直允许偏差为±$3H/100$mm。

⑤ 桩头断面尺寸应满足打设垂直度、深度等对送桩强度和刚度的要求，必要时采取减振措施，减少对地基土及周围建筑物的影响。

5.2.3 主要实施要点

（1）施工前应查勘现场，复核基准点，测量放样，编制施工方案，进行技术交底和安全交底。

（2）进场原材料应进行检验检测并报验。

（3）材料储存应采取防水、防晒、防腐、防污染、防高温、防霉变等措施。

（4）应清除基体表面的松石、碎石、浮土、树根、杂草等杂物，并修整坡面。

（5）种植土摊铺宜采用轻型机械结合人工整平。

（6）种植土或植生混合料应满足植被生长需要及设计要求。

（7）植被种子应均匀布设，并覆盖3～5mm细土或按设计要求压种。

（8）植被种植可采用撒播、喷播、插播、压条等方式，成活率及覆盖率应满足设计要求。

（9）植被施工季节应符合生长和移栽要求。

（10）垫层和反滤层砂砾料用于反滤时含泥量宜小于10%，砂垫层、碎石垫层应回填密实，相对密度应符合设计要求。

5.2.4 质量保证措施

（1）生态护坡施工完成后，应及时进行坡面覆盖、灌溉、施肥、病虫害防治、补植、局部缺陷修补、除杂草、排渍除涝等养护工作。

（2）植被种植结束后，宜及时采用遮阳网、无纺布或秸秆、草帘等覆盖；如遇到强降雨冲蚀或涝渍，应加盖塑料薄膜。

（3）根据植物习性和墒情及时浇水，基肥宜采用有机肥或复合肥，可采用穴施、环施和放射状沟施等方法。追肥宜采用化肥或菌肥，可采用根施法或根外施法。施肥不应对河道水质造成不利影响。

（4）应及时采取措施防治病虫害，宜根据病虫害疫情结合生物措施、物理措施和化学措施对症防治。药剂使用应符合环保要求。

（5）发现植被秃斑、脱落或破损时，应查明原因，及时补植。

（6）应安排专人定期巡视，及时清理枯枝、落叶、杂草、垃圾，防止占压、损坏生态护坡及植被，做好防汛、防火、防强风、干热、越冬防寒等工作。

5.3 人工湿地施工

5.3.1 人工湿地概述

1. 湿地工程机制

人工湿地系统是将污水、污泥有控制地投配到由人工建造和控制运行的与沼泽地类似的地面上，利用土壤、人工介质、植物、微生物的物理、化学、生物三重协同作用，对沿一定方向流动的污水、污泥进行处理的一种技术。其作用机理包括吸附、滞留、过滤、氧化还原、沉淀、微生物分解、转化、植物遮蔽、残留物积累、蒸腾水分和养分吸收及各类动物的作用。

2. 湿地工程类型

根据工程设计原理和水体流动差异，可以将人工湿地污水处理系统分为表面流湿地系统、水平潜流湿地系统、垂直流湿地系统三种类型。其中，水平潜流湿地系统的保湿性良好，对一些重金属和有机物能够起到良好的去除效果，而且不易受自然环境的影响。

表面流湿地系统不需要人工基质作为填料，工程造价较低，但是对水的负荷力较低，净污能力有限。垂直流湿地系统很好地综合了两者的优势，但是由于工程造价高，其应用范围受到限制，并没有在大范围内得到推广使用。

（1）表面流湿地系统也称水面湿地系统，与自然湿地最为接近，但它是受人工设计和监督管理的影响，其去污效果又要优于自然湿地系统。污染水体在湿地的表面流动，水位较浅，多在0.1～0.9m之间。通过生长在植物水下部分的茎、竿上的生物膜来去除污水中的大部分有机污染物。氧的来源主要靠水体表面扩散，植物根系的传输和植物的光合作用，但传输能力十分有限。这种类型的湿地系统具有投资少、操作简单、运行费用低等优点，但占地面积大，负荷小，处理效果较差，易受气候影响大，卫生条件差。处理效果易受到植物覆盖度的影响，与潜流湿地相比，需要较长时间的适应期才能达到稳定运行。

（2）水平潜流湿地系统也称渗滤湿地系统。这种类型的人工湿地，污水在湿地床的内部流动，水位较深。它是利用填料表面生长的生物膜、丰富的植物根系及表层土和填料截留的作用来净化污水。与水面流湿地相比，潜流湿地的水力负荷大和污染负荷大，对BOD、COD、悬浮固体（SS）、重金属等污染指标的去除效果好，出水水质稳定，不需适应期，占地小，但投资要比水面湿地高，控制相对复杂，脱氮除磷的效果不如垂直流湿地。

（3）垂直流湿地系统的水流情况综合了表面流湿地和水平潜流湿地的特性，水流在填料床中基本上呈由上向下的垂直流，床体处于不饱和状态，氧可通过大气扩散和植物传输进入人工湿地系统。垂直流湿地的硝化能力高于水平潜流湿地，可用于处理氨氮含量较高的污水，但对有机物的去除能力不如潜流湿地，落干/淹水时间较长，控制相对复杂，基建要求较高，夏季有孳生蚊蝇的现象。

3. 湿地的运行

人工湿地系统的流态主要有四种：推流式、阶梯进水式、回流式和综合式。推流式易堵塞，氮磷处理效率偏低；阶梯进水式可以避免填料床前部的堵塞问题，有利于床后部的硝化脱氮作用的发生；回流式可增加进水中的溶解氧浓度并减少处理出水中可能出现的臭味问题，出水回流同样还可以促进填料床中的硝化和反硝化脱氮作用；综合式则一方面设置了出水回流，另一方面将水分分布到填料床的中部以减轻填料床前端的负荷。

人工湿地具体工艺包括垂直流和水平流，具有多种组合，包括复合垂直流人工湿地、水平流＋上行流人工湿地。

复合垂直流人工湿地系统由下行流池和上行流池串联组成，两池中间设有隔墙底部连通。下行池和上行池中均填有不同粒径的碎石和其他填料，其中下行池表层的填料层比上行池厚 10cm，基质种植不同种类的净化植物。下行流表层铺设布水管，上行流表层布设收集管，基质底层布设排空管。污水首先经过配水管向下流行，穿越基质层，在底部的连通层汇集后，穿过隔墙进入上行池，在上行池中，污水由下向上经收集管收集排出。污水在复合垂直流人工湿地系统中的流动完全不需要动力。其基本结构如图 5.3-1 所示。该系统独特的下行流—上行流水流方式能有效地解决其他类型湿地易出现的“短路”现象，水平流＋上行流人工湿地系统由水平流池和上行流池串联组成，两池中间设有隔墙，底部通过管道连通。两池填有不同粒径的填料，两池表面高程相同，上行流池结构与复合垂直流中上行流池相同，水平流池从一端进水，另一端出水两个端均设置布水和集水管道。

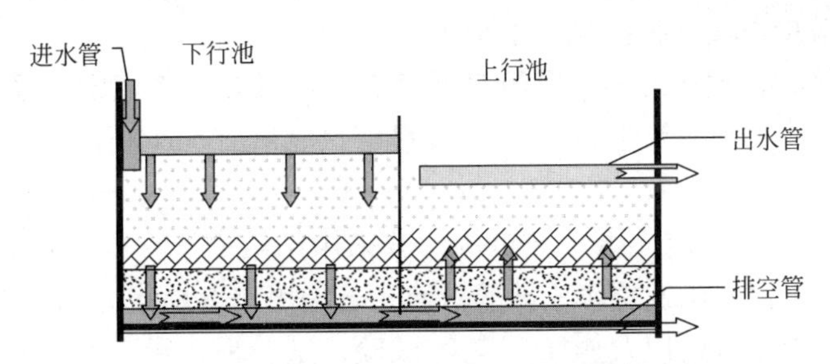

图 5.3-1　复合垂直流人工湿地工艺剖面图

5.3.2　工艺流程

工程施工整体流程应按先地下后地上、先防渗后结构、先表流后潜流、先外管后内管、先道路后单元、先填料后植物等的顺序进行。

5.3.3　主要施工方法

1. PE 土工膜防渗工程

(1) 施工工艺流程

基层处理→防渗层的铺设→回填覆盖→无纺布铺设。

(2) 工艺内容

1) 基地处理

① 基底处理前根据施工图纸，将基础开挖至设计高程。

② 防渗层的铺设施工前进行基底处理，包括基底积水的排出和基层的清理及基层密实度处理等，确保无黏性土的相对密度不小于 0.75。

③ 基底处理清除一切树根、杂草和尖石，保证铺设砂砾石垫层面平整，不允许出现凸

出及凹陷的部位，并碾压密实，密实度符合设计要求，排出铺设工作范围内的所有积水。

④ 基层坚实、平整、圆顺、清洁，砌石的基层无局部突起和凹坑，基底阴阳角修圆半径不小于 500mm。

⑤ 当防渗结构为复合土时，基础平整完成后，在准备施工范围内洒水，控制基础土体含水量满足设计要求。洒水作业 3h 后，对基础进行碾压，以保证基础的密实性和与上层复合土层的紧密结合。卵砾石等基质河床，基础整平后须增加 50～100mm 厚壤土找平层，再进行碾压，压实度满足设计要求。

2）防渗层的铺设

① 防渗层铺设前，完成基础开挖的验收、基础锚固槽开挖的验收、基底面及坡面的清理工作的验收。基础锚固槽的断面开挖尺寸，应符合施工图纸的规定。基底面及坡面清理验收后，方可以进行铺填下垫层、防渗材料铺设、铺填上垫层及保护层等工序。

② 拼接。

a. 土工膜的拼接方式及搭接长度满足施工图纸的要求，并确保其具有可靠的防渗效果，预留收缩褶皱，严禁拉伸。

b. 土工膜的拼接方式宜采用焊接工艺连接，焊接搭接宽度不小于 100mm。不具备焊接条件时，PE 土工膜也可采用粘结或搭接。若采用粘结工艺连接，粘结搭接宽度不小于 150mm。若采用搭接连接，搭接宽度不小于 50mm。

c. 土工膜焊接时，焊接形式宜采用双焊缝搭焊，焊缝双缝宽度宜采用 2mm×10mm，横向焊缝间错位尺寸大于或等于 500mm。焊接搭接宽度宜为 100mm，焊接接缝抗拉强度不低于母材强度。

d. 土工膜的接头施工前先做工艺试验。若采用粘结方式，则进行胶粘剂的比较、粘结后的抗拉强度、延伸率以及施工工艺等试验；若采用热熔焊接方式，则进行焊接设备的比较、焊接温度、焊接速度以及施工工艺等试验。试验前，承包人向监理人提交试验大纲，批准后才能进行试验。试验完成后，将试验成果和报告报送监理人审批，报告说明选定的施工工艺及相应的施工参数，经监理人批准后，才能进行施工。

e. 拼接前必须对粘结面进行清扫，粘结面上不得有油污、灰尘。阴雨天在雨棚下作业，以保持粘结面或搭接面干燥。

f. 焊接时基底表面干燥，含水率宜在 15%以下。膜面用干纱布擦干擦净。焊缝搭接面不得有污垢、砂土、积水（包括露水）等影响焊接质量的杂质存在。

g. 焊接中，必须及时将已发现破损的 PE 土工膜裁掉，并用热熔挤压法焊牢。

h. 土工膜的拼接接头确保其具有可靠的防渗效果。在涂胶时，必须使其均匀布满粘结面，不过厚、不漏涂。在粘结过程中和粘结后 2h 内，粘结面不得承受任何拉力，严禁粘结面发生错动。土工膜接缝粘结强度不低于母材的强度。

i. 土工膜剪裁整齐，保证足够的粘结或搭接宽度。当施工中出现脱空、收缩起皱及扭曲鼓包等现象时，将其剔除后重新进行粘结。

③ 铺设。

a. 防渗材料铺设前，完成开挖及坡面的清理工作，通过基础的验收，按施工图纸要求铺填下垫层。

b. 铺设面上清除一切树根、杂草和尖石，保证铺设砂砾石垫层面平整，不允许出现凸出或凹陷的部位，并碾压密实。排除铺设工作范围内的所有积水。

c. 防渗材料的铺设根据边坡高度和材料的受力方向、施工过程中的度汛要求以及尽量减少接缝的数量等因素确定，并符合施工图纸的要求。防渗材料的铺设与边坡填筑同步。

d. 土工膜现场铺设应从坡面自上而下翻滚，人工拖拉平顺，松紧适度。

e. 大面积回填部位及岸坡复合土工膜铺设时，应形成褶皱，并保持松弛状，褶皱不少于用材的1.5％，以适应变形。

f. 防渗材料通过锚固槽与岸坡顶部连接，其锚固长度符合施工图纸的要求。

g. 防渗材料与基础及支持层之间压平贴紧，避免架空，清除气泡，以保证安全。岸坡易产生架空现象，必要时可在该处设水平缝。

h. 铺设过程中，作业人员不得穿硬底皮鞋及带钉的鞋。不准直接在防渗材料上卸放混凝土护坡块体，不准用带尖头的钢筋作撬动工具，严禁在防渗材料上敲打石料和进行一切可能引起防渗材料损坏的施工作业。作业人员要密切注意防火，不得吸烟。

i. 为防止大风吹损，在铺设期间所有的防渗材料均用砂袋或软性重物压住直至保护层施工完为止。当天铺设的防渗材料在当天全部拼接完成。

j. 采用热熔焊接方式进行材料拼接时，保证有足够的焊接宽度，防止发生漏焊、烫伤和褶皱等缺陷。

3）回填覆盖

① 防渗材料完成拼接和铺设后，按照施工图纸的要求，及时回填覆盖上垫层及上垫层上部的防护层。

② 上垫层及防护层的材料符合设计要求，回填土料中不得含有任何易使复合土工膜破损的尖锐物体或杂物，不得含有粒径大于10mm的石砾，且粒径大于5mm的石砾应控制在石砾总含量的20％以内。

③ 铺设实层厚300mm，密实度＞90％。

④ 填筑上垫层及上部防护层的速度，与铺膜的速度相配合。

4）无纺布铺设

① 材料要求

a. 无纺布不允许有针眼、疵点和厚薄不均匀；不允许有裂口、孔洞、裂纹或退化变质等。

b. 运输与储存。

若采用折叠装箱运输无纺布，不得使用带钉子的木箱，以防运输途中受损。若采用卷材运输，要防止在装卸过程中造成卷材表层的损害，在采购无纺布卷材时，要按卷材下料长度留有适当余量。

大片或卷材的无纺布货包，必须贴有标签，标明制造厂名称、制造号（或组装号）、安装号、类型、厚度、尺寸及重量，并附有专门的装卸和使用说明书。

无纺布材料过程中和运抵工地后要妥为保存，避免日晒，防止粘结成块，并将其储存在不受损坏和方便取用的地方，尽量减少装卸次数。

② 无纺布铺设

a. 无纺布铺设前，应通过基础开挖的验收、完成基底面及坡面的清理工作。

b. 铺设面上应清除一切树根、杂草和尖石，保证铺设砂砾石垫层面平整，不允许出现凸出或凹陷的部位，并应碾压密实。排出铺设工作范围内的所有积水。

c. 无纺布的铺设应根据墙高和材料的受力方向、施工过程中的度汛要求以及尽量减少接缝的数量等因素确定，并符合施工图纸的要求。无纺布的铺设与土体填筑同步。

d. 无纺布与基础及支持层之间应压平贴紧，避免架空，清除气泡，以保证安全。

e. 铺设过程中，作业人员不得穿硬底皮鞋及带钉的鞋。不准直接在无纺布上卸放混凝土护坡块体，不准用带尖头的钢筋作撬动工具，严禁在无纺布上敲打石料和一切可能引起无纺布损坏的施工作业。

f. 为防止大风吹损，在铺设期间所有的无纺布均应用砂袋或软性重物压住直至保护层施工完为止。当天铺设的无纺布在当天全部拼接完成。

g. 进行无纺布上的保护层施工时，在砌体等下面设置砂砾石垫层，并应从坡脚处开始铺设，沿边坡向上推进。任何时候铺放设备均不得直接在无纺布上行驶或作业，应保证其铺设时不损坏材料。

h. 对施工过程中遭受损坏的无纺布，及时进行修理，在修理无纺布前，将保护层破坏部位下不符合要求的料物清除干净，补充填入合格料物，并予整平对受损的无纺布，应外铺一层合格的无纺布在破损部位之上，其各边长度至少大于破损部位 1m 以上，并将两者进行拼接处理。

③ 回填覆土

a. 无纺布完成拼接和铺设后，及时回填覆盖，当回填的覆盖层层厚大于 30cm 时，才能允许采用轻型碾压实，不得使用重型或振动碾压实。

b. 土方回填时土块的最大落高不得大于 30cm，并采取有效措施防止砌块在坡面上滚滑，以及防止机械搬运损伤已铺设完成的无纺布。

④ 质量检查和验收

a. 覆盖前的外观检查

在每层无纺布被覆盖前，目测有无漏接，接缝是否无烫损、无褶皱，铺设是否平整。

b. 拼接缝强度的测试检验

每 1000m^2 取一试样，做拉伸强度试验，要求接缝处强度不低于母材的 80%，且试件断裂不得在接缝处，否则接缝不合格。

c. 隐蔽部位的验收

在每层无纺布被回填覆盖前，进行工程隐蔽部位的验收。

2. 混凝土结构施工

人工湿地钢筋混凝土结构主要包括：调流阀井、流量计井、进水阀井、出水阀井、排水渠及单元结构。

（1）施工准备

1）施工前仔细核查设计图，掌握与施工相关的情况，根据设计图纸的设计要求进行测量放线，定出中心桩、槽边线。

2）做好地面标高、管线轴线的复测工作，确定开挖深度，打木桩、撒灰线，确定开挖边线。

3）沟槽开挖前应做好沟槽外四周的排水工作，保证场外地表水不流入沟槽。

（2）挖槽

1）机械开挖应严格控制标高，为防止超挖或扰动槽底面，槽底留 0.2～0.3m 厚的土层暂时不挖，待做基础混凝土时，采用人工清理挖至标高，并同时修整槽底。

2）沟槽开挖放坡坡度根据具体开挖段的地质情况，合理选用放坡系数。

3）沟槽基底标高以上 20cm 的土层，采用人工开挖、清理、平整，以免扰动基底土，严禁超挖。

4）土层与设计不符时，及时通知设计、监理单位，由设计、监理及施工单位共同商讨处理方法。

5）槽边堆土：沟槽开挖时，弃土堆在槽边，距槽边的距离 1m 以外，弃土尽量堆在槽的一侧。除回填土外多余土外运，沟槽堆土应不影响建筑物、各种管线测量标志和其他设施的安全和正常使用。

（3）混凝土垫层基础

1）经项目验槽合格后，用 10cm×10cm 方木支平基模板，支撑时模板与模板之间接缝密实、牢固，浇筑过程中连续均匀，不得有离析现象，采用平板振动器振捣，木抹子成活，施工过程中严格控制垫层顶面高程，不得高于设计高程，浇筑后及时养护，待混凝土强度达到 1.2MPa 后进行。

2）模板支设：基础垫层边模可采用槽钢或方木支设，模板背后打钢筋背撑顶紧，背撑间距 500mm 左右。

3）混凝土浇筑：垫层混凝土采用平板振动器振捣密实，根据标高控制线进行表面刮杠找平，木抹子搓压拍实。待垫层混凝土强度达到 1.2MPa 后方可进行下道工序。

（4）钢筋工程

1）钢筋加工制作时，将钢筋加工下料表与设计图复核，检查下料表是否有错误和遗漏，对每种钢筋要按下料表检查是否达到要求，经过这两道检查后，再按下料表放出实样，试制合格后方可成批制作，加工好的钢筋要挂牌堆放整齐有序。

2）钢筋绑扎前先认真熟悉图纸，检查配料表与设计图纸是否有出入，仔细检查成品尺寸、形状是否与下料表相符。核对无误后方可进行绑扎。

3）当钢筋采用绑扎接头时，要求在结构任一有钢筋的区段内，搭接接头的钢筋面积，在受拉区不得超过其总面积的 25%，受压区不得超过总面积的 50%。上述区段长度不小于 $35d$，且不小于 50cm。同一根钢筋上应尽量少设接头。受力钢筋绑扎接头应设置在内力最小处，并错开布置，相邻两接头距离不小于 1.3 倍搭接长度。钢筋搭接点至钢筋弯曲起始点的距离不小于 $10d$（d 为钢筋直径）。

4）钢筋的安装、支承及固定：在模板内安装钢筋时，应注意位置准确，为保证底模与钢筋之间有一定厚度的保护层，在钢筋下面垫与保护层相适应的塑料垫块，并用预埋钢丝绑在钢筋上或卡牢，以免浇筑混凝土时发生移动。应注意配置在同一截面内的垫块要相互错开，垫块间保持 0.7～1.0m 的距离。不得用碎石、碎砖、金属管及木块作为钢筋的垫块。钢筋网片间或钢筋网格间相搭接时要保持强度均匀。

（5）模板工程

1）施工中应严格按照技术交底进行模板拼缝必须严密。模板间用卡扣卡实，每两块模板间卡扣数量不少于 2 个，模板安装必须牢固垂直，模板平整度、垂直度及结构尺寸必须满足设计及规范要求。

2）侧墙里层模板及支撑安装应在侧墙钢筋绑扎完毕后进行。安装内模前，应进行剔除、凿毛和吹洗。剔除钢筋中的混凝土渣及木屑等杂物。混凝土施工缝处模板与结构间用厚 1cm、宽 3cm 的海绵条沿纵向全断面粘贴密实。模板必须及时涂刷隔离剂，涂刷应均匀、完全，不得遗漏，严禁在绑扎完的钢筋上直接刷隔离剂，混凝土及钢筋上不得粘有隔离剂。

3）支撑必须牢固，支撑后背在土体上时应加设木垫块，严禁直接撑在土层中或用砖作垫。斜向支撑必须在撑与垫间加设木楔并卡实，不得松动。内模及小室内支撑必须加设剪力撑，以防模板歪斜和混凝土浇筑时跑模。地沟中剪力撑每 5m 一道，底板混凝土浇筑时设置地模板。地模板设于地沟中间部位，每 3m 一道，采用直径 25mm 钢筋栽入底板结构 15cm 左右，利用油顶加钢管或拉杆加钢丝安装，模板及支撑安装完毕，须经监理验收合格后方可浇筑混凝土。

（6）止水安装

1）湿地工程每个部分的结构块之间均设有伸缩缝，在有防渗要求的缝内设有止水，如坝底板与上游防渗铺盖之间横缝，闸底板与下游消力池之间横缝，闸底板结构块间的纵缝等处。常用止水材料为橡胶皮止水。

2）安装前应根据要安装的部位，计算并确定安装长度，根据已有材料的长短进行组接，尽量减少接头数量。要根据图纸要求和材料规格进行计划、裁拼，然后加工成型，拼组焊接。

3）橡胶止水带安装时应根据止水所在位置加工专用定型模板，将止水按要求夹在模板相应位置并固定牢靠，加固并支撑固定模板。在止水上不得钉铁钉和穿孔。浇混凝土时要派人跟仓保护，调整止水，防止止水卷曲和移位。

（7）预留孔洞施工

1）为保证各类埋件、孔洞的几何尺寸、位置、牢固性，应遵循专业施工工种负责，相关施工工种结合，以防为主，严格把关的原则，严格执行“三检”制度，并按照 ISO 9002 过程控制的要求，做好每道工序的追溯记录。

2）埋件的制作：各专业工种的技术负责人在制作之前必须熟悉施工图纸并召集相关的专业供货厂家及具体的操作人员，对相关的图纸进行会审并做好记录。根据设计及施工规范要求，绘制出埋件小样图并应该详细标明质量要求、规格尺寸、埋件数量及防腐要求。

3）埋件所使用的原材料必须选择合格的厂家并应有材质合格证、出厂合格证、生产许可证。如遇有关规范及地方性法规所规定有特殊要求的还必须要做复试。制作之前，应由专业工种技术负责人向全体操作班组做技术交底，并做好交底记录。制作出的成品埋件，应进库分类码放，做好标识，并应严格执行收发制度。

4）预留孔洞模型加工，应在充分熟悉图纸、了解孔洞用途的前提下，做出模型小样图纸。根据孔洞类型小样图纸由专业操作人员进行加工制作。几何尺寸的误差必须符合有关规范的要求，同时必须满足设计要求。加工后的孔洞模型应入库码放，并应做好标识工作。

3. 滤料填筑

（1）材料要求

1）湿地采用填料多为卵石、石灰石和陶粒。石灰石及陶粒主要用于潜流湿地床填料，卵石主要用于表流湿地护坡护脚及局部护底。

2）粒料回填过程中不得把外部泥土带入湿地床内，同时防止运料车斗内粉末倒入湿地床内。

3）各级粒料按设计要求严格分层装填。湿地单元粒料回填时注意管道安全，避免管道损坏及细料从花管孔隙或管口进入管内，如出现管道损坏立即停止回填，并及时通知监理。

4）回填施工要求采用后退施工，避免对结构及粒料的碾压。堆填高程误差为－5～10cm。

（2）施工安排

湿地区域内单元划分较多，隔墙、隔堤、边墙较多，管道布置较多，工序交叉多，这样就形成了各个单元区域之间既独立存在又相互联系。针对上述特点，对湿地填料的埋设安排如下：

1）湿地填料施工部署要服从施工总体安排，同时要结合防渗层施工、管道铺设、土工材料铺设、墙体砌筑等进行。

2）湿地填料单元的划分同防渗层单元划分，即：按照设计单元划分进行同时结合防渗层施工、填料的填筑等进行。在每个单元内部，根据设计填料的种类进行填料埋设，同时要在相应部位结合安装放空管、布水管、集水管。

3）在各单元隔墙隔堤砌筑时，要合理预留施工洞，以供回填时材料的设备进出。

4）为保证填料时不对已经安装的管道造成破坏，管道附近的填料采用人工回填，施工机械只把填料送入回填面附近即可。施工洞封堵后的缺口用存放在施工洞附近的剩余填料回填，即可满足施工要求。

（3）运输和堆放

1）湿地填料大批量产品可直接人工或机械装运，产品出厂前堆料厂应为平整性硬地场，并具有防尘、防污染保护措施，禁止购买混入泥土、杂物、垃圾及其他物资污染的填料。

2）小批量湿地填料应为包装产品，包装材料应使用耐用型无破损包装袋。

3）各类别填料不得与其他填料一起堆放，储存在通风、干燥、清洁、防晒、防沙尘的环境中。

4）运输、装卸和储存期间防止杂物混入，包装产品防止包装袋破损。

5）堆料区地面应为硬化后清洁地面，堆料高度不宜超过 5m，对最大粒径不超过 20mm 的连续粒级，堆料高度可以增加到 10m。

（4）湿地填料铺设

1）经过产品检验合格并得到监理人认可的湿地填料产品方可允许使用。

2）因防护、储存保护不当受到泥土、砂石、杂物、垃圾、污水等污染的湿地填料禁止使用。

3）湿地填料均为人工铺装，严禁大型机械进入湿地单元内部。

4）通过铺设防压板等防护措施，可允许轻型运输、吊装、机械臂等进入湿地辅助填料铺装。

5）填料铺设前进行必要的经监理人认可的湿地结构保护措施，如对防渗膜的保护、管道的保护。

6）填料铺设前进行装填试验，以确定无水作业时的虚铺高度与填料浸泡后的实际高度关系，按照试验确定的各层虚铺高度进行控制，使各层铺设填料浸水后实际厚度尽量与设计厚度精确一致。

7）填料铺设后禁止碾压，不运行任何机械进入湿地单元内部。

8）湿地填料各层铺设后平整无明显高程差异，总体平面高度差异性控制在±30mm内，湿地表面填料铺设完成后的平整度在试水后进行再次平整，在试水高程平齐湿地表面时，不产生明显积水坑洼区域或明显干区。

9）湿地填料铺设中因施工不当等情况致使下层管道发生损坏的，立即停工，必须将已铺设的填料挖出后进行维修，维修验收合格后方可继续施工，施工单位对此造成的损失全部负责。

10）铺设方式：在安装好排空管和通气管后，填料自下而上逐层铺设，每层铺设厚度稍多于设计3～5cm（试水后填料有沉降）。表层填料铺设完毕后安装布水和集水管道，然后进行试水1～2d，再将填料顶端补足至设计的标高高度（注意按设计要求将布、集水管盖于填料以下）。

4. 水生植物种植

（1）水生植物采购

根据施工图及施工进度计划要求，按材料名称、规格、数量编制材料需用量计划表。苗木采购计划注明苗木来源、起苗时间、运输方法及到场、种植时间及针对措施等。

（2）水生植物种植

挺水水生植物的栽植选择颗粒细小，土壤空气少，黏性强，保肥力强，通透性差，含矿质营养丰富，有机质含量高的黏土类（塘泥土）。将苗栽植在大、小适宜的缸盆内。栽植的顺序为：在缸、盆中加入1/2或1/3深度的泥，加入肥料搅拌后将苗栽种在中央，再加适量的土（5～10cm），使植株正常地生长发育。

地栽的水生植物，栽植的距离根据苗的大小、数量以及所观赏范围的大小而定株行距一般在50cm左右。栽植的水位应根据不同的苗木，栽植在不同的深度，一般在萌芽期保持浅水位，生长期逐渐加深水位。

浮水水生植物的栽植：选择pH值为7.0左右的土壤。一般选用内直径60cm以上，高40cm以上的盆缸栽种，栽植前，应首先将器皿中培养土中心挖一穴，将球茎直立或横卧栽入，并入顶芽，栽植后，盆缸中的水位由浅至深，使植株正常生长发育。沉水水生植物的栽培：土壤选择颗粒大，土壤空气多，通透性好，有机质含量少肥料分散快的砂土。栽植前要将种植区域内的杂草及异物清除干净、施足底肥、捣活泥土，待水澄清后进行移栽，株行距30cm左右，要随起随栽，运输途中要将苗放入水中。

5. 运行调试

各项施工内容基本完成后，初步达到运行条件时，提出运行调试申请，在征得甲方、监理人和设计人同意后进行运行调试。运行调试为单独进行的工程系统试验和调试，不同于单项工程的检验和验收试验。系统调试先局部，合格后逐步扩大到整个工程，包括以下项目：

(1) 布水系统管道试压，检查阀门、管道弯头、三通、四通等连接件的密封状况。

(2) 湿地填料试水，记录其沉降情况，并及时将填料标高补足至设计要求。

(3) 检查湿地植物成活状况，若部分植物出现倒伏、枯萎、死亡等状况及时补栽。

(4) 检查收水系统管道通畅状况，对出现异常出水状况及时分析原因，并提出解决方案。

(5) 湿地系统试水过程中，按技术人员要求设置若干控制点，检查湿地床体内水位高度。

(6) 验证自动化控制运行情况，调试各种运行工况的运行程序，验证系统水力流程，调试至满足湿地运行要求。

(7) 验证湿地水净化处理能力，满足湿地水力负荷、水力停留时间等设计参数。

(8) 验证湿地净化效果，对湿地进出水水质进行监测化验，对数据进行分析，调试至满足设计要求。

(9) 调试整个湿地运行程序，总结并提炼湿地运行管理手册，作为竣工验收移交后湿地运行管理的必备文件。

5.3.4 质量保证措施

(1) 湿地边墙及隔墙表面光滑平整，无不平整、糙面、裂纹等。

(2) 填料粒径均匀，同种材质填料均一无杂质，填料表面无碎屑及积泥。

(3) 湿地分层填料均须严格达到设计厚度。填料表面层平整，无隆起或坑洼。

(4) 管道、阀门验收均须按照现行国家标准《给水排水管道工程施工及验收规范》GB 50268 中相关要求及有关规范执行。穿孔管开孔及管道安装均达到设计要求。

(5) 湿地系统所有构筑物、管道、阀门、填料安装均达到设计标高，满足湿地系统正常安全运行的要求。

(6) 湿地进出水通畅，符合设计水力停留时间及流程要求。

5.4 生态浮岛施工

5.4.1 生态浮岛概述

生态浮岛通常用于生态修复城市农村水体污染或建设城市湿地景区等。人们把特制的轻型生物载体按不同的设计要求，拼接、组合以及搭建成所需要的面积和几何形状，放入受损水体中，并将经过筛选、驯化的水生或陆生植物（这些植物可以强力吸收水中有机污染物），植入预制好的漂浮载体种植槽内，让植物在类似无土栽培的环境下生长。植物根系自然延伸并悬浮于水体中，吸附、吸收水中的氨、氮、磷等有机污染物质，降低COD（化学需氧量）；在为水体中的鱼虾、昆虫和微生物提供生存和附着的条件的同时，释放出抑制藻类生长的化合物，人工营造一个良好的生长环境，在植物、动物、昆虫以及微生物的共同作用下使环境水质得以净化，达到修复和重建水体生态系统的目的。

5.4.2 工艺流程（图 5.4-1）

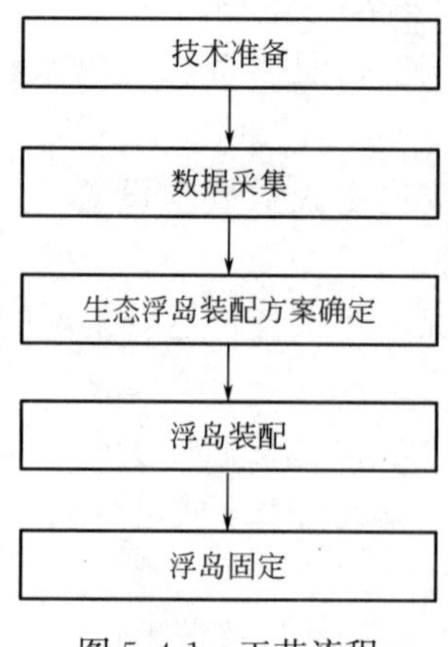

图 5.4-1 工艺流程

5.4.3 主要施工方法

（1）技术准备

1）熟悉设计图纸，明确生态浮岛的设计标准、浮床验收标准、水质要求、浮岛净水能力要求等。

2）根据设计图纸要求，确定植物种类，并进行文献资料调研，评估植物净水能力，并筛选植物种类。

不同的植物对氮、磷有着不同的吸收效果，根据水质污染情况针对性地选取植物是实现生态浮床净水能力最大化的关键。综合评估植物的净水能力和株高、根部长度、植株长势、形态等整体景观效果，对植物进行筛选。

生态浮岛常用于治理水体富营养化的植物有：黄菖蒲、芦苇、香蒲、美人蕉、花叶芦竹、千屈菜、再力花、水生鸢尾、旱伞草、紫娇花、吊兰等。

（2）数据采集

1）水质数据采集：采集水体中氮、磷数据，根据水体中氮、磷富含情况，针对性地选择植物。水质采集及分析交由第三方检测公司。

2）河道断面数据：河道宽度、水深、水流速度、漂浮物情况、岸线、淤泥深度情况。

仪器、工具：全站仪或水准仪、流速计、皮尺、塔尺、充气艇、救生衣、探杆沿河道从上游至下游，采用全站仪或水准仪，每隔 0.2～0.5m 采集河道断面的高度、宽度、平面位置、水深等数据。

查阅水务局历年观测的水位变化数据，并采用流速计测定河水流速，获取河水流速数据。采用探杆探测淤泥深度，并注意观察水面漂浮物情况。

（3）生态浮岛装配方案确定

将拼装好的浮岛，导入河流运行的模型，根据设计要求选取植物，完整的河道景观立体式展现出来，并参考植物吸收氮、磷效率，使用表格体现生态浮岛吸收氮、磷情况，交由参建各方进行研讨，并确定最优化装配方案。评估原则如下：

1）根据河岸形态、植物株高、冠幅优化浮岛形状与植物排布，使浮岛与河岸景观相匹配，最大化景观效益。

2）根据植物净化水质能力，展现生态浮岛各区域净化能力，并合理调配，确保各区域水质净化能力均衡。

（4）浮岛装配

根据最优化拼装方案，在河岸边空地拼装浮岛，浮盘之间以卡扣形式进行连接稳固；然后进行植物装盆，植物盆选用轻质的塑胶材质，盆内铺垫小块土工布，堵住底部水孔，盆底部填入生物填料或者陶粒等多孔介质进行过滤，顶部填入经合理掺配的营养土，选取长势良好的植物植入盆内。植物装盆过程中注意不要损坏枝叶，并剔除枯枝。如图 5.4-2 所示。

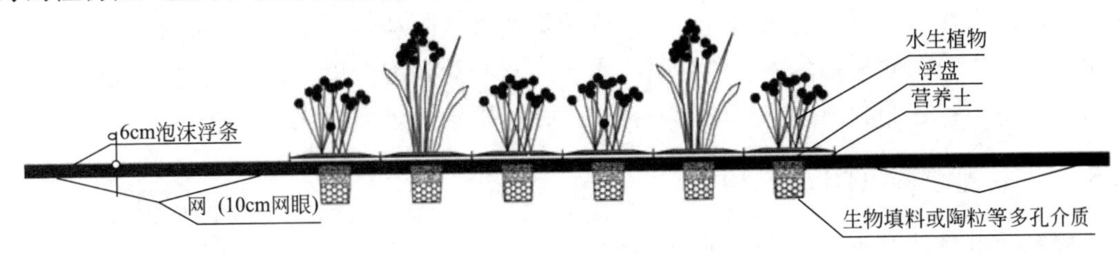

图 5.4-2　浮岛造型剖面图

（5）浮岛固定

浮岛采用镀锌钢管桩进行固定，固定形式如图 5.4-3 所示。人工将拼装完成的浮岛放入浅水区，然后选用合适长度的 T 形镀锌钢管，沿着浮盘之间的空隙打入，镀锌钢管顶部 T 形梁起防滑移和打桩受力点的作用。

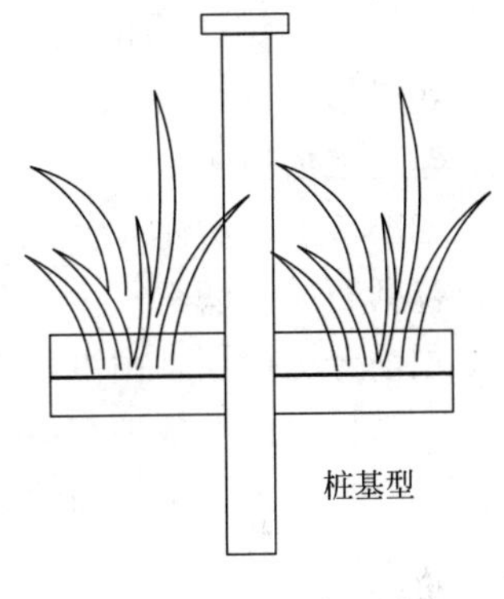

图 5.4-3　浮岛固定

5.4.4　质量保证措施

（1）浮岛安装：浮盘规格、性能、尺寸、形状符合设计要求；浮床拼装的牢固性、固定装置的稳定性和浮床的安装位置、平面尺寸、观感线形符合设计要求。

（2）植株挑选：选择长势良好、无枯枝叶、植株健壮、新芽饱满、根系完整、无病虫害、株高符合设计要求的植株。

（3）植株种植：根据设计密度，选取合适的株数，轻拿轻放，将植物塞到花盆底部扶正，然后盖上种植土。种植时注意确保根系完整，叶面完好，勿将植物体重叠、倒放。

（4）植株养护：植物种植完成后需及时洒水养护，高温时采用挂网遮阴处理，植株及时修剪，降低蒸腾效应，发现枯苗及时更换。

5.5　生态滤坝施工

5.5.1　生态滤坝概述

生态滤坝就是采用砾石和碎石在被污染的河道中人工垒筑坝体，然后在坝体上配置对水质有净化作用的植物，结合快速渗滤原理和人工湿地原理，对污水进行一定的净化。生态滤坝应用于处理农业面源污染，在水力坡降小、河网密集的平原地区，在水库、湖泊、河道建造生态透水坝，在上游形成一个缓冲区。在缓冲区，通过延长水力停留时间，促进水中泥沙及营养盐的沉降，同时利用大型水生植物、藻类等进一步吸收、吸附、拦截营养盐，从而降低营养盐的含量，抑制藻类过度繁殖，减缓富营养化进程，改善水质。

生态滤坝通过控制水的渗流速度，在上游进行蓄水，使水位上升到一定的程度，上游水由于水力停留时间增长，水中污染物在物理沉降、自然降解、水生生物吸收的作用下，得以降低，由此净化了水质。除此之外，生态滤坝本身就可以净化水质，其本身净化水质的原理在于物理过滤、植物吸收和微生物降解。物理过滤在于堆积坝体的滤料之中形成许多空隙，污水在经过生态透水坝时，水中的污染物被吸附和拦截下来。生态滤坝上种植的水生植物产生的大量根系深入坝体，吸收水中的营养盐和重金属。许多微生物和原生动物生长于滤料中，它们利用污水中的营养物质生存和繁殖，进而净化了水质。

5.5.2 工艺流程（图 5.5-1）

首先确定目的和要求，包括水质净化效果和景观水位要求；然后对目标河道进行调查，包括地质、水文、水质、动植物等；接着通过计算和试验，确定渗透系数和滤料级配并设计坝体，最后围堰、清淤、挖地基、夯实地基，建造生态进水坝，建成之后撤去围堰，投入运行，并进行必要的维护管理。

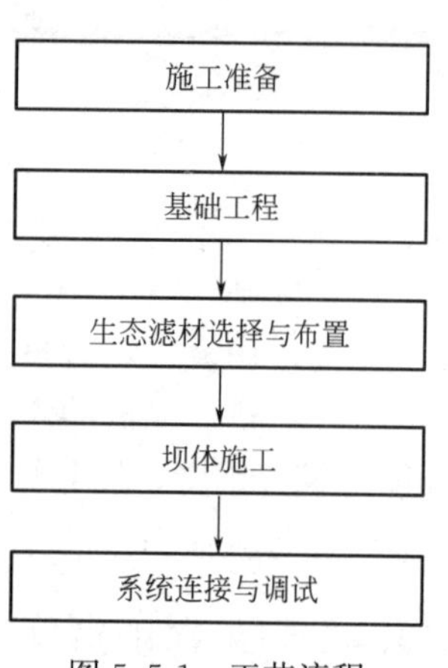

图 5.5-1 工艺流程

如图 5.5-2 所示，复合式生态滤坝分为坝前、坝中、坝后，包括石笼、滤料、生态垫、生态浮床、生物填料、水生植物。坝前分为四层，由下到上，前三层是滤料，渗透系数从大变小，这样可以有效地缓解坝身的淤堵，延长坝的使用期，最上面一层是土壤，种植植物，在坝的迎水面表面，覆盖一层生态垫。坝后分两层，上层为土壤，下层为滤料层，在滤料的表面上覆盖一层生态垫。坝中充满水，在里面放上悬挂有生物填料的生态浮床，生态浮床上种植对污水有较强净化作用的水生植物，加强生态滤坝对污水的净化作用。生态垫由两层土工布中间夹填滤料制成，主要起拦截污水中较大的悬浮物，防止坝体淤堵的作用。石笼由钢丝网包裹块石做成，可起到护住坡脚，防止水流冲蚀坝基，同时防止生态垫在水的拖曳力作用下下滑的作用。

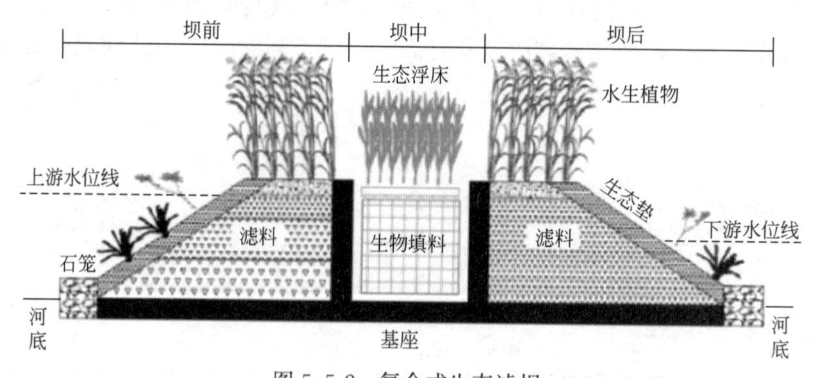

图 5.5-2 复合式生态滤坝

5.5.3 主要施工方法

（1）施工准备

在生态滤坝施工前，需要进行充分的施工准备，包括场地选择与布置、施工设备准备和施工材料准备。

1）场地选择与布置

在选择生态滤坝建设地点时，需要考虑以下因素：地理位置、地形地貌、气候条件、水文条件等。同时，要合理布置施工现场，明确划分施工区域、材料堆放区域和设备停放区域。

2）施工设备准备

根据生态滤坝施工需要，准备以下主要设备：挖掘机、装载机、自卸车、起重机、水泵、搅拌机等。在设备准备过程中，要确保设备的完好性和可靠性，并按照要求进行安装和调试。

3）施工材料准备

生态滤坝施工需要以下主要材料：土壤、砂石、水泥、钢筋、生态滤材等。在材料准备过程中，要明确各种材料的规格和质量要求，并按照施工进度合理安排材料的采购和库存。

（2）基础工程

在生态滤坝施工过程中，需要进行地形处理、渠床清理和混凝土垫层施工等一系列基础工作。

1）地形处理

根据生态滤坝的设计要求，需要对施工现场进行地形处理，包括土地征收、土方开挖、土方回填等。在地形处理过程中，要确保施工质量和安全性，同时要注意保护环境。

2）渠床清理

在生态滤坝建设前，需要对渠床进行清理，包括杂物、垃圾、淤泥等。清理完毕后，要确保渠床的平整性和稳定性。

3）混凝土垫层施工

为了提高生态滤坝的稳定性，需要在渠床底部铺设混凝土垫层。在施工过程中，要严格控制混凝土的配合比和施工质量，确保垫层的平整度和强度。

（3）生态滤材选择与布置

在生态滤坝施工中，需要选择合适的生态滤材，并采用合理的布置方式。

1）生态滤材种类及特点

生态滤坝常用的生态滤材包括砾石、活性炭生物膜等。这些材料具有以下特点：可以提高水质的净化效果；可以减少水流的阻力；可以提高水生生物的栖息和繁殖能力。

2）生态滤材布置方式

在布置生态滤材时，需要考虑以下因素：过滤效果、水流量、材料性质等。根据这些因素可以采用以下布置方式：水平布置、垂直布置、交错布置等。在布置过程中，要确保滤材的平整性和稳定性，同时要注意保护环境。

3）生态滤材测试与维护

在生态滤材安装完毕后，需要进行测试和维护。测试内容包括过滤效果测试和水质监测维护内容包括定期清理和维护滤材，确保其正常运转。

（4）坝体施工

在生态滤坝中，坝体施工是非常重要的一环，坝体的质量直接关系到整个生态滤坝的性能和使用寿命。因此，在坝体施工过程中，需要严格遵守施工规范和设计要求。

1）坝体施工步骤

坝体施工前需要进行充分的准备工作，如场地清理、夯实等。然后按照设计图纸进行坝体的修建和浇筑混凝土。在浇筑过程中，需要采用合理的浇筑方案和技术措施，确保混凝土的质量和稳定性。在浇筑完成后，需要进行混凝土的养护和保护工作。

2）坝体混凝土制备与运输

坝体混凝土的制备和运输是坝体施工的重要环节之一。混凝土的制备需要严格控制原材料的质量和配合比，确保混凝土的强度和稳定性。在运输过程中，需要采用合理的运输方式和运输工具，确保混凝土不受到损坏和离析。

3）坝体混凝土浇筑与养护

坝体混凝土的浇筑和养护是保证坝体质量的关键环节。浇筑前需要对模板进行检查和调整确保浇筑过程中不出现问题。浇筑时需要控制好混凝土的入模温度和浇筑速度，防止出现气孔、裂纹等问题。在浇筑完成后，需要对混凝土进行养护和保护，控制好养护温度和湿度条件，保证混凝土的质量和稳定性。

（5）系统连接与调试

生态滤坝各部分完成后，需要进行系统连接与调试，以确保整个生态滤坝系统的稳定性和功能性。

1）各部分管道连接生态滤坝的各个组成部分需要用管道连接起来，如渠道、滤池、清水池等。在连接管道时，需要采用合理的方式和材料进行连接和密封，保证管道的质量和稳定性。同时需要注意管道的坡度和走向，以方便水流流动和维护管理。

2）系统通水试验

在管道连接完成后，需要进行系统通水试验，以确保达到设计要求。

5.5.4 质量保证措施

（1）生态滤坝的主要材料为多孔陶粒固化酶，这种材料能够阻截、过滤和吸收污染物，从而改善和净化水质。

（2）生态滤坝的施工环境应保持清洁，避免二次污染。

（3）生态滤坝的施工应严格按照设计图纸进行，保证坝体的稳定性。

（4）生态滤坝的施工完成后，应对其进行验收，保证符合设计要求和质量标准。

（5）施工前应进行充分的技术准备，包括坝体设计、材料选择、施工方案制定等。

（6）施工过程中应严格按照设计图纸和施工规范进行操作，确保坝体的结构稳定性和安全性。

（7）施工完成后应进行质量检测和验收，确保符合设计要求和质量标准。

（8）在运行过程中应定期检查和维护生态滤坝，及时发现和处理可能出现的问题，保证其正常运行。

(9) 应建立完善的质量管理体系，包括质量保证计划、质量检验计划、质量记录计划等，确保生态滤坝的质量控制得到有效实施。

5.6 水下森林施工

5.6.1 水下森林简介及适用范围

水下森林技术就是利用生活在水底的大型沉水植物群落的同化作用，对水体中的营养元素进行吸收从而改善水质的技术。大型沉水植物在水底生长迅速，其茎、叶和表皮都与根一样具有吸收作用，这种结构能够直接快速地对水体中污染物进行吸收同化。

水下森林构建主要以苦草、黑藻、狐尾藻、菹草、竹叶眼子菜等作为基本材料，通过微地形改造、水域放样、植物种植等几个主要步骤来完成。

水底微地形改造：根据施工设计，对水底地形进行改造，形成谷、壑、丘、峰等，为水下森林的施工打好基础。

水域放样：利用水域放样定位桩，按照种植设计图、种植种类和范围放样定位。

沉水植物种植施工：采用叉子种植法、抛掷法等方法进行种植施工，克服水域因 pH 值、温度、暗流等不稳定因素对沉水植物种植生长的影响。风浪较大的水域，合理设置消浪带，消除风浪对施工种植的影响。硬质底泥的水域，先设置消浪带，改变下、中层流速、流向和减小风浪，然后堆淤、种植沉水植物。

5.6.2 工艺流程（图 5.6-1）

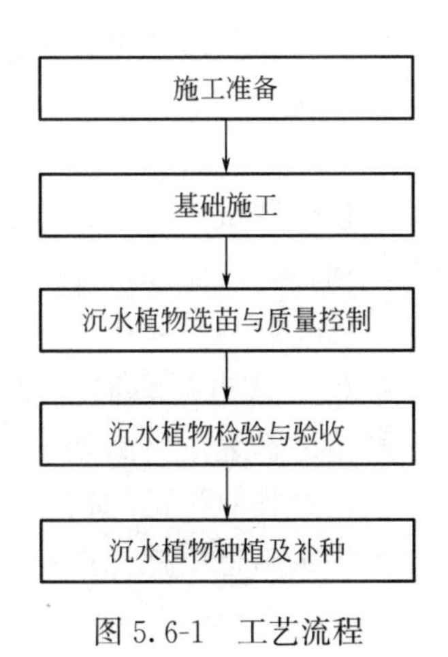

图 5.6-1 工艺流程

5.6.3 主要施工方法

(1) 施工准备

施工前准备以下资料：水质、水文、气象、底质、污水口（源）、流速等相关资料。

施工前进行施工图会审、设计交底、编制施工组织设计及审核确认；组织施工人员进行技术和施工安全交底。

（2）基础施工

基础施工包括基底改良、微地形构建、设置消浪带、定点放线、植物选择等。

1）基底改良

在驳岸、污水源改造完成的基础上，进行杂草清除、清理水底淤泥，进行底泥消毒和底泥活化。

2）微地形构建

使用种植土壤、砂石等构建水底地形，包括谷、壑、丘和峰一种或若干种。

3）设置消浪带

对于风浪较大的水域，利用消浪钵设置消浪带，消除风浪对底质的影响；消浪带的设置用于改变种植水域的流速、流向。同时，减小风浪，消除风浪对施工种植的影响，尤其针对风浪较大的水域。

4）定点放线

对种植水域采用水域放样定位桩确定种植范围，水域放样定位桩具有荧光作用，在航道的河流施工时，在夜晚可以起到指示作用。种植施工完成一处后，应及时清理定位桩，以明确已经完工的部分，留下的定位桩标识尚未施工的部分。

（3）沉水植物选苗与质量控制

1）沉水植物挑选

沉水植物质量的好坏直接影响着水体景观和水处理的效果，为此沉水植物质量应符合质量标准和设计要求，选择根茎发育良好、植株健壮、无病虫害的植株。应当从植物长势较好的水草塘中起苗，起苗过程中应当选取植株粗壮，长势较好的区域作为草苗供应区。由于苗木扩培过程会用到较多的营养物质，往往植株叶表会带有丝状藻，起苗后入箱运输前需要进行洗苗，洗苗过程中可采用塑料软管接通自来水进行冲洗，水压不宜过大，防止损伤植物叶片，严禁采用原塘水进行冲洗。

2）沉水植物包装

按核定好的种苗品种、规格及数量包装沉水植物种苗。种苗装卸时应轻拿轻放，不得损伤种苗，采用保温泡沫箱装箱汽车运输，气温超过 25℃时采用加冰降温措施。

3）沉水植物运输

沉水植物应当采用泡沫箱加冰袋的方式进行运输（图 5.6-2），防止运输过程中脱温，或破损挤压造成植株损伤、腐烂。种苗运输途中，必须采取保湿、降温和通风措施，严防日晒。严格执行种苗运输要求，将运输过程对种苗的损害降至最低。此外起苗入箱时需要将植物规整放置，防止后续施工时无序采苗造成植株损伤。

（4）沉水植物检验与验收

1）种苗验收流程

种苗品种验收→种苗表观验收→种苗植株高度、根系长度验收→种苗数量确认。

2）种苗验收标准

植株整体是否完好，茎叶生长状况，有无断枝、缺根或病虫害等；植株根部是否干净，杂质较少。

图 5.6-2　沉水植物运输

3）质量问题解决措施

种苗质量完全符合验收标准则接收进场，种苗数量以实际数量为准，对验收结果需要现场人员填制验收单，认真保存，以备查证。验收不合格则拒绝进场，尽快重新选购所需种苗，直至符合种苗进场验收标准。

（5）沉水植物种植及补种

根据设计要求以固定的标准点或固定建筑物、构筑物等为依据进行定点放线，由于种植面积在水下，用竹竿或插木桩作为标记区域。定点放线应符合设计图纸要求，位置要准确，标记要明显。定点放线后应由设计或有关人员验点，合格后方可施工。

种植方法主要有带水抛种、竹竿扦插法、插秧法或容器育苗种植法。

1）带水抛种（图 5.6-3）

项目施工区域无法降水种植的情况下，我们可以采用带水抛投种植或者竹竿扦插种植的方式。带水抛种是指采用配重块利用重力将水草带入底泥，配重可采用无纺布包土，或者降解网包裹瓜子片。需要注意的是，配重包裹材料需要可降解且具有一定的通水性；另外配重材料需要天然材料，严禁采用化学合成物块，以防造成二次污染。

图 5.6-3　带水抛种

2）竹竿扦插法（图 5.6-4）

有些区域无法进行抛重的（淤积较深区域，抛重会将水草完全埋入底泥造成成活率降低）我们采用竹竿扦插种植。竹竿扦插是采用竹竿作为手臂延伸进行扦插，适合水深2～3m的情况；再深则会出现飘草现象。

图5.6-4　竹竿扦插法

3）插秧法（图5.6-5）

插秧法种植是水草存活率最高的一种方式，其局限性在于要求水体有降水条件，且需要降至50cm以下，适于可降水河道、景观水体以及滨岸浅水区。

4）容器育苗种植法（图5.6-6）

实施前需检测水域环境，当检测到水域环境为硬质驳岸或底泥硬化，且水深与透明度比例小于1∶1时，考虑采用容器育苗种植法。通常容器育苗种植法所适用的沉水植物为菹草和黑藻，将沉水植物先栽种在营养钵中，待植物生长至10～15cm，用带钩的绳子，钩住容器，缓慢沉入水底（砂石构建的水下地形，如峰峦坡之上）。另有悬袋种植法、沉袋种植法等，主要是将繁殖体装入袋中，放置在硬质驳岸或水泥硬化的池底。

图5.6-5　插秧法

图5.6-6　容器育苗种植法

5.6.4　质量保证措施

（1）施工种植密度

沉水植物的规格和种植密度，决定施工的成品质量。植物规格不达标，竣工后，植物生长不良，景观效果和生态功能不能发挥应有效果。根据施工经验，应选用一些营养繁殖能力强的沉水植物，这类植物可以通过芽孢块茎和断枝等器官或组织进行繁殖，快且多。

以下是常用的4种沉水植物（表5.6-1）：

1）黑藻，具有适应水体环境变化的能力，对光照、水质硬度等要求不严。

2）狐尾藻，适应力较强，适应于湖泊、池塘、沟渠等淡水水域。

3）菹草，对环境变化耐受性较强，在水污染较严重地区的水体中仍能够生长发育，且能较好地吸收污染水体中的氮、磷等营养物质，是湖泊修复的先锋植物之一。

4）苦草，叶色翠绿，形为带状，在水体中产生一种飘逸的视觉效果，构成较为独特的景观，其抗污能力较强。

植物种植密度要求表 **表 5.6-1**

植物名称	植物规格	种植密度(丛/m^2)
黑藻	＞10 芽/丛	10～12
狐尾藻	＞10 芽/丛	8～10
菹草	＞10 芽/丛	25～30
苦草	根茎处直径＞6mm	16～25

（2）沉水植物的作用

以沉水植物为核心营造的水下森林可以营造较好的生物生存环境，并具有较好的水质净化及景观效果。

1）较好生存环境的营造

利用沉水植物构建水下森林，可以起到改变水流速度，为水生动植物提供生存环境的作用。针对改变水流速度而言，沉水植物随水流而形成的弹性扭曲现象会影响流水的速度，去除水中的悬浮颗粒物，而就为水生动植物提供生存环境来说，沉水植物能伴生在挺水植物和浮叶植物群落中，也能在浮叶植物带深水一侧形成沉水植物群落，发挥更大的生态和景观功能。作为水域生态系统中的重要组成部分，沉水植物不仅是初级生产者，为水生动物提供丰富的食物，还可以为它们提供栖息生境和繁殖场所，有利于保持生物多样性和维持整个水域生态系统的稳定。

2）水质净化效果

在净化水质方面，沉水植物可通过光合作用向湖水释放大量氧气，且它的整个植株都处于水中，根、茎、叶等都可以吸附水中的营养物，同时吸附重金属元素和一些悬浮物质。

3）景观效果

终年避免出现水质发黑、发臭、发黄、发绿等现象。水下森林形成后，水质得到较好的改善，水体终年无蓝藻、绿藻污染出现，透明度显著增加，无浑浊，水体可达到清澈见底的效果。此外，水草光合作用同时还可增加水体周边环境中的氧气含量，同时也可以增加环境中的负离子的含量，释放氧气，从而使水体生机勃勃，成为当地氧气制造工厂和居民吸收新鲜空气的天然氧吧。

6 生态系统构建施工技术

6.1 水生植物生态修复技术

6.1.1 水生植物生态修复技术简介与分类

1. 水生植物生态修复技术简介

水生植物生态修复技术，以植物操纵技术及生态学原理为指导，将生态系统结构与功能应用于水质净化，充分利用自然净化与水生植物系统中各类水生生物间相辅相成的协同作用来净化水质。根据水面的大小不同布置植物网箱，控制去污能力强、生长速度快的植物的生长范围，既有水景绿化的作用，也达到净化水质、保护鱼类生长环境、保护河流生物多样性的目的。

水生植物修复是一种应用广泛、环境友好和经济有效的修复污染环境的方法，是在发生逆向演替的水生生态系统中施加一定的人为影响，有目的地引种优良水草品种或将原有的已被破坏的植物重新恢复起来，促进退化水体生态系统中水生植被的恢复，实现水体生态系统的良性循环。

根据不同特点采用不同的生物料进行修复。在前段种植耐污性的前锋物种，中段主要种植枯草、波浪草等漂浮植物，后段种植聚草等对营养要求较低的漂浮植物。在整个河段都放养食藻虫，控制藻类的爆发，在水生植物达到一定的规模以后放养河蚌、草鱼等水生动物。

2. 水体生态中的不同水生植物

水生植物按生态类型，可分为藻类、沉水植物、漂浮植物、浮叶植物、挺水植物。利用特定技术，还可以将浮游藻类、陆生植物应用于富营养化水体修复中。不同水生植物在富营养化水体修复中具有不同的效果，其生活习性各异，对环境因子要求不同，水生植物吸附、吸收、消减、富集水体中营养物质能力和其对藻类化感作用能力各异。

(1) 藻类

藻类植物是植物界中原始低等的类群，它的每个细胞都能繁殖，且非常迅速，并能消耗大量的营养物质；其体内含叶绿素 a 等光合色素，能进行光合作用，释放氧气；它的分布很广，绝大多数在水中，浮游、底栖或固养在水中各种物体上，又具有分解、氧化、过滤、吸附等作用。利用藻类植物的这些特性可以消除水体中过多的营养物质。

常用的是水网藻，生长快，分布温度范围广，能够大量去除水体中的氮、磷物质。通过人工培养高浓度藻类，缩短处理时间，也可以通过人工调控，利用载体将藻类固定化，形成固定化藻类反应器，克服了传统藻类污水处理系统停留时间长、占地面积大、处理效率不稳定的缺陷。水网藻还具有藻细胞浓度高、易于收获等优点。

(2) 沉水植物

常见的沉水植物有：伊乐溪、狐尾藻、篦齿眼子菜、金鱼藻、菹草、轮藻、鱼藻、微齿（禾叶）眼子菜、马来眼子菜、苦草等（图 6.1-1）。

沉水植物是指植物体全部位于水层下面营固着生活的大型水生植物，它们的根系不发达或者退化，植物的各部分如茎、叶和表皮都与根一样具有吸收作用，能有效地降低水体中营养物质的含量，因此具有较强的净化能力。沉水植物能够从底质沉积物中补充不足的营养，在水生植物群落中占据营养竞争优势。这种营养资源使得沉水植物在水体中营养浓度很低的情况下仍能生长。

沉水植物通过有效增加空间生态位，抑制生物性和非生物性悬浮物；改善水下光照，通过光合作用增加水体溶解氧，为形成复杂的食物链提供了食物、场所和其他必需条件，也间接支持了肉食和碎食食物链。

然而，沉水植物在富营养化水体中却难以恢复。光照对沉水植物生长有很大影响，这也是制约沉水植物在富营养化水体修复中应用的瓶颈。

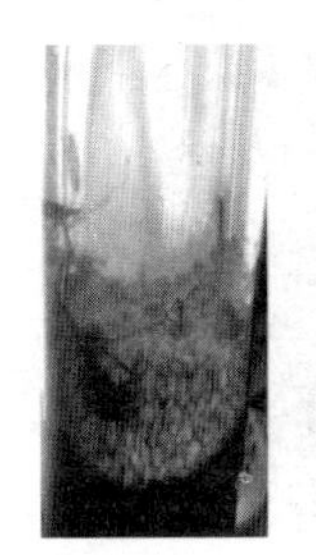
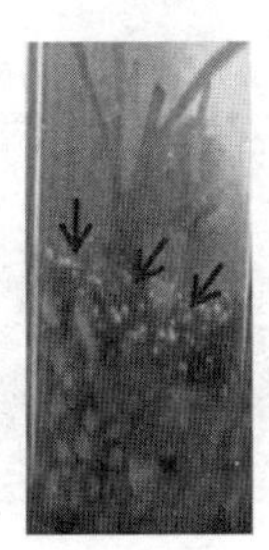

图 6.1-1 常见沉水植物

(3) 漂浮植物

常见的漂浮植物有：水花生、水浮莲、满江红、紫萍、浮萍、西洋菜和凤眼莲。

漂浮植物是根不着生在底泥中，整个植物体漂浮在水面上的一类浮水植物。浮在水面上，在光照竞争中占绝对优势，生长力很强，能够高效吸收水体中的营养物质。漂浮植物容易打捞，但繁殖能力很强，能在很短的时间里占领整个水域，将其他植物种类排挤掉成为优势种，使整个水生生态系统的物种多样性大大降低，同时阻隔水体与外界的阳光、空气交换，降低水体中溶解氧，不利于生态系统的健康发展，因此必须严格注意控制其过度繁殖。

(4) 浮叶植物

常见的浮叶植物有：睡莲、芡、菱、萍蓬、莼菜、眼子菜、水菜花等。

浮叶植物指生于浅水中，叶浮于水面，根附着在底泥或者其他基质上的植物。叶漂浮水面或挺出水面，与浮游生物在光照、营养竞争中具有优势，形态优美，可用于公园水体修复，见图 6.1-2。

(5) 挺水植物

常见的挺水植物有：灯芯草、千屈菜、水芹、茭白、荸荠、芦苇和菖蒲等。

挺水植物是指植物的根茎生长在水的底泥之中，茎、叶挺出水面，有的种类生长在潮湿的岸边。这类植物在空气中的部分，具有陆生植物的特征，生长在水中的部分具有水生植物的特征，见图 6.1-3。

图 6.1-2　常见浮叶植物

图 6.1-3　常见挺水植物

在水体修复工程中，挺水植物可以直接引植于沿岸地带，也可以在人工生物浮床、人工湿地中应用。在直接引植于沿岸地带时，挺水植物在光照竞争中处于优势地位，能够从底质沉积物及水体中补充营养，在水生植物群落中占据营养竞争优势，生物量大。

6.1.2　水生植物生态修复技术原理

水生植物是水生态系统的重要组成部分，在水生态系统中的修复过程主要是通过庞大的枝叶和根系形成天然的过滤层，对水中污染物质进行吸附、分解或转化，促进水域养分平衡；同时通过水生植物释放的氧气，增加水环境中的溶氧量，抑制有害菌的生长，减轻或消除水污染。

高等水生植物在水生态修复中的作用方式主要包括化感作用、吸收作用、泌氧作用等。

1. 化感作用

高等水生植物对藻类的克制作用具有一定的普遍性。一方面是水生植物与藻类之间对矿质营养的竞争。另一方面，高等水生植物通过向环境释放化感物质促进或抑制藻类的生长，这种现象称为化感作用，这是植物之间相互作用的两种不同机制。

高等水生植物与藻类之间存在着明显的竞争作用，可通过向水体中释放化感物质来抑制浮游植物的生长。化感物质是高等水生植物生长过程中产生的次生代谢物质。研究表明，这是其在水体生态系统生物竞争营养、光照和空间等资源中取得优势的有效策略。高等水生植物对藻类的抑制效应受很多因素的影响，研究表明植物对不同藻类产生的化感作用不同并对调整浮游植物的种群演替有积极作用。

2. 吸收作用

植物具有庞大的叶冠和根系，在水体或土壤中，与环境之间进行着复杂的物质交换和能量流动，在维持生态环境的平衡中起着重要作用。自然界中可以净化环境的植物有100多种，常见的水生植物有水葫芦、浮萍、芦苇、灯芯草、香蒲和凤眼莲等。被植物直接吸收的污染物主要有：氮、磷等植物营养物质，对水生生物有毒害作用的某些重金属和有机物等。

（1）直接吸收作用

植物从污染水体或土壤中直接吸收有机物，然后将没有毒性的代谢中间体储存在植物组织中，这是植物去除环境中的中等亲水性有机污染物的一个重要机制。第一类是被吸收后用以合成植物自身的结构组成物质；第二类则是脱毒后储存于体内或在植物体内被降解。

植物本身的吸收作用是去除氮、磷的主要机制之一。植物吸收营养维持生长和繁殖，所吸收的营养在其生长过程中基本上被保留在植株中，只有枯死才会被微生物分解，因此可以说水生植物是一个营养储存库，收割植物可将这些营养物移出系统。

（2）促进生物降解作用

植物可以释放一些物质到污染环境中，这些物质包括酶以及一些有机酸，它们为根区微生物提供了重要的营养物质，促进了根区微生物的生长和繁殖，刺激了根区微生物的活性。同时水生植物群落的存在，为微生物和微型生物提供了附着基质和栖息场所，这些生物能大大地加速截留在根系周围的有机物的分解矿化。

（3）吸附、过滤作用

浮水植物发达的根系与水体接触面积很大，能够形成一道密集的过滤层，当水流经过时不溶性胶体会被根系黏附或吸附而沉降下来，特别是将其中的有机碎屑沉降下来。与此同时，附着于根系的菌体在进入内源生长阶段后会发生凝集，部分被根系所吸附，部分凝集的菌胶团则把悬浮性的有机物和新陈代谢产物沉降下来。

3. 泌氧作用

通过水面上叶子的光合作用释放的氧气经枝干输送至根部。因此，与根或茎直接接触的土壤会与其他部位的土壤不同而呈好氧状态。这些氧气用以维持根区中心及周围的好氧微生物的活动。

4. 其他作用

水生植物群落的存在，为水生物多样性、优势种群的变化提供了条件。水生植物为微生物和微型动物提供了附着基质和栖息场所。一些微型动物大量捕食浮游藻类，能够有效控制藻类的群体数量。水生植物的存在减少了水中的风浪扰动，这为悬浮固体的沉淀去除创造了更好的条件，并减小了固体重新悬浮的可能性。水生维管束植物新陈代谢能大大加速截留在根系周围的有机胶体或悬浮物的分解，通过植株枝条和根系的气体传输和释放作用，增加水体中的溶解氧。

6.1.3 水生植物生态修复技术优缺点

1. 优点

（1）基建投资较小，运行管理简单，耗能少，运行费用低，对环境扰动少。

（2）较高的美化环境价值，有一定的环境效益和补会效益。

（3）对水体的富营养化物质、有机污染物、重金属污染物等具有良好的处理效果。

（4）适用范围广，被社会所接受。

（5）可以实现水体营养平衡，改善水体的自净能力。

（6）水生植物修复可以现场进行，减少运输费用和人类直接接触污染物的机会。

2. 缺点

（1）水生植物净化效果的季节性问题和持续性问题尚未得到很好的解决。

（2）水生植物生长过密容易引起蚊虫滋生。

（3）植物残体打捞不及时会造成二次污染。

（4）修复污染水体的速度相对较慢。

（5）占地面积大，受气候影响较大。

6.2 水生动物生态修复技术

6.2.1 水生动物修复技术简介与分类

水生动物修复技术是当水体发生污染时，浮游植物大量生长，应用生物操纵技术，通过改善水生生物种类、组成和密度来调节水体生态的过程。

生物操纵技术就是用调整生物群落结构的方法改善水质，主要原理是调整鱼群结构，保护大型牧食性浮游动物，从而控制藻类过量生长。通过捕捞鱼类等水生生物把氮、磷等营养物质转移出湖（库）。鱼群结构调整的方法是在湖泊中投放、发展某些鱼种，而抑制或消除另外一些鱼种，使整个食物网适合于浮游动物或鱼类自身对藻类的牧食和消耗，从而改善湖泊环境质量。这种方法不是用直接减少营养盐负荷的办法改善水质，而是采用减少藻类生物量的途径达到减少营养盐负荷的效果，效果可持续多年。生物操纵比较适用于小而浅的、相对封闭的湖泊系统，由于在浅水湖泊生物分布垂直空间差异较小。因而，生物调控在一定时间内对某些浮游植物控制的效果较好。

对应于传统的营养盐削减技术，生物操纵是管理生物组成，通过管理湖泊内较高层次的消费者生物而控制藻类，实现水质管理目标。主要采用捕获、诱杀鱼类以增加浮游动物以及直接投放肉食性鱼类来控制浮游动物食性鱼类，进而促进大型浮游动物发展，借以控制水华发生。

1. 浮游动物

浮游动物主要包括原生动物、轮虫、枝角类和桡足类。浮游动物是水生食物网中的重要一环，在水生生态系统结构与功能、能量传递和物质转换方面具有重要意义。浮游动物既能以浮游植物、细菌、碎屑等为食，同时又是鱼类和其他水生动物的食物，在水域生态系统中起着极其重要的作用。此外，浮游动物还可通过排泄和分泌作用，参与水生态系统中有机质的分解和循环，一些浮游动物对污染物极为敏感，且有积累和转移作用，从而使它们在生态毒理和水环境保护等研究方面占据重要地位，利用浮游动物群落能确切反映水体的质量，目前应用浮游动物群落结构和生物量变化以及优势种分布情况特征的变化监测和评价河流污染程度和自净作用，在国内外应用较为广泛。

2. **底栖动物**

底栖动物是按栖息地点所标明的一个综合性的动物类群。它们是指生活史的全部或大部分时间生活于水底的水生动物类群，是水生生态系统的重要组成部分，其种类繁多，个体大小不一。从分类学观点来看，一般将不能通过 40 目孔径筛网的个体称为大型底栖动物或大型底栖无脊椎动物，主要由环节动物（水栖寡毛类）、软体动物（螺类、蚌类）、线形动物（线虫）、扁形动物（涡虫）、节肢动物（甲壳纲、昆虫纲等）组成。在大部分水体中，大型底栖动物的种类、数量及生物量在底栖动物中超过 90%。因此，底栖动物生态学研究对象多以大型底栖动物为主。

底栖动物进行水体修复的初步种类是：划蝽、仰蝽、水趸虫、负子虫、环棱螺、胡卜螺、猪母贝、三角帆蚌、日本沼虾和小型溪蟹等，一般水生昆虫、螺类、贝类以 5～100 个/m^2，杂食性虾类和杂食性蟹类以 5～30 个/m^2 的密度投放。

3. **鱼类**

淡水鱼类食物范围极广，不同食性的鱼类在淡水生态系统的营养结构中占据不同的位置。淡水生态系统中，植食性鱼类有中华螃蟹，以碎屑、浮游植物为食；白鲍以浮游植物为食；草鱼以水生高等植物，如范草、眼子菜、苦草、金鱼藻、若菜等为食。杂食性鱼类有麦穗鱼、棒花鱼，以浮游植物、浮游动物、水生昆虫幼虫为食；泥鳅以浮游植物、浮游动物、水生昆虫幼虫、碎屑为食；鲫鱼以水生高等植物、浮游植物、浮游动物、水生昆虫幼虫、碎屑为食；鲤鱼以水生高等植物、浮游藻类、底栖动物中的寡毛类、蚌类、螺类、虾类为食。低级肉食性鱼类有细鱼，以浮游动物为食。

6.2.2 水生动物修复技术原理

1. **污染物通过水生动物细胞膜的方式**

污染物通过水生动物细胞膜的方式有两大类：被动运输和特殊转运。被动运输又包括简单扩散和过滤；特殊转运又可分为载体运输、主动运输、吞噬和胞饮作用。可见，这些方式与植物有类似之处，体现了生物膜结构与功能的高度统一。某些固态物质与细胞膜上某种蛋白质有特殊亲和力，当其与细胞膜接触后，可改变这部分膜的表面张力，引起细胞膜外包或内凹，将固态物质包围进入细胞，这种方式称为吞噬作用；如吞食细胞外液的微滴和胶体物质也可通过这种方式进入细胞，则称为胞饮作用。

2. **水生动物体对污染物质的吸收**

水生动物对污染物的吸收一般是通过呼吸道、消化道、皮肤等途径。

（1）经呼吸道吸收

水体中的污染物进入水生动物呼吸道后顺气管进入肺部，其中直径小于 5nm 的悬浮颗粒能穿过肺泡被吞噬细胞所吞食，部分毒物能在肺部长期停留，会使肺部致敏纤维化或癌；部分毒物运至支气管时刺激气管产生反应性咳嗽而吐出或被咽入消化道。鱼类吸收水体污染物首先通过鱼鳃过滤，然后进入呼吸系统，并将污染物质带入肺部，鱼鳃也是吸收污染物的重要途径。

（2）经消化道吸收

消化道是水生动物吸收污染物的主要途径，肠道黏膜是吸收污染物的主要部位之一。整个消化道对污染物都有吸收能力，但主要吸收部位是在胃和小肠，一般情况下主要由小肠吸收，因小肠黏膜上有微绒毛，可增加吸收面积约 600 倍。肠道吸收量因污染物化学形态不同而有很大差异。

（3）经皮肤及其他途径吸收

皮肤是水生动物体对污染物吸收的一道重要的防卫体系，它由表皮和真皮构成。表皮又分为角质层、透明层、颗粒层和生发层；真皮是表皮下一层致密的结缔组织，又分为乳头层和网状层。经皮肤吸收一般有两个阶段：第一阶段是污染物以扩散的方式通过表层，表皮的角质层是最重要的屏障；第二阶段是污染物以扩散的方式通过真皮。

3. 利用食物链来净化水体

底栖生物修复的原理在于食物链效应，即维持水体中食鱼性鱼类、食浮游性鱼类、浮游生物之间的食物链平衡，通过放养食鱼性鱼类来减少食浮游性鱼类的数量，从而保护了摄食藻类的浮游生物的数量并最终达到改善水质的目的。水生动物可有效地减少水体中的悬浮物提高透明度，延长生态系统的食物链、提高生物净化效果。

在重富营养型湖泊内无软体动物，底栖软体动物的生物量均以寡毛类或摇蚊幼虫组成。通过增加河蚌放养量，能够补充底栖软体动物资源数量，增加系统稳定性，促进物质循环，达到净化水质的目的。

一些水生动物对水质具有净化作用，如萝卜螺既可以直接吸收溶解的营养物及有机碎屑，又可以吃掉大量藻类，使水变清，使被污染的水体得到净化。由于鱼是水生食物链的最高级，在湖内利用藻类为浮游生物的食物，浮游生物又供作鱼类的饵料，使之成为菌藻类—浮游生物—鱼的生态系统。养鱼一般只在水生植物塘中放养或直接在湖中无饵放养。由于景观水域水质标准要优于渔业水域水质标准，因而完全可以满足鱼类生存的需要。在湖内宜于放养的品种以花鲢、白鲢为主，并配以鳙、草、鲤、罗非鱼等。它们能够以藻类为食，控制藻类的过度繁殖，对防止水体富营养化的发生起到很好的作用。作为景观水体适量放养鱼类是一种很好的方法，既有净化水质的作用，同时又能很好地发挥水体的垂钓功能。

6.2.3 水生动物修复技术优缺点

1. 优点

（1）水生动物修复技术具有低成本、对生态系统影响较小的特点。

（2）水生动物修复技术可最大限度地降低污染物浓度，基本不产生副作用和二次污染。

（3）水生动物修复技术可应用于其他技术难使用的场所，可同时修复受损底质和水体。

（4）水生动物中底栖动物有较强的过滤能力、耐污能力、富集能力和分解能力，能有效吸收和转化重金属、氮、磷及其他水体污染物。

（5）底栖动物和鱼类虽然在冬季生长缓慢，但是仍然具有一定的水体净化能力。

（6）底栖动物和杂食性鱼类从水体中大量摄取营养物质、积累污染物，可以与其他多种净化措施加以组合形成高效净化系统，有效降低水中有毒物质和营养元素的含量。

2. 缺点

水生动物修复技术的修复速度较慢。

6.3 微生物生态修复技术

6.3.1 微生物修复技术简介与分类

微生物修复技术是生物修复技术的一种，微生物降解有机物的巨大潜力是生物修复的基础。微生物修复是自然界中微生物对污染物的生物代谢作用。大多数环境中都存在着天然微生物降解净化有毒有害有机物的过程，只是由于环境条件的限制，使得微生物自然净化速度很慢。因此，微生物修复一般指的是在任务促进条件下的微生物修复，例如：通过提供氧气、添加微生物促生剂、投加高效微生物菌制剂等来强化这一过程，以加快污染物质的降解速度，迅速去除污染物质，缩短降解时间。

（1）按照修复场地技术分类，可以分为原位生物修复和异位生物修复两类。

原位生物修复是指对受污染的水体不做搬迁而在原来的污染场地进行修复，修复过程主要依赖于污染场所微生物的自然降解能力或人为创造的降解条件。

异位生物修复是将被污染的介质进行转移，处理完毕后再返送回原地的方法。这种方法增加了对被污染介质的采掘与运送工程费用，目前异位生物修复主要有旁路生物反应器处理、厌氧处理等方法。

（2）按照微生物来源分类，可以分为以下三类。

用于黑臭水体治理的微生物修复主要有三类：一是向污染河道水体投加微生物促进剂（营养物质），促进土著微生物的生长；二是直接向污染河道水体投加经过培养筛选的一种或多种微生物菌种；三是直接向水体投加微生物促进剂。

目前，在大多数生物修复工程中实际应用的都是土著微生物，其原因一方面是由于土著微生物降解污染物的潜力巨大；另一方面也是因为接种的微生物在环境中难以保持较高的活性以及工程菌的应用受到较严格的限制。引进外来微生物和工程菌时必须注意这些微生物对该地土著微生物的影响。

1）投加微生物促生剂。土著微生物在与环境长期共存的过程中逐步形成了与环境相适应的微生物区系或者群落，并能利用污染物作为底物进行分解代谢，但在毒性物质、环境缺氧、营养缺乏特别是微量营养缺乏等恶劣环境下，往往处于被抑制状态，使得微生物自然净化速度很慢。因此，微生物修复一般指的是在人为促进条件下的微生物修复，通过解毒、促进和微生物整合技术，通过提供氧气，添加氮磷营养盐，接种经过驯化培养的高效微生物等来强化这一过程，扩增土著微生物，将土著微生物和解毒剂、促生剂、共代谢底物一起，投放到环境中，进行底泥生物氧化和水体生物修复，使污染环境中的土著微生物大量繁殖的同时，对残存的有机物污染物质进行降解，逐步改善污染环境，环境中的溶解氧也渐渐升高，有助于好氧微生物区系的建立，竞争性地抑制了只能在污染环境中生存的微生物，加快污染物质的降解速度，迅速去除污染物质，缩短降解时间。

2）投加微生物。微生物投放技术，已广泛应用于水产养殖、农业等领域。向水体中添加一定量的微生物制剂，增加水体中微生物浓度，从而加速水体中微生物降解，增强水体的自净功能。在我国城市水环境治理中，应用的微生物制剂主要包括美国的Clear-Flo系列菌剂、生物活性液（Liquid Live Microorganisms，LLMO），日本的有效微生物菌群（Effective Microorganisms，EM），中国的光合细菌（Photo Synthetic Bacteria，PSB）、硝化细菌等，并取得了一定的治理效果。

3）投加微生物促进剂。在许多受污染的水体中存在着大量具有净化能力的土著微生物，但是因为生存环境太恶劣，生物活性受到抑制，无法发挥它们的作用。通过向污染的水体投放微生物促进剂，促进土著微生物的生长，加速污染物的降解。微生物促进剂富含微生物所必需的细胞分裂素、维生素和微量元素，能促进废水处理系统中微生物的新陈代谢，促使微生物在较差的环境中快速大量地生长，形成良好的菌胶团，从而提高微生物降解有机物的效率，改善废水处理效果。同时，微生物促进剂还能增加微生物物种多样性，通过延长食物链和提高食物链的循环效率，使多种微生物更有效地发挥协同作用，从而提高对污染物的降解能力和系统的抗冲击能力。

（3）按照微生物存在方式，可以分为以下两种技术。

1）固定化微生物技术。固定化微生物技术是指用物理或化学方法将游离微生物细胞、动植物细胞、细胞器或酶限制或定位在某一特定空间范围内，保留其固有的催化活性，并能被重复和连续使用的技术。

2）生物膜技术。生物膜技术是指使微生物群体附着于某些载体的表面上呈膜状，通过与污水接触，生物膜上的微生物摄取污水中的有机物作为营养吸收并加以同化，从而使污水得到净化。

6.3.2 微生物修复技术原理

1. 多菌群协同代谢作用

微生物作为生态系统中的主要分解者，它们能够分解转化水体环境中各种污染物，其实质就是污染物无害化过程。微生物菌群中既有分解性细菌，又有合成性细菌；既有厌氧性菌、兼性菌，又有好氧性菌。作为多种细菌共生的一种生物体，激活后的微生物通过驯化在污水中迅速繁殖，能快速分解污水中的有机物，同时依靠相互间共生增殖及协同作用，代谢出抗氧化物质，生产稳定而复杂的系统，并抑制有害微生物的生长繁殖，抑制含硫、氮等恶臭物质产生的臭味，激活水中只有净化功能的原生动物、微生物及水生植物，通过这些生物的综合效应来达到净化水体的目的。

2. 优势种群作用

在微生物与环境构成的生态系统内，微生物之间具有复杂的微生物生态结构，对水体的质量起着决定性的作用，而在微生物生态结构中，微生物菌群的优势菌种会对整个菌群起着决定作用。一旦水体受到外来污染，大量的污染物质进入水体，微生物生态受到干扰，由于大量有机污染物消耗水中溶解氧使水体处于缺氧或厌氧状态，原有的微生物生态就会失去平衡，优势种群发生更替，而有效微生物能快速分解水中的污染物质，提高溶解氧，促进有益微生物的生长繁殖，抑制腐败、有害微生物的生长，从而恢复原来的优势种群。

3. 生物拮抗作用

有益微生物产生的有机酸，如乳酸、乙酸、丙酸等可以降低反应器内的 pH 值，不利于有害微生物的生长繁殖；产生的强氧化物质，对潜在的干扰微生物有杀灭作用，能防止产生有害物质，能合成多种酶类，可以降解水中的碳水化合物。

4. 水体污染程度及恢复状况的指示作用

随着水体及底泥中的有机物的分解转化，系统中微生物种类、数量及种群结构也会呈现有规律的变化。生态系统中微生物类群增加并向良性生态区系演替，自养型微生物指数上升种群结构变化为适合于厌氧环境下生长的反硫化细菌数量减少，与有机污染呈正相关的异养细菌总数及与粪便污染呈正相关的大肠菌群数下降，只能在水体溶解氧较高的条件下才能生长的硝化细菌数量增加。

5. 不同微生物种类的修复原理

适合于河流净化的微生物主要有硝化菌、光合细菌以及一些放线菌类、乳酸菌类、酵母菌类等。其中既有分解性细菌，又有合成性细菌；既有厌氧菌、兼性菌，又有好氧菌。

（1）光合细菌能将水体中的磷吸收转化、氮分解释放、有机物迅速转化为可被水生生物吸收的营养物。光合细菌中紫色非硫细菌不仅能够利用光能进行高产的能量代谢，在厌氧光照的条件下也能以低分子有机物及一氧化碳等作为光合作用的电子供体进行光能异养生长而且能在微好氧黑暗条件下，以有机物为呼吸基质进行好氧异养生长。光合细菌群在本身生长过程中能产生大量 VC 和 VE 以及各种氨基酸和刺激素，促进动植物生长，提高抵抗力。另外，光合细菌还能分解利用亚硝胺及其衍生物，消耗污染水体中的“三致”污染物质。

（2）放线菌中的大多数菌种，具有较强的分解复杂含氮和不含氮有机物的能力，对自然界物质转化和土壤改良起着重要作用。

（3）高效的基因工程菌也可以显著提高污染物的降解效率，它为解决生物修复周期长等问题提供了崭新的道路。

（4）乳酸菌属于多种杆菌，在有氧条件下能够获得能杂合成细胞物质，在厌氧状态发酵乳糖，产生乳酸而形成酸性环境，可有效地抑制腐败微生物的繁殖，促进有益微生物的生长，改善环境中的微生物群落。

（5）高效复合微生物菌群（EM），由酵母菌、放线菌、乳酸菌、光合菌等多种有益微生物经特殊方法培养而成。作为多种细菌共存的一种状态，各微生物在其生长过程中产生有用物质及其分泌物形成相互生长的基质和原料，并通过相互共生、增殖关系即可形成一个组成复杂、结构稳定、功能广泛的具有多种多样细菌的微生物群落，通过这些生物的综合效应达到净化水体的目的。

6.3.3 微生物修复技术优缺点

1. 优点

（1）就地处理，操作简便，对周围环境影响较小。

（2）修复时间较短，修复经费较传统方法少。

（3）不产生二次污染，遗留问题少。

2. 缺点

（1）微生物修复易受环境条件变化的影响，pH 值、温度以及其他环境因素等都将影响着微生物修复的进程，并非所有进入环境的污染物都能被微生物利用。

（2）污染物的低生物有效性、难利用性及难降解性等常常使得微生物修复不能进行，特定的微生物只能吸收、利用、降解、转化特定类型的化学物质。

（3）需要对污染环境进行详细和周密的调查研究，前期工作时间较长，花费高。

7　水质应急施工技术

7.1　应急曝气技术

应急曝气是指将水中的溶解氧通过物理手段转化为空气中的氧气，以提供给水中的生物进行呼吸作用的过程；通过将水与空气充分接触，增大气液界面，促进氧气分子的传递，从而提高水体中的溶解氧含量。常见的有太阳能曝气机，见图 7.1-1。

图 7.1-1　太阳能曝气机

7.1.1　工艺原理及作用

1. 原理

(1) 增大气液界面：曝气装置通过喷射、旋涡或机械搅拌等方式，使水与空气充分接触，增大气液界面，使氧气分子更容易从空气中溶解到水中。

(2) 气泡升降：曝气装置产生的气泡在水中上升的过程中，扰动了水体，增加了水体的氧气传递速度。同时，气泡在上升过程中也带走了部分水体中的有机废物和溶解气体。

(3) 气泡破裂：气泡上升到水面时会破裂，释放出大量微小气泡，进一步增大气液界面，增强氧气的传递效果。

(4) 水体搅拌：曝气装置的运行会产生水流和水波，使水体充分混合，避免水体局部死水区的形成，促进氧气的均匀分布。

2. 作用

曝气在水处理、环境保护和养殖等领域有着重要的作用。

(1) 提供溶解氧：水中的生物需要充足的溶解氧才能进行新陈代谢和呼吸作用。曝气可以增加水体中的溶解氧含量，满足生物对氧气的需求，促进生物的健康生长。

(2) 氧化有机物：曝气可以加速水体中有机物的氧化分解过程。水中的有机废物经过曝气作用，可以被氧气分子氧化为无机物，从而降低水体的污染程度。

(3) 去除污水中的气味：曝气作用可以将污水中的硫化物等有害气体转化为无害的氧化物，减少污水的臭味。

(4) 改善水质：曝气可以增加水体中溶解氧的含量，促进水中的氧气平衡，改善水质，提高水体的透明度和清洁度。

(5) 促进微生物活动：曝气可以为水体中的微生物提供充足的氧气，促进微生物的生长和繁殖，增加微生物的降解能力，加快水体的自净能力。

(6) 提高底层水体的溶氧：曝气装置通常安装在水体的底部，通过曝气作用可以将底层水体中的溶解氧提升到较高的水平，改善底层水体的生态环境。

7.1.2 适用范围

太阳能曝气机是一种利用太阳能作为动力源，用于水污染治理的增氧曝气与水体循环设备，具有运行管理费用低，增氧效果好，大流量，抗堵塞，寿命长、运行噪声低等特征，非常适用于河道、湖泊、水库、氧化塘、人工湖等供电条件不足的水体。

7.1.3 工艺流程（图 7.1-2）

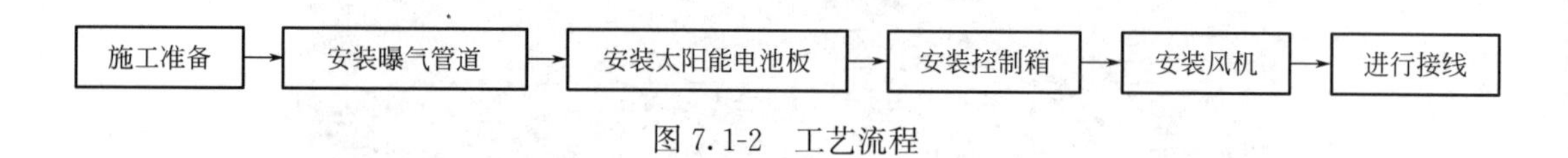

图 7.1-2 工艺流程

7.1.4 主要施工方法

1. 施工准备

(1) 告知安装位置

太阳能曝气机需要放置在光照充足且无遮挡的地方，建议采用草坪或者水面水鸟栖息区的位置。并且需要有足够的空间保证设备的正常工作。

(2) 准备所需工具

为了保证安装效率和准确性，需要准备好所需工具，如排气扳手、扳手和墨线等。

(3) 确认标高

太阳能曝气机需要标高平整的安装位置，这是设备正常工作的关键因素之一。

(4) 确保所需材料

需要准备好所有的管道、阀门、附件等材料，同时需要保证材料的质量符合使用要求，保证安全以及维护工作的顺利进行。

2. 安装曝气管道

太阳能曝气机需要接入曝气管道，这是一个非常重要的环节。安装曝气管道时需要非常仔细，保证管道的连接处是牢固的，且各段管道的接口处完全密闭。

3. 安装太阳能电池板

太阳能电池板是太阳能曝气机的核心部件。在安装时，需要将太阳能电池板安装在顶部，且保证电池板的角度符合光照角度，保证电池板能够接收到充足的光照。

4. 安装控制箱

控制箱是太阳能曝气机的另一个重要组成部分。安装控制箱时，需要将控制箱放置在合适的位置，并且保证控制箱与其他设备的连接处牢固可靠。

5. 安装风机

太阳能曝气机采用风机进行曝气作业。在安装风机时，需要注意其风量与曝气管道的匹配，同时防止管道连接不牢导致风机漏气的情况。

6. 进行接线

在完成上述工作后，需要进行电力接线工作。此时需要准确连接控制箱、光伏电池板、风机和应急电源等设备。

7.1.5 操作要点

1. 安装位置选择

太阳能曝气机系统的性能和使用效果受到安装位置的影响较大。一般来说，太阳能板需要安装在能接受充分阳光照射的地方，曝气机需要安装在通风良好、无拦阻的地方，同时为了保证水中氧气充分，曝气机应当尽可能接近水面。在安装曝气机时，还需考虑四周环境的噪声、振动等影响，以确保系统正常运转。

2. 防雷接地措施

由于太阳能曝气机系统需要长期安装在户外，所以存在被雷击的风险。为了防止雷电对系统造成损害，需要进行防雷接地措施，将系统接地，削减雷电的危害。

3. 定期清洁维护

太阳能曝气机系统需要进行定期的清洁和维护。首先，需要定期清除太阳能板表面的灰尘和污垢，以确保太阳能板的光汲取效率。其次，曝气机的通风口、气体出口等位置也应定期进行清洁，以确保曝气机的正常运转。在维护过程中还应检查系统的电缆、接线等部件是否有损坏或老化，适时更换。

4. 防止过度照射和过度温度

在使用太阳能曝气机系统的过程中，需要注意防止过度照射和过度温度的问题。太阳能板过度照射会导致其工作温度上升，从而降低其输出效率，甚至造成损坏。太阳能板的安装位置需要避开阳光直接暴晒。同时，太阳能板的安装角度也需要合理，避免在冬季阳光角度过低的情况下无法接受充分照射。

5. 防止使用不当造成故障

在日常使用过程中，需要正确使用太阳能曝气机系统，防止使用不当造成故障。例如，不能任意更换系统配件或接线，以免影响系统的正常工作。在使用过程中也需注意避开过度压力和过度振动，避免给系统带来不必要的损害。在检修和维护过程中，也需要注意安全保护，以免发生意外损害。

7.2 一体化污水处理技术

一体化污水处理技术通常是指采用一体化污水处置设备（图 7.2-1）进行水质处理的

技术。一体化污水处理设备是将初沉池、Ⅰ级和Ⅱ级接触氧化池、二沉池、污泥池集中于一体的设备，并在Ⅰ级和Ⅱ级接触氧化池中进行鼓风曝气，使接触氧化法和活性污泥法有效地结合起来，节省了找人设计污水处理工艺和做基础建设的设备，是一种新型的污水处理设备。可在原有的生活污水处理设备的基础上进行改造，它具有结构简单、占地面积小、运行成本低、运行费用少等优点。在农村生活污水处理中，一体化污水处理设备具有广阔的应用前景。

图 7.2-1 一体化污水处理设备

7.2.1 工艺原理及作用

1. 原理

一体化污水处理设备常用的是 AO 工艺，缺氧-好氧（A/O）处理工艺。A/O 即缺氧+好氧生物接触氧化法，是一种成熟的生物处理工艺，具有容积负荷高、生物降解速度快、占地面积小、基建投资和运行费用低等优点，可替代原有城市污水处理采用的普通活性污泥法，特别适用于中、高浓度工业废水的处理，且投资省、占地少、处理效率高。该工艺采用生物接触氧化和沉淀相结合的方法，工艺成熟、可靠。设备中沉淀的污泥，一部分由于溶解氧的作用进一步得到氧化分解，一部分气提至沉砂沉淀池内，系统污泥只需定期在沉砂沉淀池中抽吸。将系统中风机、潜污泵等主要控制设备的工作程序输进 PLC 机（可编程逻辑控制器），可自动工作，以减少操作工作量，并可减少不必要的人为损坏，一体化污水处理设备主要由以下部分组成：

（1）格栅

生产排放的污水经管网系统汇集后，经粗格栅后进入后续处理系统。粗格栅主要用来拦截污水中的大块漂浮物，以保证后续处理构筑物的正常运行及有效减轻处理负荷，为系统的长期正常运行提供保证。

（2）污水调节池

用于调节水量和均匀水质，使污水能比较均匀地进入后续处理单元。调节池内设置预曝气系统，可提高整个系统的抗冲击性，及减少污水在厌氧状态下的恶臭味。同时，可减少后续处理单元的设计规模，污水池内设置潜污泵，用以将污水提升送至后续处理单元。

（3）缺氧池

在缺氧池内设置弹性填料，用于拦截污水中的细小悬浮物，并去除一部分有机物。该缺氧池经回流后的硝化液在此得到反硝化脱氮，提高了污水中氨氮的去除率。经缺氧处理后的污水进入好氧生物处理池。

（4）接触氧化池

原污水中大部分有机物在此得到降解和净化，好氧菌以填料为载体，利用污水中的有机物为食料，将污水中的有机物分解成无机盐类，从而达到净化目的。好氧菌的生存，必须有足够的氧气，即污水中有足够的溶解氧，以达到生化处理的目的。好氧池空气由风机提供，池内采用新型半软性生物填料，该填料表面积比大，使用寿命长，易挂膜，耐腐蚀，池底采用微孔曝气器，使溶解氧的转移率高，同时有重量轻、不老化、不易堵塞、使用寿命长等优点。接触氧化池内的两大配件：

1）填料：本工艺采用新型立体弹性填料，层密集型高效生化填料，该填料具有比表面积大、使用寿命长、易挂膜、耐腐蚀等优点。同时该填料具有一定的刚度，能对污水中的气泡作多层次的切割，使溶解氧效率增高，再则填料与填料之间不易结团，避免了氧化池的堵塞。

2）曝气器：本工艺采用微孔曝气器，其溶解氧转移率比其他曝气器高，最大特点是不老化、重量轻、使用寿命长，同时具有耐腐蚀、不易堵塞等优点。

（5）沉淀池

污水经过生物接触氧化池处理后出水自流进入二沉池，以进一步沉淀去除脱落的生物膜和部分有机及无机小颗粒，沉淀池是根据重力作用的原理，当含有悬浮物的污水从下往上流动时，由重力作用，将物质沉淀下来。经过二沉池沉淀后的出水更清澈透明。二沉池为竖流式沉淀池，采用污泥泵定期将泥气提至污泥消化池内。经过沉淀后的处理水进入后续处理设施。

（6）消毒池

污水经沉淀后，病毒及大肠杆菌指标仍未达到排放标准，为了消灭病毒及大肠杆菌，投加氯片消毒剂进行消毒处理，采用折板形式依靠自身重力，直接排放至附近市政管道。

（7）污泥消化池

沉淀池所排放剩余污泥在池中进行好氧消化稳定处理，以减少污泥的体积和提高污泥的稳定性。好氧消化后的污泥量较少，定期联系由环卫部门抽泥车清除外运或进行污泥脱水处理外运。上清液回流至调节池。

（8）风机

用于接触氧化池供气、调节池预曝气及污泥消化池的好氧消化处理等。

2. 作用

（1）高效处理污水：一体化污水处理设备采用的是化学、生物、物理等多种处理工艺相结合的方法，可以在较短时间内将污水中的有机物质、氮、磷等污染物进行有效去除，达到国家排放标准，从而减少了对环境的污染。

（2）节约空间：由于一体化污水处理设备集成了多个处理单元，占地面积相对较小，可在城市和工业区等空间有限的场所得以应用，节约了宝贵的土地资源。

（3）操作简便：一体化污水处理设备采用了模块化设计理念，具有操作简便、便于安装和维护等优点，不需要大规模地建造混合池、曝气池、沉淀池等设施，降低了运行成本和维护难度。

7.2.2 适用范围

一体化污水处理设备适用于住宅小区、村庄、村镇、办公楼、商场、宾馆、饭店、疗养院、机关、学校、部队、医院、高速公路、铁路、工厂、矿山、旅游景区等生活污水和屠宰、水产品加工、食品等中小型规模工业有机废水的处理和回用。

7.2.3 工艺流程（图 7.2-2）

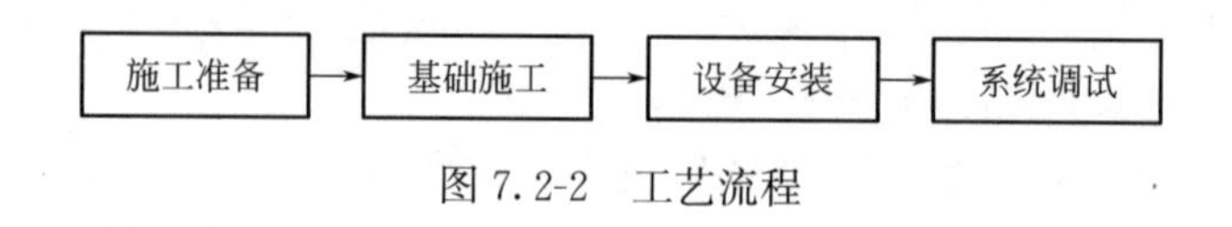

图 7.2-2 工艺流程

7.2.4 主要施工方法

1. 施工准备

熟悉设备安装施工图及施工验收规范，确定设备位号、安装标高、方位，以及安装技术要求。

2. 基础施工

在设备安装前，需要进行基础工程建设。根据设备尺寸和重量，开挖基础坑，并按照设计要求浇筑混凝土基础。基础建设完毕后，检查基础平整度和垂直度，确保设备安装稳固。

3. 设备安装

（1）设备起重和搬运

1）检查所有起重搬运机具、钢丝绳和滑轮等，证明确实可靠后使用；

2）操作起重机械，严格按照安全操作规程及有关施工安全规定；

3）吊装时，在吊装绳与设备加工面或棱角处垫以木板、胶皮等物；

4）每根钢丝绳受力要均匀，并与垂线所成的夹角不得大于 30°。

（2）设备就位

将设备吊装在其对应施工部位上方，调整好设备方位，并设备底座中心线对正施工部位上的安装基准线，然后设备徐徐坐落在安装部位上，防止振动和磕碰。

（3）设备找正、找平

1）设备就位后，检查设备中心位置偏差和方位偏差：设备中心位置偏差若符合下列要求：当 $D\leqslant 2000$mm，位置偏差±5mm（D 为设备直径）；当 $D>2000$mm，位置偏差±5mm，则设备中心位置偏差合格，否则应调整设备使其符合上述要求。设备方位沿底座环圆周测量其偏差若符合下列要求：$D\leqslant 2000$mm，方位偏差≤10mm；$D>2000$mm，方位偏差≤15mm，则设备方位符合要求，否则应重新调整设备方位使其达到要求。

2）检查设备底座标高偏差若在±5mm 范围内，则设备标高符合要求，否则应调整垫铁使其符合要求。

3）在设备互成90°两个方向上检查设备铅垂度偏差，若铅垂度偏差均满足≤$H/1000$（H为设备高度）且不大于30mm，则设备的铅垂度符合要求，否则应调整垫铁使其达到要求。

4）当立式设备所有预埋件加固完成，复查中心位置、方位、标高、铅垂度等偏差，以及各组垫铁安装均符合要求后设备找正结束。

5）设备找正找平结束后应对每组垫铁进行三面点焊。

6）设备的附件与内件安装（有内件和附件的设备）按施工图及规范规定进行。

7）设备的清洗与封闭：设备均应进行清扫，以清除内部的铁锈、泥沙、灰尘、木块、边角料和焊条头等杂物；对于无法进行人工清扫的设备，可用蒸汽或空气吹扫，但吹扫后必须及时除去水分；忌油设备的吹扫气体不得含油。

4. 系统调试

设备安装完成后，需要进行系统调试。调试过程中，需要检查设备各部分的工作状态和运行情况，确保设备能够正常运行。

7.2.5 操作要点

1. 设备的安装与使用

一体化污水处理设备需要在平整、坚实、排水便利的土地上进行安装。在安装过程中，应严格依照制造商的安装说明进行操作，确保设备安装到位，各部件连接紧固、无泄漏现象。

在使用设备前，应认真阅读设备操作手册，了解设备的操作方法、处理流程及设备的维护保养等内容，并保证人员娴熟把握设备的操作方法，避免错误操作导致设备故障。

2. 设备的日常维护

一体化污水处理设备需定期进行清洗与维护，以保证处理效果和设备运行稳定。维护过程中需注意以下几点：

（1）清理滤网：在设备运行过程中，滤网会累积大量污物，需定期清理，避免影响处理效果。

（2）更换滤材：一体化污水处理设备中的滤材一般寿命为2～3年，为了保证设备的正常运行，需定期更换滤材。

（3）清洗消毒池：消毒池中的余氯浓度需要掌控在确定范围内，当余氯浓度超过标准时，需清洗消毒池，避免设备对水质造成反作用。

3. 设备运行掌控

一体化污水处理设备的运行掌控是保证设备处理效果的紧要环节。运行掌控应注意以下几点：

（1）加药掌控：在设备运行过程中，需要加入确定量的消毒剂和调整剂，以掌控水质。加药量需依据实时水质监测结果进行调整，避免加药过量或不足。

（2）液位掌控：设备中的液位需要保持在确定范围内，过高或过低都会影响设备的处理效果。液位掌控需依据实时水质监测结果进行调整。

（3）氧气供应掌控：生物滤池中的细菌需要氧气进行呼吸代谢，因此供氧量的大小对处理效果有很大影响。氧气供应需依据实时水质监测结果进行调整。

4. 安全措施

一体化污水处理设备的操作过程中需要注意安全措施，以保证人员安全和设备正常操作。可实行以下措施：

（1）设立安全警示标志：设备四周应设立清晰可见的安全警示标志，提示人员注意安全事项。

（2）配备必要的安全设备：设备四周应配备必要的安全设备，如应急停止开关、安全防护网等，以防止人员意外触碰设备和摔落等不安全情况。

（3）培训人员：设备操作人员须接受相关培训并取得相应的操作证书后方可操作设备。

8 亲水设施施工技术

亲水设施（图 8.0-1）是主要为公众提供亲水行为活动的空间设施，具有亲水性、游憩性、游玩休闲性、交通性，体现了以人为本的理念，旨在造就城市节点形象，提升河道品位，完善景观功能，为游客、附近居民及过往行人提供一处休憩、游赏、观景与交流的场所，它丰富了接近滨水绿地的多种途径，提供了触摸滨水绿地的多种方式和品味滨水绿地的多种体验。

图 8.0-1　亲水设施效果图

若要很好实现亲水设施的上述功能，就需要对亲水设施施工的每个环节及关键技术进行把控。

亲水设施建筑构造包含多种形式，本章就以绿道、木栈道、亲水平台、景观桥为代表展开，阐述它们的施工技术。

8.1 绿道施工

8.1.1 绿道简介及适用范围

绿道起源于奥姆斯特德“公园路”概念，1959 年美国环境作家威廉·怀特（William Whyte）的著作《为美国的城市保护开放空间》中，将绿带中的“green”与公园道路中的“way”相结合，从而正式引出绿道的概念。1987 年，绿道一词得到官方认可，查尔斯·利特尔定义了绿道的概念，即沿着自然走廊，或是人工走廊所建立起来的开放性线性空间，包括可供行人和骑行者进入的自然线路和人工景观线路，它是连接名胜区、自然保护区、公园和历史古迹、高密度聚居区之间的空间纽带。

在我国，绿道的出现和发展晚于西方，在理论和实践方面还处于探索阶段，需要进一步地完善。20 世纪 90 年代以来，绿道是城市规划、保护生物学、景观生态学和景观设计等多学科交叉的研究热点，伴随着城市扩张，景观规划中斑块之间的连接和保护，建立稳定的联系线尤为重要，绿道也可理解为廊道的一种形式。

绿道可以是沿滨河、溪谷、山脊等的自然廊道或沿着废弃铁路、沟渠河道、风景道路、遗址廊道等分布的人工走廊，从广义上来讲，“绿道”是具有连接作用的各种线性绿色开敞空间的总称，也被视为生态网络、生态廊道或环境廊道。绿道的形式多样，规模不等。

如今的绿道（图 8.1-1）在城市、农田、经济林等景观环境中随处可见，作为特定功能的用地空间，线性形态和明确的范围是绿道的基本特征。很多具有类似属性的绿道在一百多年前就已经出现，19 世纪末 20 世纪初美国出现了用来连接城市公园的道路，其功能主要包括休憩观光、雨洪管理、自然保护，其主要目的是维护景观的完整性和生态性。

图 8.1-1　绿道效果图

绿道不是孤立地存在于环境之中，在维护景观的自然性与文化功能等方面都发挥着重要的作用。以防护功能为主的绿道主要是以公路、铁路、江河为主线，国道、省道、乡道统一规划，结合生态及经济效应，绿道也成为绿色基础设施，是具有生态系统保育和生态系统服务双重功能的、彼此相互连接的绿地网络。绿道的引入可以遏制城市扩张带来的对自然景观的破坏，提升景观视觉质量，具有游憩功能的同时还可以增加市民间的互动，加深人们的归属感。绿道可以串联更多的社区、公园、城市绿地，从而提高空间的可达性，促进城市功能的融合与串联。

绿道在生态上最主要的目的是保护自然环境和生物资源，并在现有的栖息区内建立生态网络，防止生态割裂，保护生物的多样性。绿道是具有通道功能的景观要素，是联系各区块的重要纽带，提供生态的连接性，在保护生物多样性方面具有重要作用。绿道通过促进区块间物种的扩散，降低了人类活动对物种的威胁与干扰程度，生物多样性随着景观异质性和连接性的增强而增加。

8.1.2　施工工艺流程（图 8.1-2）

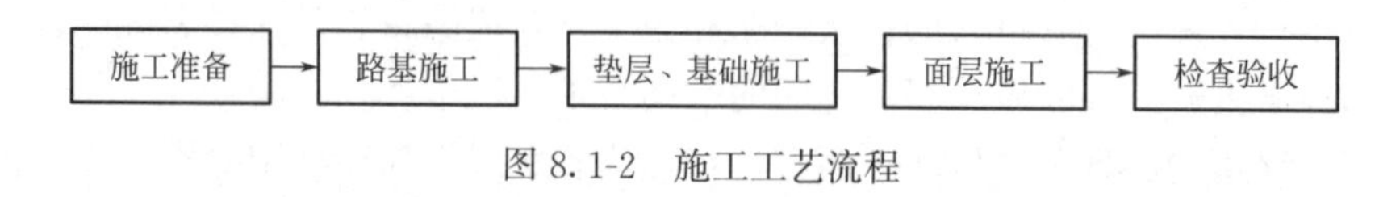

图 8.1-2　施工工艺流程

8.1.3　主要施工方法

1. **施工准备**

（1）测量、放样准备

1）施工测量准备

图纸会审，测量仪器的校核与标定，平面与高程控制点成果的接收与复核，测量方案的编制与数据准备，施工场地测量等。

① 检查各专业图的平面位置、标高是否有矛盾，地下管线是否有冲突，及时发现问题，及时向有关人员反映，及时解决。

② 对所有进场的仪器设备及人员进行初步调配，并对所有进场的仪器设备进行检查、校核与标定。

③ 根据图纸、控制点成果及现场条件确定控制网形式与布设方案。

2）控制点闭合与加密

接收到平面控制点、高程控制点及相关技术成果文件后，在建设单位或监理单位监督下对控制点技术成果进行现场测量复核，依据相关测量规范的精度要求复核控制点成果文件资料和数据的精度。复核无误后，方可投入使用，并进行加密。若有错误或误差超限立即报告监理工程师，及时解决。

① 平面坐标控制点的闭合工作

开工前，对业主或勘察、设计部门提供的施工区平面控制坐标点（应不少于 3 个点，且要保证 2 个点之间是透视的，不然只得用定测的方法进行平面坐标的闭合）采用全站仪按多边形导线网或四等导线测量的技术要求和精度指标进行联测复核（此项测量工作进行时，最好与专业监理工程师联合测量以避免增加不必要的外业工作量）。若发现标志不足、不稳妥、被移位或精度不符合要求时，将进行补测、加固、移设或重新测校，并通知监理单位和建设单位。联测点复核完成并经内业平差计算，测量精度指标达到相应的技术要求后，按工程监理部规定报表格式填写联测复检成果报告，报送工程监理部专业测量监理工程师和项目总监签认，否则不得进行后续测量工作。

② 平面坐标控制点的加密布设工作

a. 布设原则。平面控制应先从整体考虑，遵循先整体、后局部，高精度控制低精度、长边控制短边的原则；布设平面控制网首先根据设计总平面图布设；选点应选在通视条件良好、安全、易保护（有设计构筑物处应该加密布置）的地方；桩位用混凝土保护，需要时用钢管进行围护，并用红油漆做好测量标记。

b. 加密控制网的布设形式及布点埋石。鉴于该绿道的特点，其加密平面控制网的布设在道路沿线不易被破坏的路基以外。平面控制点加密导线测量采用全站仪，依据现行国家标准《工程测量标准》GB 50026、《工程测量通用规范》GB 55018 等相关专业规范精密导线测量的技术要求和精度指标进行。平面控制加密导线点外业测量完成，并经内业计算满足技术要求后，应填写测量成果报验单，连同加密导线计算表一同报送工程监理部专业监理工程师签证，如监理工程师提出异议和要求对加密导线进行复核，应密切配合，并提供所需测量设备和相关测量人员。经工程监理签认的测量成果即可作为测量放线的依据，否则应进行补测或重测，并重新进行报验。在工程施工中，应定期对所布设的加密控制网进行复测，以防止因施工而引起控制点的位移变形而影响施工放线的质量及精度，复测结果应形成文字资料，报送工程监理部。

3）高程控制系统的闭合与加密建立

① 对业主或设计部门提供水准基点（不应少于 2 个点）进行水准联测复核，测量水准基点时按三等水准测量的技术要求进行，复核测量结果报送监理部签认（此项工作在外业作业时，亦应请专业监理工程师到场监督）。

② 水准点加密测量水准路线的确定按点埋石：在标段施工区间范围内，沿线路两侧的稳定位置埋水准点标志桩并与业主或设计部门提供的水准基点形成附合或闭合水准路线，相邻两加密水准点间距离控制在 80～120m，以确保在进行施工测量高程放样时能引测高程。

③ 高程控制。

a. 高程控制网起始依据：高程控制网场区内高程控制基点测设。

b. 高程控制网的布设：根据现行国家标准《工程测量标准》GB 50026 标高控制网采用四等水准测量方法测定，往返观测。

（2）降排水准备

绿道路基施工前首先做好截面宜为 0.5m×0.5m 的截水沟、排水沟、盲沟，截断和疏干路面施工范围内的地面水。路基施工过程中每个填层都要设坡率 3%排水横坡，及时排除地面雨水。较高填方要做临时排水急流槽，防止雨水冲刷路堤边坡。施工期间的临时排水要与运营阶段的永久排水相结合，与路基同步施工。

（3）清表及三通准备

绿道路基范围内清表过程必须把树根、小型孤石等清理干净，坑穴必须按规定进行每层不大于 30cm 的分层回填和人工夯实处理，表土清理厚度视情况而定，基本按 30cm 控制，如有特殊土质、地质问题，应会同相关部门做好洽商、签证、设计变更相关工作。按路基施工方案中的土方调配及后期材料进场路线思路做好现场三通等临时设施施工工作。

（4）试验准备工作

1）绿道路基土工试验。依据工程需要按现行国家标准《土工试验方法标准》GB/T 50123 的规定，对路基土进行天然含水率、液限、塑限、标准击实、CBR 试验（承载比试验）等，必要时应做颗粒分析、有机质含量、易溶盐含量、冻膨胀和膨胀量等试验。土的击实试验是为确定土的压实最佳含水率和最大干密度（标准密实度）。土的最大干密度值是衡量现场压实度的尺度，是施工中控制压实度的重要技术指标。用作填料的利用方和借方的土，用前要先抽样做击实试验。为了避免影响路基施工进度，至少应在路基填筑半个月前取样试验，每种土取样时应具有代表性。当发现土质有变化时，要及时补做击实试验。特别注意取土场或挖方利用段土质水平分层，或土质渐变。专用施工技术规范一般都对一次击实试验代表的批量（方量）做出规定，无规定者按 2000m^3 做一组试验的频次为宜。

2）绿道垫层、基层材料试验。粗细骨料、粒料的含泥量、针片状粒料含量应满足规范要求；混合料的配合比试验应满足设计强度的要求；粒料级配应满足设计配合比要求；胶凝材料性能复验应满足规范要求；混合料击实试验。

3）绿道面层材料试验。粗细骨料的含泥量、针片状粒料含量应满足规范要求；混合料的配合比试验应满足设计强度的要求；粒料级配应满足设计配合比要求；胶凝材料性能复验应满足规范要求；砌块、板材等物理力学性能试验应满足规范要求；沥青混合料应做击实试验。

2. 路基施工

(1) 填土路基施工

1) 测量放样

一般情况下依据加密布设的控制点成果、施工图纸、有关数据，采用全站仪以及水准仪对路基中边桩位置与高程进行控制厚度在 30cm 以内的逐层放样、逐层施工；地形变化较大区域情况下为使边桩放样更加精确，一般根据施工图纸中道路平、竖曲线要素，导入手机中的测量软件或者 RTK（实时动态定位系统）手簿中的软件进行编程；再根据道路边坡坡率与放样过程仪器的采集数据，利用插值法反算出边桩位置后进行放样。

2) 回填料的要求

回填料的强度值（CBR 值）应符合设计要求，其最小强度应符合表 8.1-1 规定。不得使用淤泥、沼泽土、泥炭土、冻土、有机土以及含生活垃圾的土作路基填料。对液限大于 50、塑性指数大于 26、可溶盐含量大于 5%、700℃有机质烧失量大于 8%的土，未经技术处理不得作路基填料。不同性质的土应分类、分层填筑，不得混填，填土中大于 10cm 的土块应打碎或剔除。

回填料强度 CBR 值表 **表 8.1-1**

序号	填方类型	路床顶面以下深度(cm)	最小强度(CBR%)
1	路床	0～30	6.0
2	路基	＞30～≤80	4.0
3	路基	＞80～≤150	3.0
4	路基	＞150	2.0

3) 原地面处理及原土压实

① 填方段内应事先找平，原地面横向坡度在 1∶10～1∶5 时，应先翻松表土再进行填土；当地面横向坡度陡于 1∶5 时需修成台阶形式，每层台阶高度不宜大于 300mm，宽度不应小于 1.0m，且在台阶位置需按设计要求铺设土工格栅等加筋材料以保证较长时期内接触位置的均匀沉降以及路基的稳定。在砂土地段可不做台阶，但应翻松表层土。

② 清表后的路基表层 30cm 内原土应复松并压实。

4) 试验段施工并检验

① 在各参建方的见证下对填方路基试验段进行施工并依据现行行业标准《城镇道路工程施工与质量验收规范》CJJ 1 进行检验。

② 经试验段的施工与检验可以得出既能保证路基回填质量又能取得良好经济效益的相关参数：回填土的含水率、压实机械型号、压实遍数、虚铺厚度，对接下来的路基填方作业提供指导。

5) 分层填筑、分层压实

① 路基填筑，必须根据设计断面，分层填筑、分层压实。每层经压实符合规定之后，再填筑上一层，分层的最大松铺厚度不应超过 30cm，填筑至路床顶面最后一层的最小压实厚度，不应小于 10cm。填方高度内的管、涵顶面 50cm 以内与两侧 30cm 以内需用人工

夯实，除此之外路基工作面空间允许情况下压路机不小于12t级，压实应先轻后重、先慢后快、均匀一致，压路机最大速度不宜超过4km/h；碾压应自路两边向路中心进行，直至表面无明显轮迹为止。

② 路基填筑前根据自卸车容量、土的密度、经验松铺系数计算每车土的摊铺面积，用白灰在下承层上打好网格，运输车卸土后，先用推土机粗平，含水量偏高应翻松晾晒，含水率偏低应洒水翻拌。宜在高于最优含水率2%～3%时，由平地机整平形成路拱。

③ 路基填土宽度每侧应比设计规定宽50cm，压实宽度不得小于设计宽度，最后削坡。

④ 路基填筑中宜做成双向横坡，一般土质填筑横坡宜为2%～3%，透水性小的土类填筑横坡宜为4%。

⑤ 路基填筑采用水平分层填筑法施工，即按照横断面全宽分成水平层次逐层向上填筑。如原地面不平，应由最低处分层填起，每填一层，经过压实符合规定要求之后，再填上一层。

⑥ 路堤加筋的主要目的是提高路堤的稳定性。当加筋路堤的原地基的承载力不足时，应先行技术处理。加筋路堤填土的压实度必须达到路基设计规范规定的压实标准。土工格栅、土工织物、土工网等土工合成材料均可用于路堤加筋，其中土工格栅宜选择强度高、变形小、糙度大的产品。土工合成材料应具有足够的抗拉强度、较高的撕破强度、顶破强度和握持强度等性能。

⑦ 采用土工合成材料对台背路基填土加筋的目的是减小路基与构造物之间的不均匀沉降。加筋台背适宜的高度为5.0～10.0m。加筋材料宜选用土工网或土工格栅。台背填料应有良好的水稳定性与压实性能，以碎石土、砾石土为宜。土工合成材料与填料之间应有足够的摩阻力。

（2）挖方路基施工

1）测量放样

挖方路基与填方路基测量放样的区别在于根据道路边坡坡率与放样过程仪器的采集数据，利用插值法反算出坡顶边桩位置后进行放样；而后是由高向低逐级放样逐级开挖，直至路床。

2）土方路堑开挖方法及要求

① 单层横向全宽挖掘法：适用于挖掘浅且短的路堑。

② 多层横向全宽挖掘法：适用于挖掘深且短的路堑。

③ 分层纵挖法：沿路全宽，以深度不大的纵向分层进行挖掘，适用于较长的路堑开挖。

④ 通道纵挖法：适用于较长、较深、两端地面纵坡较小的路堑开挖。

⑤ 分段纵挖法：适用于过长，弃土运距过远，一侧堑壁较薄的傍山路堑开挖。

⑥ 混合式挖掘法：多层横向全宽挖掘法和通道纵挖法混合使用，适用于路线纵向长度和挖深都很大的路堑开挖。

⑦ 开挖应自上而下逐级进行，严禁掏底开挖。

⑧ 开挖至边坡线前，应预留一定宽度，预留的宽度应保证刷坡过程中设计边坡线外的土层不受到扰动。

⑨ 拟作为路基填料的材料，应分类开挖、分类使用。非适用材料作为弃方时，应按规定进行处理。

⑩ 开挖至零填、路堑路床部分后，应及时进行路床施工；如不能及时进行，宜在设计路床顶标高以上预留至少 300mm 厚的保护层。若路床土质与承载力满足不了设计及规范要求，及时联系监理，会同各参建协商定出方案后进行处理。

3）石方路堑开挖方法及要求

① 钻爆开挖：是当前广泛采用的开挖施工方法，有薄层开挖、分层开挖（梯段开挖）、全断面一次开挖和特高梯段开挖等方式。

② 直接应用机械开挖：使用带有松土器的重型推机破碎岩石，一次破碎深度为 0.6～1.0m。该法适用于施工场地开阔、大方量的软岩石方工程。优点是没有钻爆工序作业，不需要风、水、电辅助设施，简化了场地布置，加快了施工进度，提高了生产能力。缺点是不适用于破碎坚硬岩石。

③ 静破碎法：将膨胀剂放入炮孔内，利用产生的膨胀力，缓慢地作用于孔壁，经过数小时至 24h 达到 300～500MPa 的压力，使岩石胀开。该法适用于在设备附近高压线下以及开挖与浇筑过渡段等特定条件下的开挖。优点是安全可靠，没有爆破产生的危害。缺点是破碎效率低，开裂时间长。

④ 施工过程中，每挖深 3～5m 应进行边坡边线和坡率的复测。

⑤ 边坡应逐级进行整修，同时清除危石及松动石块。

⑥ 欠挖部分应清除，超挖部分应采用强度高的碎石进行找平处理，不得采用细粒土找平。

3. 垫层、基层施工

（1）级配碎石垫层施工

1）施工准备。对路基表面杂物进行清理，进行桩位放样，均匀洒水湿润。各种机械设备进场并调试，对作业人员进行安全技术培训教育，做摊铺试验段。

2）级配碎石拌合。级配碎石垫层采用中心站集中厂拌法施工，不同粒级的碎石及石屑等细骨料在中心站料场内分堆、隔离存放，细骨料加盖雨篷。正式拌合前对厂拌设备进行调试，确保混合料的颗粒组成和含水率。拌合时根据天气及现场情况及时调整含水量。

3）级配碎石摊铺、整形。在路基验收合格后方可铺筑级配碎石垫层。铺筑前先将路基面上的浮土、杂物全部清除，并洒水湿润。级配碎石采用自卸汽车运至现场后，按预定间距分堆卸料，推土机、平地机进行摊铺、整形，松铺系数由试验路段试验确定，摊铺后混合料若有粗细骨料离析现象，及时用人工进行补充拌合，在平地机整平、整形过程中，配设专人负责消除混合料的离析现象。

4）级配碎石碾压。

① 平地机摊铺、整形出一定工作长度后，当混合料的含水率在略大于或等于最佳含水率时，立即用振动压路机（不开振动）在全幅内（主线为分隔带两侧单向车道全幅）碾压一遍，然后振动碾压，压实时遵循先轻后重，先慢（1.5～1.7km/h）后快（2.0～2.5km/h）的原则，直线段和不设超高的平曲线段由两侧向路中碾压，即先边后中间。

② 在设超高的平曲线段，由内侧路肩向外侧路肩碾压。碾压时，后轮重叠 1/2 轮宽

并超过两段的接缝处。

③ 整体碾压6～8遍，路面两侧多压2～3遍，直至达到要求压实度且表面无明显轮迹。碾压过程中如有弹簧、松散现象，必须及时翻开重新拌合，或挖除后换填新料，使其达到质量要求。

5）接缝处理。

① 横向接缝。两作业段的衔接处，采用搭接拌合法衔接，第一段摊铺结束后，留5～8m不进行碾压；第二段施工时，前一段未压部分与第二段一起用平地机拌合、整平后进行碾压。

② 纵向接缝。垫层与边沟的接缝处，机械碾压完成后，采用内燃夯实机补夯。施工时尽量避免纵向接缝，在无法避免时，采用搭接拌合。具体做法是：前一幅全宽碾压密实，在后一幅拌合时，将相邻的前幅边部约30cm搭接拌合，整平后一起碾压密实。

（2）水泥稳定碎石基层施工

1）施工准备

① 水稳基层施工前，对下承层进行外观检查。水稳施工前应对垫层表面进行清扫干净，除去浮渣等一切影响基层和垫层有效结合的浮粒。在进行水稳基层铺筑前视路面干湿情况，如比较干燥则用水车雾状喷洒，以工作面湿润没有积水为宜。

② 试验段施工区域测量放样按直线上每间隔10m，在平曲线上每间隔5m一根桩放出中桩和边桩，复测下承层标高，打钢钎支架，挂上钢丝，并按标高值和松铺系数，调整钢丝的高程，作为纵横坡基线。

③ 基层施工前28d要对原材料进行送检试验，并将试验结果以报告的形式报监理单位审核，为后续施工提供技术支持。

2）混合料的拌制及运输

水泥稳定碎石采用集中厂拌，运输车运输，保证混合料供应及时。

3）混合料的摊铺

① 摊铺前应将底基层或基层下层适当洒水湿润。施工作业面水稳基层施工采用摊铺机、振动压路机、胶轮压路机。水稳基层顶面标高控制是采用两边挂钢丝，双机并联时，前面一台摊铺机靠钢丝一侧伸出纵坡传感器，沿钢丝顶面移动，中间用导梁控制摊铺高程，后一台摊铺机两侧各伸出纵坡传感器，外侧走钢丝，内侧以新摊铺层走滑靴。两台摊铺机的熨平板频率须保持一致，并尽量使用高频率，提高摊铺面的初始密实度。在料车到达现场后开始摊铺，摊铺速度控制在1.5～3.0m/min，保证拌合摊铺及压实机械施工连续。在摊铺过程中应适量减少拢料（收料斗）的次数，而拢料时只收拢2/3，使摊铺机料斗内留下一定的混合料，可减少混合料的离析。

② 摊铺机后设人专门检查摊铺面上是否有杂物或离析现象，并立即处理。遇到离析现象及时补充细料，并保持边线顺直，注意观察含水率大小，及时反馈拌合站进行适当调整。同时设人对松铺高度、厚度、横坡、宽度等进行检测。

4）混合料的碾压

① 每台摊铺机后面，应紧跟三轮或双钢轮压路机，振动压路机和轮胎压路机进行碾压，一次碾压长度一般为50～80m。

② 碾压应遵循生产试验路段确定的程序与工艺。注意稳压要充分，振压不起浪、不

推移。压实时，可以先稳压（遍数适中，压实度达到90%）→开始轻振动碾压→再重振动碾压→最后胶轮稳压，压至无轮迹为止。碾压过程中，可用核子仪初查压实度，不合格时，重复再压（注意检测压实时间）。碾压完成后用灌砂法检测压实度。

③ 摊铺机摊铺后人工配合整型后，立即进行碾压。直线由外侧向中间碾压曲线由内向外碾压，先静压再振动，碾压每次重叠1/2轮宽。

④ 压路机倒车换挡要轻且平顺，不要拉动基层，在第一遍初步稳压时，倒车后尽量原路返回，换挡位置应在已压好的段落上，在未碾压的一头换挡倒车位置错开，要成齿状，出现个别拥包时，应专配工人进行铲平处理。

⑤ 压路机停车要错开，而且离开3m远，最好停在已碾压好的路段上，以免破坏基层结构。

5）横缝设置

① 水泥稳定类混合料摊铺时，必须连续作业不中断，如因故中断时间超过2h，则应设横缝。每天收工之后，第二天开工的接头断面也要设置横缝。每当通过桥涵，在其两边需要设置横缝，基层的横缝最好与桥头搭板尾端吻合。要特别注意桥头搭板前水泥稳定碎石的碾压。

② 横缝应与路面车道中心线垂直设置，接缝断面应是竖向平面。压路机碾压完毕，沿端头斜面开到下承层上停机过夜。第二天将压路机沿斜面开到前一天施工的基层上，用三米直尺纵向放在接缝处，定出基层面离开三米直尺的点作为接缝位置，沿横向断面挖除坡下部分混合料，清理干净后，摊铺机从接缝处起步摊铺。

③ 压路机沿接缝横向碾压，由前一天压实层上逐渐推向新铺层，碾压完毕后再纵向正常碾压。

6）养生

① 每一段碾压完成以后应立即开始养生，并同时进行压实度检查。

② 养生方法：应将土工布湿润，然后人工覆盖在碾压完成的基层顶面。盖2h后，再用洒水车洒水。在7d内应保持基层处于湿润状态，不得用湿黏土、塑料薄膜或塑料编织物覆盖。上一层路面结构施工时方可移走覆盖物，养生期间应定期洒水。养生结束后，必须将覆盖物清除干净。

③ 用洒水车洒水养生时，洒水车的喷头要用喷雾式，不得用高压式喷管，以免破坏基层结构，每天洒水次数应视气候而定，整个养生期间应始终保持水泥稳定碎石层表面湿润。

④ 基层养生期不应少于7d，养生期内，应封闭交通，洒水车必须在另外一侧车道上行驶。

4. 面层施工

（1）沥青面层施工

1）施工准备

① 在试验段开工前28d，对拟采用的各种骨料、填料和沥青进行原材料试验进行混合料组成试配，审批后在正式开工前14d按照规范规定在主线道路上铺筑100～200m试验路段，以确定混合料的稳定性及拌合、运输、摊铺、碾压各机械设备的配合和组合，选定各层的摊铺速度、松铺厚度、摊铺机与压路机组合及碾压方式和遍数

等数据，并将试验结果报监理工程师批准，经检查批准后的数据将作为今后主路段施工的依据。

② 根据计划安排，准备足够数量施工用的粗骨料、细骨料、填料、沥青，各种材料进场前对其质量进行严格检查，质量不合格不得使用。

③ 面层施工前必须对下承层按质量标准进行验收，质量合格后方可进行面层施工。

④ 对工程用的各种施工机具进行检查维修，确保路面工程施工连续均衡顺利进行。

2）透层沥青施工

先对路面基层进行检验并清扫，遮盖路缘石及其他构造物以防污染。待基层表面稍干后，施工沥青透层，采用快裂或者中裂的洒布型乳化沥青，用压力型沥青洒布机喷洒，洒布时严格按照规定用量均匀喷洒，喷不到的地方用手喷附属装置喷洒。如遇大风、即将降雨或气温低于10℃时，不得浇洒透层沥青。喷洒透层沥青后，严禁车辆、行人通过，直到沥青充分渗透表面无浮油为止。透层撒布后应尽早铺筑沥青面层。

3）粘层沥青施工

先对路面下面层进行清扫，遮盖路缘石及其他构造物以防污染。待下层沥青层表面稍干后，施工粘层沥青，用压力型沥青洒布机喷洒，洒布时严格按照规定用量均匀喷洒，喷不到的地方用手喷附属装置喷洒。如遇大风、即将降雨或气温低于10℃时，不得喷洒粘层沥青。喷洒的粘层沥青必须呈均匀雾状，在路面全宽度内均匀分布成一薄层，不得有洒花漏空或成条状，也不得有堆积。喷砂粘层沥青后，严禁运料车外的其他车辆和行人通过。粘层沥青当天撒布，待乳化沥青破乳，水分蒸发完成，紧跟着铺筑沥青层，确保粘层不受污染和达到较好的有效结合。

4）热拌沥青混合料面层施工

① 材料准备。各种材料的料场及沥青生产厂经监理工程师认可后，开始进料。拌合站严格控制各种用料的质量并备足够数量的材料，以满足施工进度要求。

② 沥青混合料的拌合。在拌合过程中，按要求进行各种检测工作，实验室至少每天上、下午各做一次沥青混凝土的马歇尔试验，以监测稳定度、流值、空隙率、密度、级配及油石比的指标波动是否满足规范要求，以便及时予以调整，同时检测每批进场沥青针入度、稳定度软化点及抽验进场骨料的规格和材质等。

③ 沥青混合料的运输。混合料采用自卸车运输，并根据施工进度及运至摊铺现场的距离，调配当天所需车辆。运输时保证车厢干净，并涂刷防粘剂。在低温或大风天气或运输距离较长时用帆布覆盖，运至摊铺地点的沥青混合料温度应符合要求，运至铺筑现场的混合料，应在规定时间内完成摊铺压实。

④ 沥青混合料的摊铺。摊铺前，先对基层面进行调整，透层沥青至少提前一天喷洒，粘层沥青应当天喷洒，与其他构造物的接触面上，均匀的刷一薄层沥青，然后放出中线及摊铺边线，并挂标高线以控制各层标高和厚度。摊铺机就位调整、检测各部位参数及性能，然后按试验路段获得的数据进行作业。摊铺机开工前半小时预热熨平板使温度不低于100℃，摊铺速度控制在2～6m/min，摊铺机带自动找平装置。

⑤ 沥青混合料的碾压。碾压时合理掌握碾压温度，初压温度不低于125℃，终压温度不低于65～75℃。压实分初压、复压和终压三个步骤进行，各作业段应保持连续进行，各种压路机的碾压次序、碾压遍数通过试验确定，压实度标准采用马氏压实度和空隙率，同

时各压路机严格按操作规程操作。

⑥ 接缝。摊铺时在单幅宽范围内一次连续摊铺完毕。如因工作中断使摊铺材料的末端已经冷却或第二天才恢复工作时，应做一道垂直横缝。在下一次行程前，在断面上刷适量粘层沥青，调整好熨平板的高度，预留压实量，以便压实到相同厚度，趁热用钢轮压路机沿缝碾压，最后进行常规碾压。相邻两幅及上下层的横向接缝错位 1m 以上。

（2）混凝土面层施工方法

1）施工放样

① 在路面基层验收合格后进行施工放样工作，直线每段 20m 一桩，曲线段每 4m 一桩（与模板长度同）。同时要设胀缝，缩缝，锥坡转折点等中心桩，并相应在路边各设一边桩。

② 根据放好的中心线及边桩，在现场核对施工图的混凝土分块线。对于曲线段，必须保持横向分块线与路中心线垂直。

③ 测量放样必须经常复核，做到勤测，勤核、勤纠偏。

2）路面基层处理

① 所有挤碎、隆起、空鼓的基层应清除，并使用素混凝土重铺，同时设胀缝板横向隔开，胀缝板应与路面胀缝和缩缝上下对齐。

② 当基层产生非扩展性温缩，干缩裂缝时，应进行密封防水。

③ 基层产生较大纵向扩展裂缝时，应分析原因，采用有效的路基稳固措施进行处理。

④ 对部分地段的基层需要进行大面积填补时，应以水泥稳定碎石作为基层。

3）安装模板

① 模板必须具有足够的强度和刚度，（模板的高度与混凝土路面等厚）对于变形的模板须纠正后再进行使用。

② 模板应安装稳固、顺直、平整、无扭曲，相邻模板连接应紧密平顺，不得有漏浆，前后错茬、高低错台等现象。模板应能保证摊铺、振实、整平设备的负载行进、冲击和振动时不发生移位。

③ 平曲线路段采用短模板。

④ 内侧固定钢钎和外侧受力钢钎均不得高于模板，以利振动梁能通过。

⑤ 模板安装完毕后，应经过现场监理人员的检查，合格后才能浇筑混凝土。

4）混凝土的拌合与运输

① 拌合。混凝土拌合采用搅拌站集中拌合，搅拌站采用 2 台强制式搅拌机拌合。对砂、石子、水泥的用量经准确调试后方可拌合，在拌合的过程中，要随时抽检。严格控制含水率。每班开工前，实测砂、石子的含水率，并根据天气变化，由工地试验确定施工配合比。每一盘拌合物拌合前，先用适量的混凝土拌合物或砂浆拌合，拌后排气，然后再按照规定的配合比进行拌合。搅拌机装料顺序：宜为砂、水泥、碎石或碎石、水泥、砂进料后，边搅拌边加水。搅拌时间视工作性能而定，最低时间为 90s，水泥混凝土拌合物应严格控制坍落度。拌合坍落度为最适宜摊铺的坍落度值与当时气温下运输坍落度损失值两者之和。

② 运输。采用自卸汽车，运送混凝土的车辆在装料前，应清洁车厢，洒水润壁，排干积水，并在运输过程中采取措施防止水分损失和离析。装运混凝土拌合物，不得漏浆，

出量及铺筑时的卸料高度，不应超过 1.5m，如发生离析，铺筑前应重新拌合。混凝土从搅拌机出料至浇筑完毕的时间不得超过允许最长时间。大风、雨雪低温天气较远距离运输时，自卸车要用防雨布遮盖，并增加保温措施。运输车辆在模板或导线区掉头或者错车时，严禁碰撞模板或基线，一旦碰撞，应及时告知重新测量纠偏。

5）混凝土浇筑

① 模板的要求。安装模板的高度应与混凝土板厚度一致。立模的平面位置和高程，应符合设计要求，并应支立准确稳固，接头紧密平顺，不得有离缝、前后错茬和高低不平等现象。模板接头和模板与基层接触均不得漏浆、模板与混凝土接触的表面应涂隔离剂。混凝土拌合物摊铺前，应对模板的间隔、高度、润滑、支撑稳定和基层的平整、湿润情况，以及钢筋的位置和传力杆装置进行全面检查。拆模：在 20h 后拆除，拆除不应损坏混凝土面板。

② 振捣。对于边角的部分，应先用插入式振动器按顺序振捣，再用平板振动器纵横交错托振。振动器在每一位置振捣的持续时间，以拌合物停止下沉、不再冒气泡并泛出水泥砂浆为准，并不宜过振。振捣时，应辅以人工补料，应随时检查振实效果、模板、拉杆、传力杆和钢筋的位移、变形、松动、漏浆等情况，并及时纠正。整平时，填补料应选用较细的拌合物，严禁使用纯砂浆填补找平。整平时必须保持模板顶面的整洁，接插处板面平整。

③ 振动梁振实。每车道路面使用 1 根振动梁，振动梁应具有足够的强度和质量，底部焊接 4mm 左右的粗骨料压实齿，保证（4±1）mm 表面砂浆厚度。振动梁应垂直路面中心线沿纵向拖行，往返 2～3 遍，使表面翻浆均匀平整。

④ 整平饰面，振动梁振实后，应拖动滚杠往返 2～3 遍提浆整平。第一遍用短距离缓慢推滚或托滚，以后应较长距离均匀托滚，并将水泥浆始终赶在滚杠前方。托滚后的表面宜采用 3m 刮尺，纵横各 1 遍整平饰面，或采用叶片式或圆盘式抹面机往返 2～3 遍压实整平饰面。在抹面机完成作业后，应进行清边整缝，清除黏浆，修补缺边、掉角。

6）抗滑构造

待混凝土抗压强度达到 40%后方可进行硬刻槽，并宜在两周内完成。纹理应与横缝方向一致，纹理宽 3mm，深 4mm，间距为 15～25mm，随机排列。

7）接缝施工

① 纵缝采用平缝加拉杆型平缝。施工应根据设计要求的间距，预先在模板上制作拉杆位置放孔，并在缝壁一侧涂刷沥青。拉杆的长度为 70cm，间距为 60cm。中间涂 10cm 沥青。

② 横缝缩缝。混凝土结硬后，应适时切缝。为减少早期裂缝，切缝可采用跳仓法，即每隔几块板切一缝，然后再逐块锯。切缝深度为混凝土面板厚的 1/5～1/4。

③ 胀缝设置。普通混凝土路面每 400m 设置胀缝一道，胀缝应设置补强钢筋支架、胀缝板和传力杆，胀缝缝宽 20mm，传力杆一半以上长度表面应涂沥青并包裹聚氯乙烯膜，端部应戴长 10cm 的活动套筒并留 3cm 空隙填塑料泡沫。胀缝传力杆间距为 30cm，胀缝板应连续贯通整个路面板宽度。

8）养生施工结束后应立即进行养护

① 用土工布覆盖，洒水养生并加盖草帘保温保湿，应特别注重 7d 的保湿养生。养生

总日期为 28d。

② 混凝土面板在养护期间和填缝前，禁止车辆通行。

（3）板材路面施工

1）清理基层：将基层表面的积灰及杂物等清理干净。如局部凹凸不平，应将凸处凿平，凹处补平。

2）找平、弹线：按照设计图纸标高控制点内近引标高及平面轴线。每个 5m×5m 方格开始铺砌前，先根据位置和高程在四角各铺一块基准板材，在此基础上在南北两侧各铺一条基准板材。经测量检查，高程与位置无误后，再进行大面积铺砌。

3）试拼和试排：铺设前对每一块板材，按方位、角度进行试拼。试拼后按两个方向编号排列，然后按编号排放整齐。为检验板块之间的缝隙，核对板块位置与设计图纸是否相符合。在正式铺装前，要进行一次试排。

4）铺砂浆：按水平线定出砂浆虚铺厚度（经试验确定）拉好十字线，即可铺筑砂浆。用 1：3 干硬性水泥砂浆，铺好后刮大杠、拍实、用抹子找平，其厚度适当高出水平线 2～3mm。

5）板材铺贴：铺贴前预先将板材除尘，浸湿后阴干后备用。在板块试铺时，放在铺贴位置上的板块对好纵横缝后用预制锤轻轻敲击板块中间，使砂浆振密实，锤到铺贴高度。板块试铺合格后，翻开板块，检查砂浆结合层是否平整、密实。增补砂浆，在水泥砂浆层上浇一层水灰比为 0.5 左右的素水泥浆，然后将板块轻轻地对准原位放下，用橡皮锤轻击放于板块上的木垫板使板平实，根据水平线用水平尺找平，接着向两侧和后退方向顺序铺贴。

6）灌缝、擦缝：铺砌完后按板材的颜色用白水泥和颜料与板材色调相近的 1：1 稀水泥浆，装入小嘴浆壶徐徐灌入板块之间的缝隙内，流在缝边的浆液用牛角刮刀喂入缝内，至基本饱满为止，缝宽为 2mm。1～2h 后，再用棉纱团蘸浆擦缝至平实光滑。黏附在石面上的浆液随手用湿纱团擦净。

7）覆盖养护：灌浆擦缝完 24h 后，应用土工布或干净的细砂覆盖，喷水养护不少于 7d。

（4）块材路面施工

1）基层整修：应对基层表面进行复查，不符合要求，应进行修整。

2）测量放样：根据设计图纸应进行路面的定位及标定高程。路面块材基准点和基准线的设定，根据铺筑平面设计图，在路缘石边应设定路面块材基准点。通过路面块材基准点，应设置两条相互垂直的路面块材基准线，其中一条基准线与路缘石基准线的夹角宜为 0°或 45°。设置两个及以上路面块材基准点同时铺筑路面块材时，根据工程规模及路面块材块形尺寸，宜设间距为 5～10m 的纵横平行路面块材基准线。

3）砂浆垫层的摊铺。

砂浆垫层的虚铺厚度应由设计和试验确定；根据工程量的大小，摊铺垫层的方法采用刮板法施工；在已摊铺好的垫层上，不得有任何扰动。

4）路面块材的铺筑。

① 根据设计图纸，路面块材的铺筑应从路面块材基准点开始，并应以路面块材基准线为基准，按设计规定的图案铺筑路面块材。

② 铺筑路面块材时，不得站在垫砂层上作业，可在刚铺筑的路面块材上垫上一块大于 $0.3m^2$ 的木板站在木板上铺筑。

③ 路面块材的接缝宽度应符合要求，铺筑到路边产生不大于 20mm 的缝隙时可适当调整路面块材之间的接缝宽度来弥补，不宜使用水泥砂浆填补。

④ 需用细石混凝土填补的地方，应在当日用规定强度等级的细石混凝土填补。

⑤ 应以两条相互垂直的路面块材基准线为基准拉线对接缝进行调整。铺完路面块材后，应采用小型振动碾压机由路边缘向中间路面碾压 2～3 次，一字形铺筑时，振动碾压机前进方向应与路面块材的长度方向垂直，前进速度应与步行速度相当，并不宜使路面块材受到扰动。

5）路面块材灌缝。

路面块材之间的接缝中应用砂灌满填实，接缝灌砂的方法应符合下列要求：在路表面均匀撒薄薄一层接缝用砂。用苕帚或板刷等工具将路面上的砂子扫入接缝中。用振动碾压机碾压使砂灌入接缝。接缝灌砂与振压要反复进行，直至接缝灌满填实为止。路面块材路面施工完后，路面上砂子应清扫干净。

6）特殊部位的施工。

① 路面设施周围的施工应符合下列要求：检查井、污水井等周围突出部位应予清除，并用基层材料修整至基层顶面标高。检查井等周围的路面块材，不得使用切断块，未铺筑部分，应及时用细石混凝土填补好。

② 平面弯曲路面的施工可采用调整路面块材接缝宽度的方法进行，其接缝宽度应符合下列要求：弯道外周路面块材的接缝宽度不应大于 6mm，弯道内周路面块材的接缝宽度不应小于 2mm，竖向弯曲路面的施工应将路面基层及垫砂层采用竖向曲线过渡，其接缝宽度宜为 2～6mm。

8.1.4 施工要点

1. 路基施工要点

（1）对于绿道中、边桩位置与高程直线段放样点间距宜小于等于 20m，对于曲线段放样点间距宜小于等于 5m，具体放样点间距结合绿道平面曲率半径而定。

（2）路基施工中，回填料、回填方式、开挖方式应严格按照试验段确定的试验参数与结论进行指导施工，同时应满足设计与规范要求。

（3）路基填方高度应按设计标高增加预沉量值。预沉量应根据工程性质、填方高度、填料种类、压实系数和地基情况与建设单位、设计单位共同商定确认。

（4）挖方路基施工中应做好截、排水工作；遵循逐级向下开挖，严禁掏挖与反坡开挖，开挖过程边坡预留一定厚度土层在施工过程中抗雨水冲刷，开挖完成后统一修坡；挖至路床面如未及时施工结构层应预留一定厚度土层至结构层即将施做前开挖；路床土质如达不到设计与规范要求应按要求进行换填。

2. 垫层、基层施工要点

（1）级配碎石摊铺、整形结束后，混合料的含水率控制在大于最佳含水率 1%左右。

（2）严禁压路机在已完成的或正在碾压的路段上掉头和急刹车，以保证水泥稳定碎石层表面不受破坏。

（3）水泥稳定碎石层碾压作业宜在水泥终凝前及试验确定的延迟时间内完成，并达到要求的压实度，同时没有明显的轮迹。

3. 面层施工要点

（1）透层沥青施工前应组织工人对基层表面进行清扫，清除浮粒以免影响面层和基层间的结合。

（2）沥青施工不得在气温低于10℃以及雨天、路面潮湿的情况下施工。

（3）混凝土拌合物的摊铺厚度要考虑预留高度。采用人工摊铺时严禁抛掷和搂耙。

（4）板材铺装时随时检查，如发现有空隙，应将板材掀起用砂浆补实后再进行铺设。

（5）在路面的边界或交界处不能使用端部专用路面块材时，可将路面块材切断后使用，路面块材的切断可采用切割机切割。切断块的最小尺寸应大于等于20mm。

8.1.5 检验标准

1. 路基检验标准

（1）填土路基

分层检测试验：路基检测频率为每层1000m^{2}取随机3个点做压实度试验（表8.1-2）；在取土样时如掺入碎石可能导致压实度超100%情况。路床顶面需做弯沉试验并符合设计文件要求。

填土路基压实度要求表 **表8.1-2**

填挖类型	路床顶面以下深度(cm)	压实度(%)(重型击实)	检验频率		检验方法
			范围	点数	
填土	0～<80	90	1000m^2	每层1组(3点)	细粒土用环刀法，粗粒土用灌水法或灌砂法
	80～150	90			
	>150	87			

（2）挖方路基

路床检测频率为每层1000m^{2}取随机3个点做压实度试验（表8.1-3）并按规范与设计图纸要求做弯沉试验。

挖方路基压实度要求表 **表8.1-3**

填挖类型	路床顶面以下深度(cm)	压实度(%)(重型击实)	检验频率		检验方法
			范围	点数	
挖方	0～30	90	1000m^2	3点	细粒土用环刀法，粗粒土用灌水法或灌砂法

2. 垫层、基层检验标准

（1）原材料按不同材料进厂批次，每批检查1次，检验方法：查检验报告、复验。

（2）基层、底基层的压实度：基层大于等于95%、底基层大于等于93%；检查数量：每 $1000m^2$，每压实层抽检 1 组（1 点）；检验方法：查检验报告（灌砂法或灌水法）。

（3）基层、底基层试件做 7d 饱水抗压强度试验，应符合设计要求；检查数量：每 $2000m^2$1 组（6 块）；检验方法：现场取样试验。

（4）按规范与设计文件要求做弯沉试验。

3. 面层检验标准

（1）沥青混合料面层

1）压实度：不得小于 95%；检查数量：每 $1000m^2$ 测 1 点；检验方法：查试验记录（马歇尔击实试件密度，试验室标准密度）。

2）面层厚度应符合设计规定，允许偏差为－5～10mm；检查数量：每 $1000m^2$ 测 1 点；检验方法：钻孔或刨挖，用钢尺量。

3）弯沉值：不得大于设计规定；检查数量：每车道、每 20m，测 1 点；检验方法：弯沉仪检测。

（2）水泥混凝土面层

1）混凝土弯拉强度应符合设计规定；检查数量：每 $100m^3$ 的同配合比的混凝土，取样 1 次；不足 $100m^3$ 时按 1 次计；每次取样应至少留置 1 组标准养护试件；同条件养护试件的留置组数应根据实际需要确定；检验方法：检查试件强度试验报告。

2）混凝土面层厚度应符合设计规定，允许误差为±5mm；检查数量：每 $1000m^2$1 组（1 点）；检验方法：查试验报告、复测。

3）抗滑构造深度应符合设计要求；检查数量：每 $1000m^2$1 点；检验方法：铺砂法。

（3）板材面层

板材强度、外形尺寸及砂浆抗压强度等级、板材路面的平整度与铺砌纹理应符合相关规范与设计文件要求。

（4）块材面层

块材强度、外形尺寸及砂浆抗压强度等级、块材路面的平整度与铺砌纹理应符合相关规范与设计文件要求。

8.2 木栈道施工

8.2.1 木栈道简介及适用范围

在户外的公园、河边，以及户外庭院中，使用木板铺一道长长的道路供人们行走之用，这就是木栈道（图 8.2-1）。古时候栈道又称阁道，就使用情况而言，主要有下列三种形式：一种是置于建筑之间的空中通道，如西汉长安城中，长乐宫、未央宫、建章宫与桂宫、北宫之间所建的阁道。另一种是通行于悬崖峭壁之通道，如秦、汉时由关中越秦岭至巴蜀的山道险途。再有一种是一种建在水面上的特殊步道，为人们提供了与自然环境亲近的机会，并享受水景和湖泊等水域景观。

图 8.2-1　木栈道效果图

8.2.2　施工工艺流程（图 8.2-2）

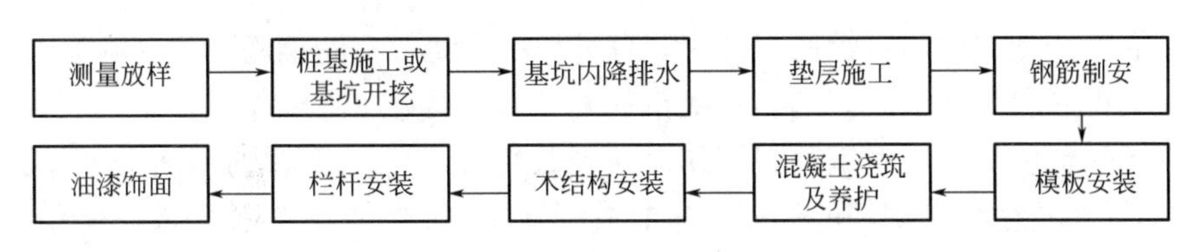

图 8.2-2　施工工艺流程

8.2.3　施工工艺

1. 测量放样

按施工图纸进行结构过程中各部位测设放样。这项工作精度要求很高，并要防止差错导致构件无法安装。经自检合格后，通知监理或建设单位代表验收，验收合格后才可正式进行相关结构的施工。

2. 桩基施工或基坑开挖

按桩位进行桩基施工，沿灰线直边切出坑边的轮廓线，然后自上而下分层开挖。挖至坑底标高后，由两端轴线引桩拉通线，检查距坑边尺寸，然后修坡、清底。基坑土方开挖时应用一台水准仪进行标高的跟踪监控。

3. 基坑内降排水

基坑开挖必须做好坑内排水和地面截水、降水、排洪工作。最简易的截水方法是利用挖出之土沿基坑四周或迎水面筑高 500～800mm 的土堤截水，然后用水泵将存水抽出。

4. 垫层施工

（1）用于垫层填筑的碎石，要求大小适中，无风化现象，以确保基层的强度。石块之间要求密实，无松动，并预先控制好标高、坡向、厚度，须满足设计要求，碎石摊铺后应用平板振动器振捣。

（2）用于垫层浇筑的混凝土，强度与坍落度应满足要求，浇筑过程要振捣密实，并预先控制好标高、坡向、厚度。

5. **钢筋制安**

（1）施工准备

1）熟悉施工图

① 了解所属工程的概况，检查钢筋施工图纸各编号是否齐全，详读施工图说明及会审纪要、技术核定单、设计变更通知单。

② 核对构件各部分尺寸是否吻合，每个构件中所有钢筋编号的数字是否存在重复现象。

③ 核对钢筋的直径、式样、根数是否存在平面图与截面图不相符的情况。

④ 核对钢筋的配置是否有与设计构造要求或施工验收规范相抵触之处。

2）原材检查

钢筋必须有材质证明及物理性能试验报告，严格按炉号进料，每批（不超过 60t）提供出厂质量证明，到达现场进行复试，如有混合批视具体情况按规定进行复试，合格后方可使用。

3）使用机具

弯钢机、断钢机、调直机、切割机等。

（2）钢筋制作

1）钢筋除锈光圆钢筋在钢筋冷拉或调直过程中除锈，有肋钢筋人工钢刷除锈。

2）一级钢筋末端做 180°弯曲，二级钢筋末端做 90°或 135°弯曲。

3）按照配料单加工成型钢筋，制作一块料牌绑扎在已加工好的钢筋上，作为区别工程项目、构件和各种编号钢筋的标志。弯曲成型好的钢筋，必须轻抬轻放，避免摔地产生变形，经过规格、外形尺寸检查的成品应按编号拴上料牌。

4）清点某一编号钢筋成品，确切无误后将该号钢筋全部根数运到成型地点，在指定的堆放场地上要按编号分隔，整齐堆放。堆放地面保持干燥，并有木方或混凝土板等作为垫件。进入现场的钢筋必须有出厂合格证且进行复试。

5）对焊前应将端头 150mm 范围内清除干净，若钢筋端头有弯曲，则应予以调直或切除。夹紧钢筋时，应使两钢筋端面的凸出部分相接以利于均匀受热和保证焊缝与钢筋直径轴线垂直。焊接完毕后，应待接头变为黑红色，才能松开夹具，平稳取出钢筋。做好对焊试件，不少于 2 个，进行冷弯试验合格后能批量焊接。焊接场地应有防风、防雨措施。

（3）钢筋安装

1）钢筋位置放线

按图纸标明的钢筋间距，算出基础实际需用的钢筋根数，一般让靠近基础模板边的那根钢筋离模板边 5cm，在混凝土垫层上弹出钢筋位置线。

2）钢筋安装及绑扎

① 按弹出的钢筋位置线，先铺下层钢筋。根据基础受力情况，决定下层钢筋哪个方向钢筋在下面，一般情况下先铺短向钢筋，再铺长向钢筋。

② 钢筋绑扎时，靠近外围两行的相交点每点都绑扎，中间部分的相交点可相隔交错绑扎，双向受力的钢筋必须将钢筋交叉点全部绑扎。如采用一面顺扣应交错变换方向，也可采用八字扣，但必须保证钢筋不位移。

③ 钢筋如有绑扎接头，则钢筋搭接长度及搭接位置应符合设计及施工规范要求。

④ 根据弹好的柱位置线，将柱钢筋伸入基础内。插筋绑扎牢固，柱筋甩出长度不宜过长，其上端采取用箍筋点焊固定的措施。

6. 模板安装

(1) 施工准备：支模前将基础表面杂物全部清理干净。

(2) 支模板：钢筋绑扎完以后，对模板上口宽度进行校正，并用木撑进行定位，用铁钉临时固定。模板支好后检查模板内尺寸及高程，达到设计标高后方可浇筑混凝土。

(3) 模板拆除的一般要点：侧模必须在混凝土强度应达到 2.5MPa 以上且能保证其表面及棱角不因拆除模板而受损后，简支与悬臂结构强度达到规范要求后方可拆除。

7. 混凝土浇筑及养护

(1) 槽底清理：清除槽底内淤泥和杂物，并应有防水和排水措施。

(2) 混凝土浇筑：混凝土的浇筑应分层连续进行，一般分层厚度为振动器作用部分长度的 1.25 倍，最大不超过 50cm。

(3) 混凝土振捣：用插入式振动器快插慢拔，插点应均匀排列，逐点移动，顺序进行，不得遗漏，做到振捣密实。移动间距不大于振动棒作用半径的 1.5 倍。振捣上一层时应插入下层 5cm，以清除两层间的接缝。混凝土振捣密实后，表面应用木抹子搓平。

(4) 混凝土的养护：混凝土浇筑完毕后，应在 12h 内加以覆盖和浇水，浇水次数应能保持混凝土有足够的润湿状态。养护期一般不少于 7 昼夜。雨期施工时，露天浇筑混凝土应编制季节性施工方案，采取有效措施，确保混凝土的质量。

(5) 常温下每一施工段每一施工层，不同强度等级的混凝土每 100m^3（包括不足 100m^3）至少留置一组标养试块，一组同条件试块。

8. 木结构安装

(1) 木构架安装：混凝土面层上布置一道木龙骨，木龙骨两侧通过角钢固定，防腐木板与木龙骨通过螺栓固定。防腐木板的安装要保证平整度与平面位置，各节点的连接应牢固。

(2) 混凝土仿木构件安装。

1) 预制仿木混凝土构件通过榫接方式连接安装。

2) 通过上述钢筋、模板、混凝土施工工艺加木纹制作等工艺实现现浇混凝土仿木构件的筑造。

9. 栏杆安装

栏杆不是木栈桥的主体结构，但它对木栈桥内外的视觉效果影响显著，如处理不好将直接影响桥梁的整体效果；更为重要的是栏杆是木栈桥上不可缺少的安全设施；安装前须对其尺寸、外观进行仔细检查。栏杆的安装自一端柱开始，向另一端顺序安装；栏杆的垂直度用自制的“双十字”靠尺控制。

10. 油漆饰面

防腐木表面采用清漆饰面，涂刷油漆要均匀，表面光亮、光滑，线条平直无明显皱皮、流坠、气泡，附着良好。不得漏涂，涂层应无蜕皮和返锈。涂刷油漆完成后，应派专人负责看管。

8.2.4 施工要点

1. 塑木栈道施工要点

(1) 基底须平顺，要做好排水。

(2) 安装时须使用不锈钢自攻螺钉及扣件。

(3) 栏杆安装牢固，横向接口必须安装严密，美观大方。

2. 实木/防腐木栈道施工要点

(1) 基础扎实，须控制好龙骨标高。

(2) 必须采用镀锌连接件或不锈钢连接件与木龙骨进行连接。

(3) 木材整体面层宜用木油涂刷，起到防水、防起泡、防起皮和防紫外线的作用。

(4) 栏杆安装牢固，美观大方，收口严实。

3. 仿木栈道施工要点

(1) 基础找平后，柱体要安装牢固，预留好分隔柱的安装孔。

(2) 安装分隔柱时要注意垂直度，用水泥砂浆灌浆夯实。

(3) 安装横栏时，应注意水平度，接口美观，喷涂均匀无疤，色泽一致。

(4) 安装完成后喷两道保护油。

8.3 亲水平台施工

8.3.1 亲水平台简介及适用范围

从陆地延伸到水面，使游人更方便接触所想到达水域的平台称为亲水平台。

在公园、湖泊、河流、湿地、海滨等以水资源为依托的景点非常注意对亲水平台的打造，主要表现在景观浮桥、水上步道、观景走廊等，用于观赏池中怒放的鲜花、行走在波光粼粼的水面、逗玩水中活蹦乱跳的鱼类、欣赏沿岸秀丽的山水风光等。如今人类向往返璞归真的自然生活，不管是在生活社区还是旅游景区，对水环境的要求越来越高，不单要欣赏到水，还要能亲近水。因为水的功能已经不局限于旅游观赏，其对周边环境的呼应以及生态保护等功能得到更多人的注意和重视。人们渴望见到天蓝水清、绿树成荫、鱼虾畅游、飞鸟盘旋的河道生态景观。亲水平台就为接触水生动植物、了解水环境提供一个良好的平台。

对亲水平台（图 8.3-1）的设计，要符合水域本身水位变化。可以用固定结构形式，或用浮动结构形式，亦或者固定与浮动相结合的方式来搭建。固定结构形式亲水平台稳定

图 8.3-1　亲水平台效果图

性好，但水体水位变化时无法保持平台面与水面相对固定高差，相对于浮动平台戏水效果稍逊；浮动结构形式亲水平台可以根据水位的变化自由上升下降，在任何季节都能满足人们亲水戏水需求，它的特点是适合多水位的河流湖泊，但稳定性不如固定平台。

8.3.2 施工工艺流程（图 8.3-2）

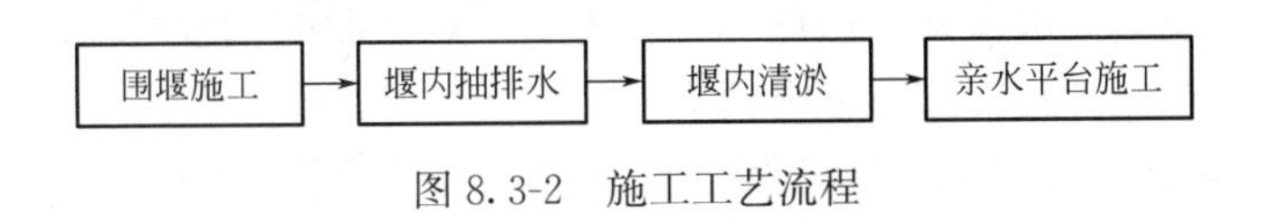

图 8.3-2 施工工艺流程

8.3.3 施工工艺

1. 围堰施工

（1）围堰准备

土方围堰填筑前应根据施工详图和相应的技术规范要求，提交一份土方填筑和碾压施工方案，报送监理工程师审批。根据批准的施工方案，实施土方填筑和碾压作业施工。填筑用土原则上从就近多余土方区域取土开挖段运进，也可利用平行施工子项等开挖的可利用土料，但要经监理和业主认可，这样可减少土方外运，降低成本，实现土方调配均衡。

（2）填土围堰

1）填筑作业应分层平行摊铺。新铺填土应平整、厚薄一致、无结块，碾压机具行驶方向应平行堤轴线。靠岸坡或穿堤建筑物地形突变而碾压机具碾压不到的局部角落，应采用人工补夯。填筑前先用相关仪器测定土料含水率和压实试验数据，符合规范要求后，推土机向前进占平料。平料时严格控制铺料厚度，每层松铺厚度为 30cm，根据铺土厚度，计算每车土料。

2）控制面积，均匀卸料，推土机平料过程中，及时检查铺层厚度，发现超厚部位立即进行处理，土料与岸坡交界处辅以人工仔细平土，平土后，采用履带式拖拉机按与坝轴线平行的进退法碾压数遍。

3）填筑一层后，进行压实度检测，压实层不出现漏压和虚浮层、平松料、弹簧料和光面等不良现象，合格后进行下层填筑。相邻施工段的作业面均衡上升。施工段之间出现高差时，采用斜面搭接。每层各工作面之间碾压搭接宽度为 1.0m。对于堤面的边缘地带，以及与岸坡、混凝土建筑物接合部位，采用人工蛙式夯土机分层夯实。土堤填筑后边坡采用人工削坡成型。

4）围堰顶面高程按该时间段最高水位加高 0.5m 确定。待围堰区域内工程施工完成后拆除围堰。拆除土方水上部分用于回填区回填，水下部分弃至弃土场或监理指定地点。围堰拆除时采用挖掘机拆除，汽车装运，先挖水上部分，留 50cm 和水下部分一道挖运。

（3）土袋围堰

1）设护坡木桩：如果围堰堰底淤泥较深，为防止堰体滑移，可在堰体两侧坡脚处设护脚木桩。根据淤泥深度可以采用人工或人工配合机械的方式施打木桩入土。

2）人工堆码装袋黏土：采用草袋、麻袋、编织袋装土进行围堰，袋内装土七分满，袋口缝合，不得漏土。将草袋送入水中，其上下层和内外层应相互错缝，尽量堆码密实整齐，并整理坡脚。

3）铺设彩条布：堰体形成后，迎水面设彩条布作挡水用，并抛掷土袋压脚，确保堰体不渗水。

（4）拉森钢板桩围堰

1）钢板桩的材质、性能和尺寸应符合产品的相应规定。钢板桩在存放、搬运和起吊时，应采取措施防止其变形及锁口损坏。经过整修或焊接后的钢板桩，应采用同类型的短桩进行锁口通过试验，合格者方可继续使用。

2）钢板桩施打前应设置测量观测点，控制其施打的定位。

3）钢板桩在施打前，其锁口宜采用止水材料，以防在使用过程中漏水。

4）施打钢板桩应有导向装置，应能保证位置准确。施打时应随时检查其位置和垂直度是否准确，不符合要求的应立即纠正或拔起重新施打。施打完成后所有钢板桩的锁口均应闭合。

5）同一围堰内采用不同类型的钢板桩时，宜将不同类型的各半拼焊成一根异形钢板桩，分别与相邻桩进行连接。接长的钢板桩，其相邻桩的接头位置应上下错开。

6）拔除钢板桩之前，应向堰内注水使堰内外的水位保持平衡。拔桩应从下游侧开始逐步向上游侧进行，拔除的钢板桩应对其锁口进行检修并涂油，堆码妥善保存。

2. 堰内抽排水

（1）初期排水

1）初期总量应按围堰闭气后的基坑积水量、抽水过程中围堰及地基渗水量、堰身及基坑覆盖层中的含水率，以及可能的降水量等综合计算。其中可能的降水量可采用抽水时段的多年日平均降水量计算。

2）初期排水流量一般可根据地质情况、工程等级、工期长短及施工条件等因素，参考实际工程经验确定。

3）初期排水时间主要与围堰种类、防渗措施、地基情况等因素有关。当覆盖层较厚，渗透系数较大时取上限。

4）水位降落速度及排水时间。为了避免基坑边坡因渗透压力过大，造成边坡失稳产生塌坡事故，在确定基坑初期抽水强度时，应根据不同围堰形式对渗透稳定的要求确定基坑水位下降速度。对于土质围堰或覆盖层边坡，其基坑水位下降速度必须控制在允许范围内。开始排水降速以 0.5m/d 为宜，接近排干时可允许达 1.5m/d。其他形式围堰，基坑水位降速一般不是控制因素。

（2）经常性排水

基坑积水排干后，围堰内外的水位差增大，此时渗透流量相应增大。另外基坑已开始施工，在施工过程中还有不少施工废水积蓄在基坑内，需要不停地排除，在施工期内，还会遇到降雨，当降水量较大且历时较长时，其水量也是不可低估的。经常性排水应分别计算围堰和地基在设计水头的渗流量、覆盖层中的含水率、排水时降水量及施工弃水量。其中降水量按抽水时段最大日降水量在当天抽干计算。施工弃水量与降水量不应叠加。基坑渗水量可考虑围堰形式、防渗方式、堰基情况、地质资料可靠程度、渗流水头等因素适当扩大。

3. 堰内清淤

（1）淤泥明挖

1）排干基坑后，尽量采用普通挖掘机开挖，清淤一次挖到位，逐渐向前推进，在反铲工作范围所能覆盖的前提下，尽量靠近河岸行走。当淤泥以下土层较软，不足以支承挖掘机作业时，采用长臂挖掘机开挖。

2）在挖掘机前方的走道上填筑干砂土、袋装土，以便支承挖掘机向前行走，填筑用土料优先采用河道拓宽需开挖的土体，在清淤完成后，再将填筑的走道挖除、运走。

3）当岸边无条件布置临时储泥场时，挖除的淤泥直接装车运至干化场。运输软塑态、稠态淤泥的自卸车车厢为一体式的无缝隙结构。或者采用定制钢筒（箱）装泥，钢筒（箱）放在普通车厢内，在干化场卸车时，利用起重机配合卸泥。

4）可泵送的流态淤泥采用自吸式渣浆泵打进专用运输车的储罐内，然后运至干化场。

5）清淤前进行河道土层轻型触探检测，确定淤泥深度、分布范围，淤泥下方土层的承载能力，进而确定清淤方法，如不适于干法施工时，则可采用水力冲挖法清淤。

（2）水力冲挖

1）垃圾清理

① 部分河道边坡有杂树、树枝、生活垃圾、建筑垃圾等，如直接进行水力冲挖则大大降低了冲挖的效率，而且容易损坏机械及输送泵。所以需要在水力冲挖前对该部分区域进行清运。

② 清理植物杂物采用人工捡拾，归拢后集中处理，清理瓦砾、建筑垃圾等杂物采用挖掘机收集装车，自卸汽车外运至弃土场。

2）输送管道和输送路线

① 场内泥浆运输：场内泥浆运输是指泥浆泵抽吸泥浆后将其由冲挖区域经管道输送至附近的集浆池。

② 场外泥浆运输：场外泥浆运输采用管道输送。场外输送管道采用钢管输浆，单节4m长带螺栓连接，并配备一些软管便于拐弯处的管道安装。输送路线为从集浆池沿河道铺设至干化场。

（3）淤泥处理

1）自然干化

① 自然干化是利用太阳能无污染、可再生、能量大、成本低等特点，对污泥加热干燥。污泥的自然干化需要良好的气候条件，当日照时间长、光照强、风速大、降水量少时，脱水效果好，反之则差。

② 污泥人工干化场是污泥进行自然干化的场所。高含水率的污泥在干化场中被摊铺成25～30cm厚的泥层，并依靠污泥本身的静压力，通过沉淀、渗透等过程，实现泥水分离，滤液与上清液主要通过蒸发、撇除与渗液收集排放管渠系统排出。

③ 干化场四周设围堤，场内用隔墙将整块干化场分隔成若干块，每次排入干化场的污泥占用一块，使污泥均匀地平铺于干化场，顺序轮流使用各分块，便于泥饼的绞除，使干化场有效、合理地发挥作用。

2）机械脱水

① 机械脱水的原理为在淤泥呈液态的条件下，先将调理、固结剂与淤泥混合，对

淤泥进行改性，改性淤泥经重力浓缩后，进入压滤机进行深度脱水，使淤泥含水率降低到60%以下。将过滤介质（多孔性材质）两面的压力差作为推动力，使淤泥中的水分（滤液）强制通过过滤介质，固体顺粒（滤饼）被截留在介质上，从而达到脱水目的。

② 根据造成压力差推动力的方法的不同，可以将污泥机械脱水分为三类：在过滤介质的一面形成负压进行脱水，即真空吸滤脱水；在过滤介质的一面加压进行脱水，即压滤脱水；造成离心力实现泥水分离，即离心脱水。

③ 根据工作原理不同，有离心分离、带式压滤、板框式压滤、管式压滤真空过滤、污泥增稠等多种使污泥脱水的方法。

4. 亲水平台施工

（1）测量放样

按施工图纸对结构过程中的各部位测设放样，经自检合格后，通知监理或建设单位代表验收，验收合格后才可正式进行相关结构的施工。

（2）桩基施工、基坑开挖及排水

1）清淤与放样完成后，按图纸位置进行桩基施工。

2）桩基施工完成后进行承台作业范围开挖。

① 承台开挖范围：基坑开挖尺寸沿纵向、横向各留设1m作业面，以便于承台的模板施工。

② 开挖过程中随时测量基底标高及平面位置，挖至基底设计标高以上20cm后，人工开挖至基底并找平，宽度大于承台平面尺寸1m，基础土方施工应考虑地下水位影响。基坑由挖掘机开挖，自卸车配合运输。

③ 基坑成型以后在顶部距基坑边1m位置处沿四周搭设高1.2m的简易钢管支架，并外挂防护网确保施工安全。

3）按本书第8.3.3节中堰内抽排水的方法进行基坑排水。

（3）钢筋工程

1）原材料控制

① 施工现场所用材料的材质、规格应和设计图纸相一致。

② 所有钢筋必须有出厂合格证，并经复试合格方可进场。

③ 钢筋在加工厂内加工成型，然后由车辆运至现场，在施工现场绑扎。

④ 现场绑扎时，应注意钢筋摆放顺序，钢筋接头相互错开，同一截面处钢筋接头数量应符合规范要求。

⑤ 在钢筋施工中，要特别注意保护层厚度，各部位保护层要根据结构所处环境类别确定。

⑥ 钢筋保护层应满足设计要求，采用与混凝土强度等级相同的混凝土垫块来保证，垫块呈“梅花”形交叉布置。

2）基础钢筋绑扎

① 绑扎前先在基础底板确定分档和钢筋位置，然后摆放钢筋。

② 钢筋摆好后逐点进行绑扎，不得采用跳扣绑扎。

③ 绑扎好底板底层钢筋后，垫放下层钢筋的保护层垫块。

④ 钢筋接头位置应符合设计和施工规范的要求。

⑤ 柱纵筋伸入基础的长度及构造要求应符合规范要求。

3）柱钢筋绑扎

① 在放线时，柱子应放出外边线，保证支模准确到位，同时也作为检查和控制钢筋位移的一个有效措施。

② 柱箍筋在遇到主筋套筒或电渣压力焊接头的部位时应下移或上移以避开连接头，否则箍筋绑在连接头上，将造成主筋移位。

③ 柱钢筋在合模前应按要求垫好混凝土保护层垫块，垫块采用成品混凝土垫块，间距500mm，呈“梅花”形布置。

④ 在混凝土浇筑前因钢筋骨架变形而移位的钢筋、采用校正措施后仍不能到位的主筋应采用14号钢丝与模板支撑体系拉结调整到位。

⑤ 柱箍筋采用“十”字或绕扣绑扎牢固，以防止在混凝土浇筑时钢筋移位。

⑥ 柱根部支模前要焊接支撑。

4）梁、板钢筋绑扎

① 绑梁上部纵向筋的箍筋，宜用套扣法绑扎。

② 箍筋在叠合处的弯钩，对一般梁位于梁底部，对悬挑梁位于梁顶部，叠合处的弯钩在梁中应交错布置，箍筋弯钩为135°，平直部分长度为$10d$（d为钢筋直径）。

③ 梁端第一个箍筋应设置在距离柱节点边缘30mm处。

④ 主次梁交接处的附加吊筋及箍筋应按设计要求布置。

⑤ 在主次梁受力筋下均应垫保护层垫块，保证保护层的厚度，垫块采用大理石碎块。主次梁受力筋侧面用塑料保护层垫块。当受力筋为双排时，用ϕ25短钢筋垫在两层钢筋之间，钢筋排距应符合设计要求。

⑥ 先绑梁钢筋，绑扎后要用焊接的钢筋支架支撑，使梁顶标高准确无误。

⑦ 梁钢筋绑扎完成后进行板钢筋绑扎，板钢筋绑扎前做好垫块安放工作。

5）钢筋位移处理

① 对于已产生轻微位移的竖向钢筋应在箍筋或水平筋绑扎前按不大于1∶6的角度将竖向钢筋调整到位后再进行箍筋或水平筋绑扎。

② 对于发生较大位移的钢筋，应及时通知技术负责人，由技术负责人编制处理方案并经审批后按方案进行处理。

6）钢筋成品保护

① 所有钢筋绑扎后，不准踩踏。

② 浇筑混凝土时，派钢筋工负责修理，保证钢筋位置的正确性。

③ 模板内面涂隔离剂时不要污染钢筋。

④ 安装预埋件等其他设施时，不得随意切断和移动钢筋。

（4）模板及脚手架工程

1）材料的准备

安装模板的材料主要为全新的厚度为20mm的红木模板、方木、步步紧模板钢卡、钢丝、圆钉，有缺陷的板材、木方坚决不用，支撑用钢管为外径48mm、壁厚3.5mm的钢管，扣件为可锻铸铁制作，小楞采用间距0.3m的100mm×100mm方木。

2）支模防护措施

① 模板工程施工时严格按要求施工，相关工种应按安全操作规程作业。

② 模板工程中，所用的施工机具要做到一机一闸、一保一箱，接线要符合要求，做到专人专机。

③ 夜间施工保证有足够的照明。

④ 脚手架走道上脚手片应满铺，四个角绑扎牢固，走道的横杆距离为 0.3m，宽度为 1.2m，有 4 个支点支撑。浇筑柱时，搭设操作平台，四周按要求设防护栏杆，中间传递时应有可靠的立足点。

⑤ 模板工程中钉子长度为模板厚度的 2～2.5 倍，模板上材料要堆放均匀，不准集中堆放，堆放荷载不得超过 $2.5kN/m^2$。

3）模板及脚手架安装

① 在地面以下支模时，应检查土壁的稳定情况。

② 基坑边缘 1m 内不得堆放模板及支承件。

③ 向基坑内吊运模板时，应有专人指挥。

④ 绑扎钢筋及浇筑混凝土时，不得站立在模板上操作。

⑤ 振捣混凝土时振动器应防止直接振击模板。

⑥ 柱模板现场拼装时，模板的排列、内外钢檩的位置、紧固件和钢箍等的位置均应按设计规定就位。

⑦ 分段分层支模时，必须由上而下，各种支承件应由紧固件固定。

⑧ 安装模板时，应边就位边校正，同时安装连接件和设置支撑。预制大模板在固定后方可脱钩，以防倾覆。

4）模板及脚手架拆除

① 模板拆除前必须办理审批手续，经项目技术负责人或项目经理审批签字后方可拆除；

② 未到规定时间或结构混凝土未到规定强度不得拆模；

③ 配备足够数量的模板，不能因为模板周转数量少而影响施工工期；

④ 拆除时不能采取猛撬，以致大片塌落的方法；

⑤ 拆除地下模时，应注意土壁的稳定，拆下的模板及支承件应随拆随运走，不得堆于坑边；

⑥ 拆除现场拼装的柱、承台模板，应逐块拆除，不得将成片的模板先拆除连接件后再撬落或拉倒；

⑦ 拆除脚手架时，应设置警戒区，设立警戒标志，并由专人负责警戒；

⑧ 脚手架的拆除，应按后装先拆的原则进行。

（5）混凝土工程

1）垫层施工

① 用设计型号混凝土封闭承台基底垫层；基底垫层轮廓比承台外轮廓按设计尺寸进行加宽，混凝土表面应找平、抹光。

② 垫层表面应平整，顶面标高误差控制在±20mm 以内，以保证钢筋的顺利安装。垫层浇筑时基坑底部应保证无积水。

③ 垫层施工完成后，进行承台控制点的测设。

2）基础混凝土施工

① 施工顺序

每段混凝土浇筑时，要从一端开始向另一端推进，采用一次性连续浇筑。

② 混凝土入仓

现场浇筑采用溜槽入仓，以人工平仓；混凝土必须连续浇筑，以保证结构的整体性；如必须间歇时，间歇时间不得超过初凝时间。

③ 混凝土振捣

采用插入式振动棒进行振捣，为使混凝土振捣密实，振捣应及时全面覆盖，并严格控制振捣时间、移动距离和插入深度，严防漏振、欠振且不超振；混凝土的表面用木抹子搓平压实，以避免龟裂的产生。

④ 混凝土养护

a. 混凝土浇筑完毕，根据天气情况覆盖塑料薄膜，根据测温情况，随时调整覆盖厚度，控制混凝土内外温差不大于25℃。

b. 养护重点为基础、柱交接处，此处容易形成较大的温差而引起板墙裂缝，因此要覆盖严密。

3）柱、梁、板混凝土浇筑

① 在新老混凝土接槎处凿毛并用水冲洗干净。

② 在浇筑混凝土前，先铺一层50mm厚与混凝土同强度等级的砂浆。

③ 柱混凝土浇筑时采用商品混凝土输送泵车将混凝土垂直运输送至操作面上。

④ 插入式振动棒操作时要快插慢拔，不能在混凝土内留有棒孔，当柱子截面尺寸大于500mm×500mm后，不得只在柱中一处进行振捣，应在柱四角处分别进行振捣，以防漏振。

⑤ 柱内混凝土每填400mm厚即振捣一次。振捣上一层混凝土时棒头应插入下一层混凝土中50mm深，以便与下层融合在一起，避免产生漏振。

⑥ 混凝土浇筑完毕，强度达到1.2MPa时方可拆模，拆模时要保护柱不受损坏，并注意养护。

⑦ 浇筑完毕后，要及时将钢筋整理到位，用木抹子按标高线将墙上表面混凝土找平。

⑧ 混凝土浇筑过程中，不可随意挪动钢筋，要加强检查钢筋保护层厚度及所有预埋件（洞）的牢固程度和位置的准确性。

4）混凝土施工缝设置

① 混凝土施工缝的留设应符合设计及国家规范、标准的要求。

② 柱的施工缝留置在基础的顶面或梁底下面30mm的位置。

5）混凝土的养护

① 为了保证已浇筑好的混凝土在规定的龄期内达到设计要求的强度，且防止产生收缩裂缝，必须做好混凝土的养护工作。

② 混凝土浇筑后外露部分立即覆盖，人工洒水养生，防止混凝土失水产生表面裂缝。

③ 设专人对混凝土进行覆盖和浇水养护，浇水次数应能保持混凝土处于湿润状态。

④ 人工洒水养生时间不得少于7d。

⑤ 每次浇筑混凝土时应留2～3组试块与结构同步养生，由同步养生试块强度决定混

凝土的强度。

⑥ 冬季混凝土按冬期施工要求进行。

（6）亲水浮动平台施工

1）浮动平台采用组装式浮筒承载结构，其易安装维护，可灵活多变，应用广泛，无土建基础施工，直接在水面上铺设组装。

2）浮动平台安装步骤。

① 先将浮筒按图纸尺寸组装在一起，将浮筒各部件锁定牢固，成为一个整体。

② 安装栏杆：栏杆立柱按图纸间距进行安装；立柱安装完成后安装横杆；栏杆安装位置在浮桥外侧边缘缩进一定距离处。

③ 安装固定锚：采用沉锚固定水底，缆绳交叉牵引的锚固方式，锚固加密间距按图纸要求。

④ 浮动平台全部安装结束后，进行承载力试验。

（7）木结构安装或块、板材铺贴

1）木结构安装工艺

① 木料准备：木材品种、材质、规格、数量必须与施工图要求一致。板、木方不允许有腐朽、虫蛀现象，在连接的受剪面上不允许有裂纹，木节不得过于集中，且不允许有活木节。原木或方木含水率不应大于25%，木材结构含水率不应大于18%。防腐、防虫、防火处理按设计要求施工。

② 木构件加工制作：各种木构件按施工图要求下料加工，根据不同加工精度留足加工余量。加工后的木构件及时核对规格及数量，分类堆放整齐。对易变形的硬杂木堆放时适当采取防变形措施。钢材连接件的材质、型号、规格和连接的方法、方式等必须与施工图相符，连接的钢构件应进行防锈处理。

③ 木构件组装。

a. 结构构件质量必须符合设计要求，在堆放或运输中无损坏或变形。

b. 木结构的支座、支撑、连接等构件必须符合设计要求和施工规范的规定，连接必须牢固，无松动。

c. 梁、柱的支座部位应按设计要求或施工规范进行防腐处理。

④ 木结构涂饰。

a. 清除木材表面毛刺、污物，用砂布打磨光滑。

b. 打底层腻子，干后用砂布打磨光滑。

c. 按设计要求逐层施工底漆、面漆。

d. 混色漆严禁脱皮、漏刷、反锈、透底、流坠、皱皮。表面光亮、光滑，线条平直。

e. 清漆严禁脱皮、漏刷、斑迹、透底、流坠、皱皮。表面光亮、光滑，线条平直。

f. 桐油应用干净布浸油后挤干，揉涂在干燥的木材面上。严禁漏涂、脱皮、起皱、斑迹、透底、流坠。表面光亮、光滑，线条平直。

g. 木平台烫蜡、擦软蜡工程中，所使用蜡的品种、质量必须符合设计要求，严禁在施工过程中烫坏地板和损坏板面。

2）板、块材铺贴工艺

块、板材铺贴工艺与本书第8.1.3节中的工艺相同。

（8）栏杆扶手安装

1）立柱安装

立柱在安装前，通过拉长线放线，根据场地的倾斜角度及所用扶手的圆度，在其上端加工出凹槽。焊接立柱时，需双人配合，一人扶住钢管使其保持垂直，在焊接时不能晃动，另一人施焊，要四周施焊，并应符合焊接规范要求。

2）扶手安装

将扶手直接放入立柱凹槽中，从一端向另一端顺次点焊安装，相邻扶手安装对接准确，接缝严密。相邻钢管对接好后，将接缝用不锈钢焊条进行焊接。焊接前，必须将沿焊缝每边 30～50mm 范围内的油污、毛刺、锈斑等清除干净及打磨抛光。全部焊接好后，用手提砂轮机将焊缝打平砂光，直至不显焊缝。抛光时采用绒布砂轮或毛毡进行抛光，同时采用相应的抛光膏，直至与相邻的母材基本一致，不显焊缝为止。

8.3.4 施工要点

1. 围堰施工要点

（1）填土围堰：碾压时，含水率控制在 16％～22％之间。含水率较低时，需预先洒水润湿，含水率较高时，需翻松晾干。

（2）土袋围堰：注意做好错缝措施。

（3）钢板桩围堰：施打顺序应按既定的施工技术方案进行，并宜从上游开始分两头向下游方向合龙。

2. 堰内抽排水施工要点

初期排水时间的确定，应考虑工期的紧迫程度、围堰内水位允许下降的速度、各期抽水设备及相应用电负荷的均匀性等因素，进行比较后选定。一般情况下，大型围堰可采用 5～7d，中型围堰可采用 3～5d。

3. 亲水平台施工要点

（1）混凝土浇筑过程中，钢筋要随时复核，浇筑完毕马上进行最后一遍校核，以防钢筋移位。

（2）模板支撑宜形成整体，防止浇筑混凝土时模板变形。

（3）采用插入式振动棒进行振捣，为使混凝土振捣密实，振捣应及时全面覆盖，并严格控制振捣时间、移动距离和插入深度，严防漏振、欠振且不超振。

8.4 景观桥施工

8.4.1 景观桥简介及适用范围

景观桥（图 8.4-1）不是独立的个体，它是与环境共同形成的能够打动人心的风景。

桥梁是最古老的公共建筑之一，人类对桥梁景观的追求可以追溯到公元前，无论是法国境内建于公元前 63～13 年间著名的加尔德水道桥，还是 1400 多年前中国古代的赵州桥，都是桥梁工程学和建筑美学相结合的杰作，是世界景观桥梁的瑰宝。近现代以来国内外对桥梁景观的艺术性和科学性做了系统的研究和分析，出版了一系列专著，20 世纪 90 年代，美国桥梁景观学家 Frederick Gottemoeller 将 Bridge 与 Landscape 合成新词 Bridgescape，用于表达桥梁景观。

景观作为一个科学名词是由 19 世纪德国著名地理学家亚历山大·冯·洪堡提出，并将其解释为“一个区域的总体特征”，提出“将景观作为地理学的中心问题，探索由原始自然景观变成人类文化景观的过程，这就是人地关系研究思想的雏形”。

景观学研究有不同的学派，专家学派强调形状、线条、色彩和材质 4 要素在决定风景质量时的重要性，心理物理学派则把“风景-审美”的关系看做是“刺激-反应”的关系，认知学派把风景作为人的认识空间和生活空间来理解，经验学派把景观作为人类文化不可分割的一部分，用历史的观点，以人为主体来分析景观的价值。

但是，何谓景观桥，并没有一个一致明确的定义。不同的时代、不同的人对于景观桥都有不同的解读。在十年前，一座系杆拱、V 形刚构就是景观桥，随着时代的发展，城市建设的要求越来越高，对景观桥梁的定义也更加多元。

景观桥不一定是与众不同、新颖夺目，也不必要高大雄伟、跨江达海，只要是能够让人能够感受桥梁的美，产生愉悦感或是能够留下深刻印象和记忆的桥梁，都可以叫做景观桥。

景观桥应该包含的两种属性是人文性和工程性。

除了符合科学理性的工程性外，桥梁所展现的人对世界的认识、价值观、历史、艺术品位等成为桥梁的人文性体现。

如威尼斯的叹息桥，桥既不壮观也不显眼，因为桥连接总督府和监狱，死囚通过这座桥时发出叹息而得名；还有巴黎亚历山大三世桥，因其精美的雕塑装饰被称为法国最华丽的桥梁。

综上所述，景观桥可以定义为：能够激发人的审美趣味，具有突出的人文性的桥梁。

图 8.4-1　景观桥效果图

8.4.2　施工工艺流程（图 8.4-2）

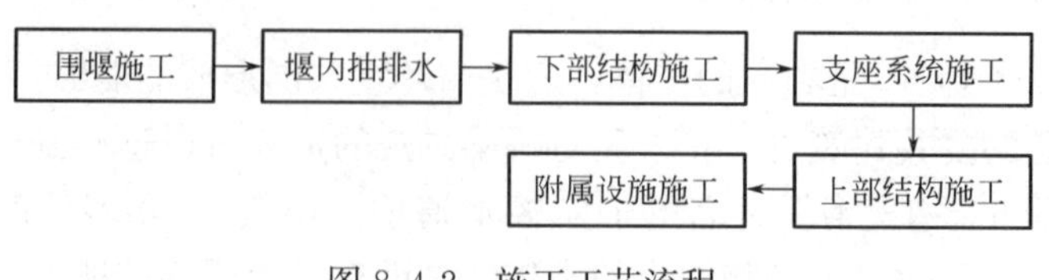

图 8.4-2　施工工艺流程

8.4.3 施工工艺

1. 围堰施工

按本书第 8.3.3 节围堰施工中的方法实施。

2. 堰内抽排水

按本书第 8.3.3 节堰内抽排水中的方法实施。

3. 下部结构施工

(1) 桩基础施工

1) 沉入桩施工

① 沉入桩所用的基桩主要为预制的钢筋混凝土桩、预应力混凝土桩和钢管桩。断面形式常用的有实心方桩和空心管桩两种。沉入桩的施工方法主要有：锤击沉桩、振动沉桩、射水沉桩等。

② 沉桩前应在陆域或水域建立平面测量与高程测量的控制网点，桩基础轴线的测量定位点应设置在不受沉桩作业影响处；应根据桩的类型、地质条件、水文条件及施工环境条件等确定沉桩的方法和机具，并应对地上和地下的障碍物进行妥善处理。

③ 沉桩顺序宜由一端向另一端进行，当基础尺寸较大时，宜由中间向两端或四周进行；如桩埋置有深浅，宜先沉深的、后沉浅的；在斜坡地带，应先沉坡顶的、后沉坡脚的。在桩的沉入过程中，应始终保持锤、桩帽和桩身在同一轴线上。

2) 钻孔灌注桩施工

① 钻孔灌注桩的特点

钻孔灌注桩是基础形式的一种，是指在工程现场通过机械钻孔的手段在地基土中形成桩孔，并在其内放置钢筋笼、灌注混凝土而形成基础的一种工艺。钻孔灌注桩桩长可以根据持力土层的起伏面变化，并按使用期间可能出现的最不利内力组合配置钢筋，钢筋用量较少，具有工艺简便、承载力大、适应性强等突出特点，在桥梁基础工程中得到广泛应用。

② 钻孔灌注桩施工的主要工序与要求

钻孔前应先布置施工平台。桩位位于旱地时，可在原地适当平整并填土压实形成工作平台；桩位位于浅水区时，宜采用筑岛法施工；桩位位于深水区时，宜搭设钢制平台，当水位变动不大时，亦可采用浮式工作平台，但在水流湍急或潮位涨落较大的水域，不应采用浮式平台。各类施工平台的平面面积大小，应满足钻孔成桩作业的需要；其顶面高程应高于桩施工期间可能的最高水位 1.0m 以上，在受波浪影响的水域，尚应考虑波高的影响。钻孔灌注桩施工的主要工序有：埋设护筒、制备泥浆、钻孔、成孔检查与清孔、钢筋笼制作与吊装以及灌注水下混凝土等。

③ 灌注桩的混凝土质量检验要求

a. 桩身混凝土和后压浆中水泥浆的抗压强度应符合设计规定。试件取样组数、混凝土和水泥浆的检验要求均应符合《公路工程质量检验评定标准 第一册 土建工程》JTG F80/1—2017 的规定。

b. 对桩身的完整性进行检测时，检测数量和方法应符合设计或合同的规定。宜选择有代表性的桩采用无破损法进行检测，重要工程或重要部位的桩宜逐桩进行检测，设计有规定或对无破损法检测和桩的质量有疑问时，应采用钻孔取芯样法对桩进行检测；当需检验柱桩的桩底沉渣与地层的结合情况时，其芯样应钻至桩底 0.5m 以下。

c. 经检验桩身质量不符合要求时，应研究处理方案，报批处理。

④ 钻孔桩水下混凝土的质量要求

a. 强度应不低于设计强度，并按设计及《公路桥涵施工技术规范》JTG/T 3650—2020 中的规定对桩身完整性与质量进行检验。

b. 桩身混凝土无断层或夹层，钻孔底不高于设计标高，底部沉渣厚度不大于设计规定。应仔细检查分析所有桩径的混凝土灌注记录，并用无破损方法检验桩身，认为其中某些桩的质量可疑，则应以地质钻机钻通全桩取芯样，检查该桩有无夹泥、断桩、混凝土质量松软，并做芯样的抗压强度试验。

c. 桩头凿除预留部分无残余松散层和薄弱混凝土层；需要嵌入承台内的桩头及锚固钢筋长度符合规范要求。

d. 在质量检查中，如发现断桩或其他重大质量事故，应会同有关部门共同研究提出处理方案。在处理过程中，应进行详细记录。处理完毕后，再进行一次检查，认为合格后方可进行下一道工序的施工。

3）人工挖孔桩

① 在无地下水或有少量地下水，且较密实的土层或风化岩层中，或无法采用机械成孔或机械成孔非常困难且水文、地质条件允许的地区，可采用人工挖孔施工。岩溶地区和采空区不宜采用人工挖孔施工。孔内空气污染物超过《环境空气质量标准》GB 3095—2012 规定的三级标准浓度限值，且无通风措施时，不得采用人工挖孔施工；桩径或最小边宽度小于 1200mm 时不得采用人工挖孔施工。

② 挖孔施工现场应配备气体浓度检测仪器，进入桩孔前应先通风 15min 以上，并经检查确认孔内空气符合《环境空气质量标准》GB 3095—2012 规定的三级标准浓度限值。人工挖孔作业时，应持续通风，现场应至少备用 1 套通风设备。

③ 挖孔施工的技术要求。

a. 人工挖孔施工应制定专项施工技术方案，并应根据工程地质和水文地质情况，因地制宜选择孔壁支护方式。

b. 孔口处应设置高出地面不小于 300mm 的护圈，并应设置临时排水沟防止地表水流入孔内。

c. 挖孔施工时相邻两桩孔不得同时开挖，宜间隔交错跳挖。

d. 采用混凝土护壁支护的孔，护壁混凝土的强度等级，当直径小于或等于 1.5m 时应不小于 C25，直径大于 1.5m 时应不小于 C30。挖孔作业时必须挖一节筑一节护壁，护壁的节段高度必须按专项施工方案执行，且不得超过 1m，护壁模板应在混凝土强度达到 5MPa 以上后拆除。严禁只挖、不及时浇筑护壁的冒险作业。护壁外侧与孔壁间应填实，不密实或有空洞时，应采取措施进行处理。

e. 桩孔直径应符合设计规定，孔壁支护不得占用直径尺寸，挖孔过程中，应经常检查桩孔尺寸、平面位置和竖轴线倾斜情况，如偏差超出规定范围应随时纠正。

f. 挖孔的弃土应及时转运，孔四周作业范围内不得堆积弃土及其他杂物。

g. 挖孔达到设计高程并经确认后，应将孔底的松渣、杂物和沉渣等清除干净。

h. 孔内无积水时，按施工方法进行混凝土灌注，并用插入式振动棒振密实；孔内有积水且无法排净时，宜按水下混凝土灌注的要求施工。

④ 挖孔桩施工的安全要求。

a. 施工前应编制专项施工方案并应对作业人员进行安全技术交底。

b. 挖孔作业前，应详细了解地质、地下水文等情况，不得盲目施工。

c. 桩孔内的作业人员必须戴安全帽、系安全带、穿防滑鞋，人员上下时必须系安全绳，安全绳必须系在孔口。作业人员应通过带护笼的直梯进出，人员上下不得携带工具和材料。作业人员不得利用卷扬机上下桩孔。

d. 桩孔内应设防水带罩灯泡照明，用电应为安全电压，电缆应为防水绝缘电缆，并应设置漏电保护器。当需要设置水泵、电钻等动力设备时，应严格接地。

e. 人工挖孔作业时应始终保持孔内空气质量符合相关要求；孔深大于 10m 时或空气质量不符合要求时，孔内作业必须采取机械强制通风措施。

f. 孔深不宜超过 15m，孔深超过 15m 的孔内应配备有效的通信器材，作业人员在孔内连续作业不得超过 2h；支护应采用钢筋混凝土护壁，孔内爬梯应每间隔 8m 设一处休息平台。深超过 30m 的孔应配备作业人员升降设备。

g. 孔口应设专人看守，孔内作业人员应检查护壁变形、裂缝、渗水等情况，并与孔口人员保持联系，发现异常应立即撤出。

h. 桩孔内遇岩层需要爆破作业时，应进行爆破的专门设计，宜采用浅眼松动爆破法，并应严格控制炸药用量，在炮眼附近应对孔壁加强防护或支护。孔深大于 5m 时，必须采用导爆索或电雷管引爆。桩孔内爆破后应先通风排烟 15min 并经检查确认无有害气体后，施工人员方可进入孔内继续作业。

（2）桥梁承台施工

1）承台是桩与柱或墩的联系部分。承台的分类，按构造方式可分为高桩承台和低桩承台；按施工方式可分为现浇承台和预制承台；按埋置方式可分为陆上承台和水中承台。这里主要介绍现浇承台的施工。

2）当承台处于干处时，一般直接采用明挖基坑，并根据基坑状况采取一定措施后，在其上安装模板，浇筑承台混凝土。基坑开挖一般采用机械开挖，并辅以人工清底找平，基坑的开挖尺寸根据承台的尺寸、支模及操作的要求、设置排水沟及集水坑的需要等因素进行确定。基坑开挖、支护与排水施工见本书第 8.3.3 节桩基施工、基坑开挖及排水的施工要求。

3）承台底的处理。

① 承台基底为非黏性土或干土时，在施工前应将其润湿，并应按设计要求浇筑混凝土垫层，垫层顶面不得高于基础底面设计高程；地基为淤泥或承载力不足时，应按设计要求处理后方可进行基础的施工；基底为岩石时，应采用水冲洗干净，且在基础施工前应铺设一层不低于基础混凝土强度等级的水泥砂浆。

② 当承台底位于河床以上的水中，采用有底吊箱或其他方法在水中将承台模板支撑和固定，如利用桩基或临时支撑。承台模板安装完毕后抽水、堵漏，即可在干处灌注承台混凝土。

4）承台模板、钢筋施工与混凝土的浇筑。

① 承台模板一般采用组合钢模，在施工前必须进行详细的模板设计，以保证使模板

有足够的强度、刚度和稳定性，能可靠地承受施工过程中可能产生的各项荷载，保证结构各部形状、尺寸的准确。模板要求平整，接缝严密，支撑牢固，拆装容易，操作方便。

承台施工前应进行桩基等隐蔽工程的质量验收，承台顶的混凝土面应按水平施工缝的要求凿毛，桩头预留钢筋上的泥土及鳞锈等应清理干净。承台基底为软弱土层时，应按设计要求采取措施，避免在浇筑承台混凝土过程中产生不均匀沉降。

② 承台的钢筋和混凝土应在无水条件下进行施工，施工时应根据地质、地下水位和基坑内的积水等情况采取防水或排水措施。钢筋的制作严格按技术规范及设计图纸的要求进行，墩身的预埋钢筋位置要准确、牢固。应采取有效措施，使承台钢筋的混凝土保护层厚度符合设计规定。桩伸入承台的长度以及边桩外侧与承台边缘的净距应不小于设计规定值。

③ 混凝土的配制除要满足技术规范及设计图纸的要求外，还要满足施工的要求，如泵送对坍落度的要求等。为改善混凝土的性能，根据具体情况掺加合适的混凝土外加剂如减水剂、缓凝剂、防冻剂等。

④ 混凝土宜在全平截面范围内水平分层进行浇筑，且机械设备的能力应满足混凝土浇筑施工的要求。当浇筑量过大，设备能力难以满足施工要求，或大体积混凝土温控需要时可分层或分块浇筑。承台结构属大体积混凝土的，应按大体积混凝土的技术要求进行施工。

⑤ 除上述施工要求外结合“8.3.3 节钢筋工程”“8.3.3 节模板及脚手架工程”“8.3.3 节混凝土工程”进行实施。

（3）桥梁墩台施工

1）桥墩施工

① 钢筋混凝土桥墩施工一般在现场就地整体浇筑或分节段浇筑，桥墩高处作业的施工安全应符合相关规范的规定。

② 桥墩施工前，应对其施工范围内基础顶面的混凝土进行凿毛处理，并应将表面的松散层、石屑等清理干净，对分节段施工的桥墩，其接缝亦应做相同的凿毛和清洁处理。

③ 应尽量缩短首节桥墩墩身与承台之间浇筑混凝土的间隔时间，间歇期宜不大于10d，当不能满足间歇期要求时，应采取防止墩身、台身混凝土开裂的有效措施。墩身平面尺寸较大时，首节墩身可与承台同步施工。

④ 桥墩高度小于或等于 10m 时可整体浇筑施工；高度超过 10m 时可分节段施工。节段的高度宜根据施工环境条件和钢筋定尺长度等因素确定。上一节段施工时，已浇节段的混凝土强度应不低于 2.5MPa。各节段之间浇筑混凝土的间歇期宜控制在 7d 以内。各节段之间浇筑混凝土的间歇期宜控制在 7d 以内。

⑤ 桥的钢筋可分节段制作和安装，且应保证其连接精度条件具备时，亦可采用整体制作、整体安装的方式施工，但在制作、存放、运输和安装时应采取有效措施保证其刚度，避免产生过大的变形。

⑥ 在模板安装前，应在基础顶面放出桥墩的轴线及边缘线，对分节段施工的桥墩其首节模板安装的平面位置和垂直度应严格控制。模板在安装过程中应通过测量监控措施保证桥墩的垂直度，并应有防倾覆的临时措施；对风力较大地区的墩身模板，应考虑其抗风稳定性。

⑦ 浇筑混凝土时，串筒、溜槽等的布置应便于混凝土的摊铺和振捣，并应明确划分

工作区域。混凝土浇筑完成后，应及时进行养护，养护时间应不少于7d。

⑧ 作业人员的上下步梯宜采用钢管脚手架或专用产品搭设，并应进行专项设计，搭设时应固定在已浇筑完成的墩身上。

2）桥台施工

桥台在施工前应在基础顶面测量放样出台身的纵横向轴线和内外轮廓线，其平面位置应准确。当台身较长需要设置沉降缝时，应在施工前确定其设置位置。各类桥台的施工要求叙述如下：

① 重力式桥台施工

a. 混凝土或钢筋混凝土台身宜一次连续浇筑完成，当台身较长或截面积过大，一次连续浇筑完成难以保证混凝土质量时，可分段或分层浇筑。分段浇筑时，其接缝宜设置在沉降缝处；分层浇筑时应采取有效措施控制接缝的外观质量，防止产生过大的层间错台。

b. 采用片石混凝土浇筑圬工台身时，应选用无裂纹、无夹层、未煅烧过并具有抗冻性的石块，片石混凝土的施工要求应符合《公路桥涵施工技术规范》JTG/T 3650—2020的相关规定。

c. 采用石料砌筑圬工台身时，其施工要求应符合《公路桥涵施工技术规范》JTG/T 3650—2020的规定。

d. 翼墙、八字墙施工时，其顶面坡度的变化应与台后边坡的坡度相适应。

e. 桥台后背与回填土接触面的防水处理应符合设计规定。

② 加筋土桥台施工

a. 混凝土面板的预制施工应符合相关规定。露于面板混凝土外面的钢拉环、钢板锚头应做防锈处理，加筋带与钢拉环的接触面应做隔离处理。筋带的强度和受力后的变形应满足设计要求，筋带应能与填料产生足够的摩擦力，接长和与面板的连接应简单。

b. 面板应按要求的垂度挂线安砌，安砌时单块面板可内倾1/200～1/100，作为填料压实时面板外倾的预留度。不得在未完成填土作业的面板上安砌上一层面板。

c. 钢带应平顺铺设于已压实整平的填料上，不得弯曲或扭曲；钢筋混凝土带可直接铺设在已压实整平的填料上或在填料上挖槽铺设；加筋带应呈扇形辐射状铺设，不宜重叠，不得卷曲或折曲，且不得与尖锐棱角的粗粒料直接接触。在与桥台立柱或肋板相互干扰时，筋带可适当避让。

d. 台背筋带锚固段的填筑宜采用粗粒土或改性土等填料。当填料为黏性土时，宜在面板后不小于0.5m范围内回填砂砾材料。

e. 填料摊铺厚度应均匀一致，表面平整，并应设置不小于3%的横坡。当采用机械摊铺时，摊铺机械距面板应不小于1.5m。机械的运行方向应与筋带垂直，且不得在未覆盖填料的筋带上行驶或停车。

f. 台背填料应严格分层碾压，碾压时宜先轻后重，且不得使用羊足碾。压实作业应先从筋带中部开始，逐步碾压至筋带尾部，再碾压靠近面板部位，且压实机械距面板应不小于1.0m。台背填筑施工过程中应随时观测加筋土桥台的变化。

③ 其他形式桥台施工要求

a. 肋板式埋置式桥台施工时，肋板的斜面方向应符合设计规定的方向，避免反置。柱式和肋板式等埋置式桥台施工完成后的填土要求均应符合规范规定，台前溜坡的坡度及其坡面防护应符合设计的规定。

b. 薄壁轻型桥台施工时，对混凝土的浇筑应采取有效措施，保证其浇筑质量。施工完成后台背的填土要求除应符合规范规定外，对设置有支撑梁的，尚应在支撑梁安装完成后再填土。

c. 组合式桥台应按其各组成部分的相应要求进行施工。锚碇（拉）板式组合桥台可按加筋土桥台施工的规定进行施工；挡土墙组合桥台中挡土墙的施工应符合《公路路基施工技术规范》JTG/T 3610—2019 的规定；后座式组合桥台中的后座可按重力式桥台的规定进行施工，台身与后座之间的构造缝应严格按设计要求施工。

3）台背回填施工要求

① 桥涵台背的填料应符合设计规定。设计未规定时，宜采用天然砂砾、二灰土、水泥稳定土或粉煤灰等轻质材料，不得采用含有泥草、腐殖质或冻块的土。采用膨胀性聚苯乙烯泡沫塑料、泡沫轻质土等特殊材料回填施工时，应符合《公路路基施工技术规范》JTG/T 3610—2019 和《现浇泡沫轻质土技术规程》CECS 249—2008 的规定。

② 台背回填应顺路线方向，自台身起，其填土的长度在顶面应不小于桥台高度加 2m，在底面应不小于 2m；拱桥台背填土的长度应不小于台高的 3～4 倍。锥坡填土应与台背填土同时进行，并应按设计宽度一次填足。

③ 台背回填应严格控制土的分层厚度和压实度，应设专人负责监督检查，检查频率应每 $50m^2$ 检验一点，不足 $50m^2$ 时应至少检验一点，每点均应合格，且宜采用小型机械压实。桥涵台背填土的压实度应不小于 96％。

④ 台背回填的顺序应符合设计规定。设计未规定时，拱桥的台背填土宜在主拱圈安装或砌筑以前完成；梁式桥轻型桥台的台背填土宜在梁体安装完成以后，在两端桥台平衡地进行；埋置式桥台的台背填土宜在柱侧对称、平衡地进行。

4. 支座系统施工

（1）桥梁支座的作用

桥梁支座应有足够的承载能力以传递支座反力（竖向力和水平力）；对桥梁变形约束尽可能小，适应梁体自由伸缩和转动需要；便于安装、养护和维修，必要时可以进行更换。

（2）桥梁支座的分类

1）变形可能性：固定、单向活动、多向活动。

2）材料：钢、聚四氟乙烯（滑动）、橡胶（板式、盆式）。

3）结构形式：弧形、摇轴、辊轴、橡胶、球形、拉压。

（3）常用桥梁支座施工

1）一般规定

① 安装温度与设计要求不同时，应通过计算设置顺桥方向预偏量。

② 平面位置和顶面高程必须正确，不得偏斜、脱空、不均匀受力。

③ 滑动面上聚四氟乙烯滑板和不锈钢板位置应正确，不得有划痕、碰伤。

④ 活动支座安装前应采用丙酮或酒精解体清洗各相对滑移面，擦净满注硅脂。

⑤ 支座垫石和挡块宜二次浇筑，确保高程和位置准确。

2）板式橡胶支座

① 安装前将垫石顶面清理干净，干硬性水泥砂浆抹平顶面标高符合设计要求。

② 梁、板安放时应位置准确，且与支座密贴。如就位不准或与支座不密贴时，必须重新起吊，采取垫钢板等措施，不得用撬棍移动。

3）现浇梁盆式支座安装

① 安装前检查支座连接状况，不得松动上下钢板连接螺栓。

② 就位部位垫石凿毛，清除预留锚栓孔，安装灌浆用模板，检查支座中心位置及标高，重力方式灌浆，灌浆材料终凝后，拆除模板，漏浆检查，梁浇筑完混凝土后及时拆除各支座上下钢板连接螺栓。

4）预制梁盆式支座安装

① 生产过程中按设计位置预先将支座上钢板预埋至梁体内。

② 吊装前将支座固定在预埋钢板上并用螺栓拧紧。

③ 缓慢吊起，将支座下锚杆对准盖梁上预留孔，缓慢落至临时支撑上，安装支座同时盖梁上安装支座灌浆模板，进行支座灌浆。

④ 安装结束检查漏浆，并拆除各支座上、下连接钢板及螺栓。

5. 上部结构施工

(1) 钢筋混凝土和预应力混凝土梁（板）桥施工

1）一般要求：

① 装配式桥的构件在脱底模、移运、存放和安装时，混凝土的强度应不低于设计规定的吊装强度；设计未规定时，应不低于设计强度的 80%。

② 构件安装前应检查其外形、预埋件的尺寸和位置，允许偏差不得超过设计规定。

③ 安装构件时，支承结构（墩台、盖梁）的混凝土强度和预埋件（包括预留锚栓孔、锚栓、支座钢板等）的尺寸、高程及平面位置应符合设计要求。

④ 构件安装就位完毕并经检查校正符合要求后，方可焊接或浇筑混凝土固定构件。简支梁的安装应采取措施保证梁体的稳定性，防止倾覆。

⑤ 对分层、分段安装的构件，应在先安装的构件可靠固定且受力较大的接头混凝土达到设计强度的 80%后，方可继续安装；设计有规定时，应从其规定。

⑥ 分段拼装梁的接头混凝土或砂浆，其强度应不低于构件的设计强度；不承受内力的构件的接缝砂浆，其强度应不低于 M10。需要与其他混凝土或砌体结合的预制构件的砌筑面应按施工缝要求处理。

⑦ 构件预制场的布置应满足预制、移运、存放及架设安装的施工作业要求；场地应平整、坚实，应根据地基情况和气候条件，设置必要的防排水设施，并应采取有效措施防止场地沉陷。砂石料场的地面宜进行硬化处理。

2）构件的预制台座应符合下列规定：

① 预制台座的地基应具有足够的承载能力和稳定性。当用于预制后张预应力混凝土梁、板时，宜对台座两端及适当范围内的地基进行特殊加固处理。

② 预制台座应采用适宜的材料和方式制作，且应保证其坚固、稳定、不沉陷。

③ 预制台座的间距应能满足施工作业的要求；台座表面应光滑、平整，在 2m 长度上平整度的允许偏差应不超过 2mm，且应保证底座或底模的挠度不大于 2mm。

④ 对预应力混凝土梁、板，应根据设计提供的理论拱度值，结合施工的实际情况，正确预计梁体拱度的变化情况，在预制台座上按梁、板构件跨度设置相应的预拱度。当预

计后张预应力混凝土梁的上拱度值较大，将会对桥面铺装的施工产生不利影响时，宜在预制台座上设置反拱。

⑤ 预制台座应具有对梁底的支座预埋钢板或楔形垫块进行角度调整的功能，并应在预制施工时严格按设计要求的角度进行设置。

3）各种构件混凝土的浇筑除应符合《公路桥涵施工技术规范》JTG/T 3650—2020 的有关规定外，尚应符合下列规定：

① 腹板底部为扩大断面的 T 形梁和 I 形梁，应先浇筑扩大部分并振实后，再浇筑其上部腹板。

② U 形梁可上下一次浇筑或分两次浇筑。一次浇筑时，宜先浇筑底板至底板承托顶面，待底板混凝土振实后再浇筑腹板；分两次浇筑时，宜先浇筑底板至底板承托顶面，按施工缝处理后，再浇筑腹板混凝土。

③ 箱形梁宜一次浇筑完成，且宜先浇筑底板至底板承托顶面，待底板混凝土振实后再浇筑腹板、顶板。

④ 中小跨径的空心板浇筑混凝土时，芯模应有防止上浮和偏位的可靠措施。

⑤ 对高宽比较大的预应力混凝土 T 形梁和 I 形梁，应对称、均衡地施加预应力，并应采取有效措施防止梁体产生侧向弯曲。

4）构件的场内移运应符合下列规定：

① 对后张预应力混凝土梁、板，在施加预应力后可将其从预制台座吊移至场内的存放台座再进行孔道压浆。

② 从预制台座上移出梁、板仅限一次，不得在孔道压浆前多次倒运。

③ 吊移的范围必须限制在预制场内的存放区域，不得移往他处。

④ 吊移过程中不得对梁、板产生任何冲击和碰撞。

⑤ 不得将构件安装就位后再进行预应力孔道压浆。

⑥ 后张预应力混凝土梁、板在预制台座上进行孔道压浆后再移运的，移运时其压浆浆体的强度应不低于设计强度的 80%。

⑦ 梁、板构件移运时的吊点位置应符合设计规定；设计未规定时，应根据计算决定。构件的吊环必须采用未经冷拉的 HPB300 钢筋制作，且吊环应顺直。吊绳与起吊构件的交角小于 60°时，应设置吊架或起吊扁担，使吊点垂直受力。吊移板式构件时，不得吊错上、下面。

5）构件的存放应符合下列规定：

① 存放台座应坚固稳定，且宜高出地面 200mm 以上。存放场地应有相应的防排水设施，并应保证梁、板等构件在存放期间不致因支点沉陷而受到损坏。

② 梁、板构件存放时，其支点应符合设计规定的位置，支点处应采用垫木和其他适宜的材料进行支承，不得将构件直接支承在坚硬的存放台座上；存放时混凝土养护期未满的，应继续养护。

③ 构件应按其安装的先后顺序编号存放，预应力混凝土梁、板的存放时间宜不超过 3 个月，特殊情况下应不超过 5 个月。存放时间超过 3 个月时，应对梁、板的上拱度值进行检测，当上拱度值过大将会严重影响后续桥面铺装施工或梁、板混凝土产生严重开裂时，则不得使用。

④ 当构件多层叠放时，层与层之间应以垫木隔开，各层垫木的位置应设在设计规定的支点处，上下层垫木应在同一条竖直线上；叠放的高度宜按构件强度、台座地基的承载力、垫木强度及叠放的稳定性等经计算确定，大型构件以 2 层为宜，应不超过 3 层，小型构件宜为 6～10 层。

⑤ 雨季或春季融冻期间，应采取有效措施防止因地面软化下沉而造成构件断裂及损坏。

6）构件的运输应符合下列规定：

① 板式构件运输时，宜采用特制的固定架稳定构件。对小型构件，宜顺宽度方向侧立放置，并应采取措施防止倾倒；如平放，在两端吊点处必须设置支搁方木。

② 梁的运输应按高度方向竖立放置，并应有防止倾倒的固定措施；装卸梁时，必须在支撑稳妥后，方可卸除吊钩。

③ 采用平板拖车或超长拖车运输大型构件时，车长应能满足支点间的距离要求，支点处应设活动转盘防止搓伤构件混凝土；运输道路应平整，如有坑洼而高低不平时，应事先处理平整。

④ 水上运输构件时，应有相应的封舱加固措施，并应根据天气状况安排装卸和运输作业时间，同时应满足水上（海上）作业的相关安全规定。

7）简支梁、板的安装应符合下列规定：

① 安装前应制定专项施工方案，安装的方法和安装设备应根据构件的结构特点、重力及施工环境条件等因素综合确定；对安装施工中的各种临时受力结构和安装设备的工况应进行必要的安全验算，所有施工设施均宜进行试运行和荷载试验。

② 安装前应对墩台的施工质量进行检验，并应对支座或临时支座的平面位置和高程进行复测，合格后方可进行梁、板等构件的安装。

③ 采用架桥机进行安装作业时，其抗倾覆稳定系数应不小于 1.3；架桥机过孔时，应将起重小车置于对稳定最有利的位置，且抗倾覆稳定系数应不小于 1.5；不得采用将梁、板吊挂在架桥机后部配重的方式进行过孔作业。双导梁架桥机施工工艺流程主要包括：梁体预制及运输、铺设轨道—KD 架桥机及导梁拼装—试吊—架桥机前移至安装跨—支顶前支架—运梁、喂梁—吊梁、纵移到位—降梁、横移到位—安放支座、落梁—重复直顶前支架至安放支座、落地，架设下一片梁—铰接缝施工，完成整跨安装—架桥机前移至下一跨，直至完成整桥安装。

④ 采用起重机吊装构件时，如采用 1 台吊机起吊，应在吊点位置的上方设置吊架或起吊扁担；如采用两台起重机抬吊，应统一指挥，协调一致，使构件的两端同时起吊、同时就位。

⑤ 采用缆索吊机进行安装时，应事先对缆索吊机进行 1.2 倍最大设计荷载的静力试验和设计荷载下的试运行，全面验收合格后方可使用。

⑥ 梁、板安装施工期间及架桥机移动过孔时，严禁行人、车辆和船舶在作业区域的桥下通行。

⑦ 梁、板就位后，应及时设置保险垛或支撑将构件临时固定，对横向自稳性较差的 T 形梁和 I 形梁等，应与先安装的构件进行可靠的横向连接，防止倾倒。

⑧ 安装在同一孔跨的梁、板，其预制施工的龄期差宜不超过 10d，特殊情况应不超过

30d。梁、板上有预留孔道的，其中心应在同一轴线上，偏差应不大于4mm。梁、板之间的横向湿接缝，应在一孔梁、板全部安装完成后方可进行施工。

⑨ 对弯、坡、斜桥的梁、板，其安装的平面位置、高程及几何线形应符合设计要求。当安装条件与设计规定的条件不一致时，应对构件在安装时产生的内力进行复核。

8）先简支后连续的梁，其施工应符合下列规定：

当设置临时支座进行支承时，对一片梁中的各临时支座，其顶面的相对高差应不大于2mm。

9）简支变连续的施工程序应符合下列设计规定：

① 对湿接头处的梁端，应按施工缝的要求进行凿毛处理。永久支座应在设置湿接头底模之前安装。湿接头处的模板应具有足够的强度和刚度，与梁体的接触面应密贴并具有一定的搭接长度，各接缝应严密不漏浆。负弯矩区的预应力管道应连接平顺，与梁体预留管道的接合处应密封；预应力锚固区预留的张拉齿板应保证其外形尺寸准确且不被损坏。

② 湿接头的混凝土宜在一天中气温相对较低的时段浇筑，且一联中的全部湿接头应尽快浇筑完成。湿接头混凝土的养护时间应不少于14d。

③ 湿接头按设计要求施加预应力、孔道压浆且浆体达到规定强度后，应立即拆除临时支座，按设计规定的顺序完成体系转换。同一片梁的临时支座应同时拆除。

（2）拱桥施工

1）钢拱桥

① 钢拱肋的制造线形应满足设计和监控的要求。钢拱肋制造加工完成后应在厂内进行试拼装。

② 钢拱桥的安装程序应符合设计规定，且宜采用无支架或少支架的安装方法施工。采用拱上悬臂吊机安装构件时，除应具有足够的安全系数外，拱上悬臂吊机的行走系统尚应适应拱顶坡度和形状的变化。

③ 钢拱桥可单构件安装或拼装成节段进行安装。当拼装成节段进行安装时，应防止节段在施工过程中产生过大的变形，必要时应采取临时加固措施增加其刚度。

拱肋节段间的安装应对称进行。拱肋的端头应设临时连接装置，安装时应先临时连接后再进行正式连接，并应对称施焊或栓接。

④ 钢拱桥合龙时，合龙段的安装应符合设计规定，并应按设计要求采取相应的辅助措施；设计未规定时，对钢桁拱宜采用单构件安装合龙；对钢箱拱应提前设置临时刚性连接再进行合龙钢构件的焊接或栓接连接。

2）石拱桥

① 用于砌筑拱圈的拱石应采用粗料石或块石按拱圈放样尺寸加工成楔形。拱石的厚度应不小于200mm，加工成楔形时其较薄端的厚度应符合设计要求的尺寸或按施工放样的要求确定，其高度应为最小厚度的1.2～2.0倍，长度应为最小厚度的2.5～4.0倍。拱石应按立纹破料，岩层面应与拱轴线垂直，各排拱石沿拱圈内弧的厚度应一致。

② 拱圈及拱上结构施工时应按设计要求留置施工预拱度。砌筑施工前，应先详细检查拱架和模板，符合要求后方可开始砌筑。拱圈的辐射缝应垂直于拱轴线，辐射缝两侧相邻两行拱石的砌缝应互相错开，错开距离应不小于100mm，同一行内上下层接缝可不错

开。浆砌粗料石和混凝土预制块拱圈的砌缝宽度应为10～20mm，块石拱圈的砌缝宽度应不大于30mm；用小石子混凝土砌块石时，砌缝宽度应不大于50mm。

③ 拱圈砌筑的程序应符合下列规定

a. 砌筑拱圈前，应根据拱圈的跨径、矢高、厚度及拱架等情况，设计并确定拱圈砌筑的程序。砌筑时，应在适当的位置设置变形观测缝，随时监测拱架的变形情况，必要时应对砌筑程序进行调整，控制拱圈的变形。

b. 跨径小于10m的拱圈，当采用满布式拱架砌筑时，可从两端拱脚起顺序向拱顶方向对称、均衡地砌筑，最后砌拱顶石；当采用拱式拱架砌筑时，宜分段、对称地先砌筑拱脚和拱顶段，后砌1/4跨径段。

c. 跨径10～20m的拱圈，不论采用何种拱架，每半跨均应分成三段砌筑，先砌拱脚段和拱顶段，后砌1/4跨径段，且两半跨应同时对称地进行。对分段砌筑的拱段，当其斜角大于砌块与模板间的摩擦角时，应在拱段下部设置临时支撑，避免拱段滑移。

d. 跨径大于20m的拱圈，其砌筑程序应符合设计规定；设计未规定时，宜采用分段砌筑或分环分段相结合的方法砌筑，必要时应对拱架预加一定的压力。分环砌筑时，应待下环砌筑合龙、砌缝砂浆强度达到设计强度的85％以上后，再砌筑上环。

e. 多孔连续拱桥拱圈的砌筑，应考虑连拱的影响，并应专门制定相应的砌筑程序。

3）拱上建筑

① 主拱圈的混凝土强度达到设计规定强度后，方可进行拱上结构的施工。施工前应对拱上结构立柱、横墙等基座的位置和高程进行复测检查，如超过允许偏差应予以调整。基座与主拱的联结应牢固，同时应解除拱架、扣索等约束。

② 对大跨径拱桥的拱上结构，施工时应严格按设计加载程序进行，设计未提供加载程序时，应根据施工验算由拱脚至拱顶均衡、对称加载。施工中应对主拱圈进行监测和控制。

（3）钢桥施工

1）按照力学体系分类，钢桥有梁、拱、索三大基本体系和组合体系桥；按照主梁结构形式，可分为钢板梁、钢箱梁、钢桁梁和结合梁；按照截面沿跨度方向有无变化，可分为等截面钢梁和变截面钢梁；按照连接方式，可分为铆接、焊接、栓接以及栓焊连接。若钢桥构件在工厂焊接后运到工地，再全部用焊接组装成钢桥，称为工地全焊连接；若在工地部分构件用高强度螺栓连接，另一部分用焊缝焊接组装成钢桥，则称为合用连接，而铆接现在已经基本上不再应用。

2）钢桥安装要点

① 组装

a. 组装前，应熟悉图纸和工艺文件，并应按图纸核对零件编号、外形尺寸和坡口方向，确认无误后方可组装。

b. 对采用埋弧焊、CO_2气体保护焊及低氢型焊条手工焊等方法焊接的接头，在组装前应将待焊区域的铁锈、氧化皮、污垢、水分等有害物清除干净，使其表面露出金属光泽。采用埋弧焊焊接的焊缝，应在焊缝的端部连接引出板，引出板的材质、厚度、坡口应与所焊件相同；引出板长度应不小于100mm。

c. 需做产品试板检验时，应在焊缝端部连接试板，试板的材质、厚度、坡口应与所焊对接板材相同，试板尺寸应满足试验取样要求。

d. 钢构件的组装应在胎架或平台上完成，每次组装前均应对胎架或平台进行检查，确认合格后方可组装。组装时应将相邻焊缝错开，错开的最小距离应符合设计的规定。

采用先孔法的钢构件，组装时必须以孔定位；采用胎型组装时，每一孔群应打入的定位冲钉不得少于2个，冲钉直径应不小于设计孔径0.1mm。

e. 大型钢箱梁的梁段应在胎架上组装，胎架应具有足够的刚度和几何尺寸精度，且在横向应预设上拱度，组装前应按工艺文件要求检测胎架的几何尺寸，监控测量应避开日照的影响。

② 焊接

a. 在工厂或工地焊接工作之前，对首次使用的钢材和焊接材料应进行焊接工艺评定。

b. 焊接工艺应根据焊接工艺评定报告编制，施焊时应严格遵守焊接工艺，不得随意改变焊接参数。焊接材料应根据焊接工艺评定确定，焊剂、焊条应按产品说明书烘干使用，对储存期较长的焊接材料，使用前应重新按标准检验。CO_2 气体保护焊的气体纯度应大于99.5%。

c. 焊接工作宜在室内进行，焊接环境的相对湿度应小于80%；焊接环境的温度，对低合金高强度结构钢应不低于5℃，普通碳素结构钢应不低于0℃。主要钢构件应在组装后24h内焊接。

d. 钢构件在露天焊接时，必须采取防风和防雨措施；主要钢构件应在组装后12h内焊接，当钢构件的待焊部位结露或被雨淋后，应采取相应措施去除水分和浮锈。

e. 施焊时母材的非焊接部位严禁焊接引弧，焊接后应及时清除熔渣及飞溅物。多层焊接时宜连续施焊，且应控制层间温度，每一层焊缝焊完后应及时清理检查，应在清除药皮、熔渣、溢流和其他缺陷后，再焊下一层。

f. 焊前预热温度应通过焊接性试验和焊接工艺评定确定；预热范围宜为焊缝每侧100mm以上，且宜在距焊缝30～50mm范围内测温。

g. 焊接完毕且待焊缝冷却至室温后，应对所有焊缝进行外观检查，焊缝不应有裂纹、未熔合、夹渣、未填满弧坑、漏焊，焊接缺陷应符合《公路桥涵施工技术规范》JTG/T 3650—2020的相关规定。

h. 焊缝经外观检查合格后方可进行无损检测，无损检测应在焊接24h后进行。箱形构件棱角焊缝探伤的最小有效厚度为$\sqrt{2t}$（t为水平板厚度，以mm计），当设计有熔深要求时应从其规定。

i. 采用超声波、射线、磁粉等多种方法检验的焊缝，应达到各自的质量要求，该焊缝方可认为合格。对构造复杂或厚板钢构件的焊缝，可采用相控阵或TOFD等作为辅助技术手段进行探伤检测。

③ 钢构件矫正

a. 冷矫的环境温度宜不低于5℃，矫正时应缓慢加力，冷矫的总变形量应不大于变形部位原始长度的2%。时效冲击值不满足要求的拉力钢构件，不得矫正。

b. 热矫时加热温度应控制在600～800℃，严禁过烧，且不宜在同一部位多次重复加热。

④ 高强度螺栓连接副与摩擦面处理

a. 公路钢结构桥梁所用的高强度螺栓连接副可选用大六角形和扭剪型两类，并应在专业螺栓厂制造，高强度螺栓、螺母、垫圈的表面宜进行表面防锈处理；垫圈两面应平直，不得翘曲，其维氏硬度 HV30 应为 329～436（HRC35～45）。

b. 高强度螺栓连接附件应由制造厂按批配套供货，并应提供出厂质量保证书。运输或搬运时应轻装轻卸，防止损伤螺纹。进场后除应检查出厂质量保证书外，尚应从每批螺栓中抽取 8 副进行检验。

⑤ 摩擦面处理应符合下列规定

a. 在工地以高强度螺栓栓接的构件和梁段板面（摩擦面）应进行处理，处理后抗滑移系数值应符合设计规定；设计未规定时，抗滑移系数出厂时应不小于 0.55，工地安装前的复验值应不小于 0.45。

b. 抗滑移系数试验用的试件应按制造批每批制作 6 组，其中 3 组用于出厂试验，2 组用于工地复验。抗滑移系数试件应与构件同材质、同工艺、同批制造，并应在同条件下运输、存放，且试件的摩擦面不得损伤。

⑥ 试拼装

a. 钢结构桥梁应按试装图进行厂内试拼装，未经试拼装检验合格，不得成批生产。

b. 试拼装应在胎架上进行，胎架应有足够的刚度，其基础应有足够的承载力。胎架顶面（梁段底）纵、横向线形应与设计要求的梁底线形相吻合。试拼时钢构件应解除与胎架间的临时连接，处于自由状态。

c. 板梁应整孔试拼装；简支桁梁的试拼装长度宜不小于半跨，且桁梁宜采用平面试拼装；连续梁试拼装应包括所有变化节点；对大跨径桥的钢梁，每批梁段制造完成后，应进行连续匹配试拼装，每批试拼装的梁段数量应不少于 3 段，试拼装检查合格后，应留下最后一个梁段并前移参与下一批次试拼装。

d. 钢桥墩和钢索塔的塔柱、钢锚箱应采取两节段立位匹配试拼装，合格后还应进行多节段水平位置的试拼装，每一批次的多节段水平位置试拼装应不少于 5 个节段。

e. 试拼装时应使板层密贴，冲钉宜不少于螺栓孔总数的 10%，螺栓宜不少于螺栓孔总数的 20%；有磨光顶紧要求的构件，应有 75%以上面积密贴，采用 0.2mm 的塞尺检查时，其塞入面积应不超过 25%。

f. 试拼装时，应采用试孔器检查所有螺栓孔，桁梁主桁的螺栓孔应能 100%自由通过较设计孔径小 0.75mm 的试孔器，桥面系和连接系的螺栓孔应 100%自由通过较设计孔径小 1.0mm 的试孔器，板梁和箱梁的螺栓孔应 100%自由通过较设计孔径小 1.5mm 的试孔器，方可认为合格。

g. 试拼装检验应在无日照影响的条件下进行，并应有详细的检查记录。

⑦ 涂装

a. 桥梁的钢构件在涂装前，应对其表面进行除锈处理。除锈应采用喷丸或抛丸的方法进行，除锈等级应符合设计规定；设计未规定时，应达到《涂覆涂料前钢材表面处理 表面清洁度的目视评定 第 1 部分：未涂覆过的钢材表面和全面清除原有涂层后的钢材表面的锈蚀等级和处理等级》GB/T 8923.1—2011 规定的 Sa2.5 级，表面粗糙度 Ra 应达到 25～60nm；对高强度螺栓连接面，除锈等级应达到 Sa3 级，表面粗糙度 Ra 应达到 50～100nm，且除锈后的连接面宜进行喷铝处理或涂装无机富锌防滑涂料，同时应清除高强度螺栓头部的油污及螺母、垫圈外露部分的皂化膜。涂装前，应对钢构件的自由边双侧倒弧，倒弧半径应不小于2.0mm。

b. 涂装施工时，钢构件表面不应有雨水或结露，相对湿度应不高于80%；环境温度对环氧类漆不得低于10℃，对水性无机富锌防锈底漆、聚氨酯漆和氟碳面漆不得低于5℃。在风沙天、雨天和雾天不应进行涂装施工；涂装后4h内应采取保护措施，避免遭受雨淋。

c. 底漆、中间漆涂层的最长暴露时间宜不超过7d，两道面漆的涂装间隔时间亦宜不超过7d；若超过，应先采用细砂纸将涂层表面打磨成细微毛面，再涂装后一道面漆。喷铝应在表面清理后4h内完成。

d. 涂装后，应在规定的位置涂刷钢构件标记。钢构件码放必须在涂层干燥后进行。

涂料涂层的表面应平整均匀，不应有漏涂、剥落、起泡、裂纹和气孔等缺陷，颜色应与比色卡一致；金属涂层的表面应均匀一致，不应有起皮、鼓包、大熔滴、松散粒子、裂纹和掉块等缺陷。每涂完一道涂层应检查干膜厚度，出厂前应检查漆膜总厚度。

面漆的工地涂装宜在桥梁钢结构安装施工完成后进行。对在施工过程中将厂内涂装层损伤的部位，应进行表面清理并按设计涂装方案规定的涂料、层数和漆膜厚度重新补涂。

⑧ 工地连接

桥梁钢结构安装时的高强度螺栓连接施工应符合下列规定：

a. 由制造厂处理的钢结构构件的摩擦面，在安装前应复验所附试件的抗滑移系数，合格后方可安装，并应符合设计要求。

b. 高强度螺栓连接副的安装应在钢构件中心位置调整准确后进行，高强度螺栓、螺母和垫圈应按制造厂提供的批号配套使用。安装时钢构件的摩擦面应保持清洁、干燥，并不得在雨中进行安装作业。

c. 高强度螺栓连接副组装时，应在板束外侧各设置一个垫圈，有内倒角的一侧应分别朝向螺栓头和螺母支承面。高强度螺栓的长度应与安装图一致，安装时其穿入方向应全桥一致，且应自由穿入孔内，不得强行敲入；对不能自由穿入螺栓的孔，应采用铰刀进行铰孔修整，铰孔前应将该孔四周的螺栓全部拧紧，使板层密贴，防止钢屑或其他杂物掉入板层缝隙中，铰孔的位置应做施工记录。严禁采用气割方法扩孔。

d. 安装施工时，高强度螺栓不得作为临时安装螺栓使用，亦不得采用塞焊对螺栓孔进行焊接。

e. 高强度螺栓连接副施拧前，应在施工现场按出厂批号分批测定其扭矩系数。每批号的抽验数量应不少于8套，其平均值和标准偏差应符合设计要求；设计未要求时，平均值偏差应在0.11～0.15范围内，其标准偏差应小于或等于0.01。测定数据应作为施拧的主要参数。

高强度螺栓的设计预拉力、施工预拉力应符合相关规定：

a. 施工高强度螺栓时，应按一定顺序，从板束刚度大、缝隙大之处开始，对大面积节点板，应从中间部分向四周的边缘进行施拧，并应在当天终拧完毕；施拧时，不得采用冲击拧紧和间断拧紧的方式作业。大六角头高强度螺栓的施拧，仅应在螺母上施加扭矩。

b. 高强度螺栓施拧采用的扭矩扳手，在作业前后均应进行校正，其扭矩误差不得超过使用扭矩值的±5%。

c. 采用扭矩法施拧高强度螺栓连接副时，初拧、复拧和终拧应在同一工作日内完成。初拧扭矩宜为终拧扭矩的50%，复拧扭矩等于初拧扭矩，终拧扭矩应按式（8.4-1）计算：

$$T_c = K \cdot P_c \cdot d \tag{8.4-1}$$

式中 T_c——终拧扭矩（N·m）；

K——高强度螺栓连接副的扭矩系数平均值，按前述测得；

P_c——高强度螺栓的施工预拉力（kN）；

d——高强度螺栓公称直径（mm）。

d. 高强度螺栓终拧完成后，应进行质量检查，检查应由专职质量检查员进行，检查用的扭矩扳手必须标定，其扭矩误差不得超过使用扭矩的±3%，且应进行扭矩抽查。采用松扣、回扣法检查时，应先在螺栓与螺母上做标记，然后将螺母退回30°，再用检查扭矩扳手将螺母重新拧至原来位置测定扭矩，该值不小于规定值的10%时为合格。对主桁节点、板梁主体及纵、横梁连接处，每栓群应以高强度螺栓连接副总数的5%抽检，但不得少于2套，其余每个节点不少于1套进行终拧扭矩检查。扭矩检查应在螺栓终拧1h以后、24h之前完成。每个栓群或节点检查的螺栓，其不合格者宜不超过抽验总数的20%；如果超过此值，则应继续抽验，直至累计总数80%的合格率为止。对欠拧者应补拧，不符合扭矩要求的螺栓应更换后重新补拧。高强度螺栓拧紧检查验收合格后，连接处的板缝应及时采用腻子封闭，并应按设计要求涂漆防锈。

桥梁钢结构在工地焊接连接时应符合下列规定：

a. 钢构件的工地施焊连接应按设计规定的顺序进行。

b. 箱形梁梁段间的焊接连接，应按顶板、底板、纵隔板的顺序对称进行；梁段间的焊缝经检验合格后，应按先对接后角接的顺序焊接U形肋嵌补件。

c. 当桥梁钢结构为焊接与高强度螺栓合用连接时，栓接结构应在焊缝检验合格后再终拧高强度螺栓连接副。

d. 工地焊接前应做工艺评定试验，施焊应严格按已评定的焊接工艺进行。焊接前应对接头坡口、焊缝间隙和焊接板面高低差等进行检查，并对焊缝区域进行除锈，且工地焊接应在除锈后的12h内进行。

e. 工地焊接时应设立防风、防雨设施，遮盖全部焊接处。工地焊接的环境要求为：风力应小于5级；温度应大于5℃；相对湿度应小于80%；在箱梁内焊接时应有通风防护安全措施。

6. 附属设施施工

（1）伸缩装置安装

伸缩装置在两梁端之间、梁端与桥台之间或桥梁的铰接位置上。调节由车辆荷载和建筑材料引起的上部结构间位移和联结。应满足梁端自由收缩、转角变形及使车辆平稳通过；防止雨水和垃圾泥土渗入；安装、检查、养护、消除污物简易方便；设置处栏杆与铺装都要断开，对接式、钢制支承式、组合剪切式（板式）、模数支承式以及弹性装置。

1）伸缩装置的性能要求

① 适应、满足桥梁纵、横、竖三向的变形要求。

② 具有可靠的防水、排水系统，防水性能应符合注满水 24h 无渗漏。

2）伸缩装置运输与储存

① 避免阳光直晒，防止雨淋雪浸，保持清洁，防止变形，且不能和其他有害物质相接触，注意防火。

② 不得露天堆放，存放场所应干燥通风，产品应远离热源 1m 以外，不得与地面直接接触，严禁与酸、碱、油类、有机溶剂等接触。

3）伸缩装置施工安装

① 施工安装前核对预留槽尺寸、预埋锚固筋位置等。

② 按照气温调整安装定位，安装负责人检查签字后方可用专用卡具将其固定。

③ 吊装就位前，预留槽内混凝土凿毛清理。

④ 伸缩装置中心线与桥梁中心线重合，顺桥向应对称放置于伸缩缝的间隙上，桥面横坡方向测量水平标高，并用水平尺或板尺定位使其顶面标高与设计及规范要求相吻合后垫平。随即将伸缩装置的锚固钢筋与桥梁预埋钢筋焊接牢固。

⑤ 浇筑混凝土前，应彻底清扫预留槽，并用泡沫塑料将伸缩缝间隙处填塞，然后安装必要的模板。混凝土强度等级应满足设计及规范要求，浇筑时要振捣密实。预留槽混凝土强度在未满足设计要求前不得开放交通。

（2）桥面防水系统施工

1）基层要求

① 基层混凝土强度达到 80%以上方可进行防水层施工。

② 基层混凝土表面粗糙度：防水卷材为 1.5～2mm；防水涂料：0.5～1mm。局部大于上限值：进行环氧树脂洒布 0.2～0.7mm 石英砂。

③ 混凝土基层平整度应≤1.67mm/m。

④ 基层混凝土含水率取决于防水材料、质量比，卷材及聚氨酯涂料＜4%；聚合物改性沥青涂料和聚合物水泥涂料＜10%。

⑤ 粗糙度处理宜采用抛丸打磨，浮灰、杂物清理干净。

⑥ 混凝土铺装及基层混凝土结构缝内应清理干净，嵌填密封材料（底涂）。

⑦ 需在防水层表面另加保护层及处理剂时，应在确定材料前，进行其与上下层间的粘结强度模拟试验。

2）基层处理

① 基层处理剂可采用喷涂法或刷涂法施工。

② 喷涂处理剂前，应采用毛刷对桥面排水口，转角等处先行涂刷，然后再进行大面积基层面的喷涂。

③ 涂刷范围内，严禁各种车辆行驶和人员踩踏。

④ 防水基层处理剂选用：防水层类型、防水基层混凝土龄期及含水率、铺设防水层前对处理剂要求。

3）防水卷材施工

① 铺设前应先做好节点、转角、排水口等部位的局部处理然后大面积铺设。

② 气温和卷材温度应高于 5℃，基面层温度必须高于 0℃。下雨、下雪和风力≥5 级时，严禁施工。当施工中途下雨时，应做好已铺卷材周边的防护工作。

③ 任何区域卷材不得多于 3 层搭接接头应错开 500mm 以上；严禁沿道路宽度方向搭接形成通缝接头处卷材的搭接宽度沿卷材的长度方向应为 150mm，沿卷材的宽度方向应为 100mm。

④ 铺设防水卷材应平整顺直，搭接尺寸应准确，不得有扭曲、褶皱。卷材的展开方向应与车辆的运行方向一致，卷材应采用沿桥梁纵、横坡从低处向高处的铺设方法，高处卷材应压在低处卷材之上。

⑤ 热熔法：均匀加热卷材下涂盖层，压实防水层，卷材表面熔融至接近流淌；卷材表面热熔后应立即滚铺，滚筒辊压，完全粘贴，不得出现气泡。搭接缝部位应将热熔改性沥青挤压溢出，宽度 20mm 左右；卷材压薄，总厚度不得超过单片卷材初始厚度 1.5 倍。

⑥ 热熔胶法：辊压粘牢，搭接封严，排出空气。

⑦ 自黏性防水卷材：隔离纸完全撕净。

4）防水涂料施工

① 严禁在雨天、雪天和风力≥5 级时施工；聚合物改性沥青溶剂型、聚氨酯施工温度控制在－5～35℃，聚合物改性沥青水乳型、聚合物水泥涂料施工温度控制在 5～35℃，聚合物改性沥青热熔型施工温度不宜低于－10℃，聚合物水泥涂料施工温度在 5～35℃。

配料时不得混入已固化或结块的涂料。

② 宜多遍涂布，应保障固化时间，待涂布的涂料干燥后成膜后，方可涂布后一遍涂料。

③ 收头：应采用防水涂料多遍涂刷或采用密封材料封严。

④ 涂层间设置胎体增强材料，宜边涂布边铺胎体，应使涂料浸透胎体，覆盖完全，不得有胎体外露现象。

⑤ 胎体增强材料：顺桥向，低向高，顺宽搭接，高压低；沿胎体的长度方向搭接宽度不得小于 70mm、沿胎体的宽度方向搭接宽度不得小于 50mm，严禁沿道路宽度方向胎体搭接形成通缝；双层铺设搭接缝应错开，其间距不应小于幅宽的 1/3。

⑥ 应先做好节点处理，然后再进行大面积涂布。

⑦ 严禁使用过期材料。

5）其他相关要求

① 防水层铺设完毕后，铺设桥面沥青混凝土之前严禁车辆在上面行驶和人员踩踏；并对防水层进行保护，防止潮湿和污染。

② 沥青混凝土摊铺温度：卷材防水层应高于耐热度（10～20℃），同时应小于 170℃；涂料防水层应低于耐热度（10～20℃）。

6）桥面防水质量验收

① 一般规定：从事防水施工验收检验人员应具备规定的资格。

② 检测单元：同一型号规格防水材料、同一种方式施工的桥面防水层≤10000m^2；同一型号规格防水材料、同一种方式施工的桥面，一次连续浇筑的桥面混凝土基层＞10000m^2 时以万平方米划分后，剩余单独划分；一次连续浇筑的桥面混凝土基层≤10000m^2。

③ 混凝土基层检测：主控项目为含水率、粗糙度、平整度；一般项目为外观质量。

④ 防水层检测应包含材料到场后的抽样检测和施工现场检测；主控项目包含粘结强度、涂料厚度；一般项目为外观质量。

（3）搭板与铺装施工

搭板与铺装施工参照本书第 8.1.3 节进行。

（4）栏杆扶手安装

栏杆扶手安装参照本书第 8.3.3 节进行。

（5）装饰装修

1）金属板饰面

① 施工放线：吊直、套方、找规矩、弹线，根据设计图纸的规定和几何尺寸，对镶贴金属饰面板的部位进行吊直、找规矩并一次实测和弹线，拟定饰面墙板的尺寸和数量。

② 固定骨架的连接件：骨架的横竖杆件是通过连接件与构造固定的，而连接件与构造之间，可以与构造的预埋件焊牢，也可以在墙上打膨胀螺栓。因后一种措施比较灵活，尺寸误差较小，容易保证位置的精确性，因而实际施工中采用得比较多。须在螺栓位置画线按线开孔。

③ 固定骨架：应预先进行防腐处理。安装骨架位置要精确，结合要牢固。安装后应全面检查中心线、表面标高等。对高层建筑外墙，为了保证饰面板的安装精度，宜用经纬仪对横竖杆件进行贯穿。变形缝、沉降缝等应妥善解决。

④ 金属饰面安装墙板的安装顺序是从每面墙的下部竖向第一排下部第一块板开始，自下而上安装。安装完该面墙的第一排再安装第二排。每安装铺设 10 排墙板后，应吊线检查一次，以便及时消除误差。为了保证墙面外观质量，螺栓位置必须精确，并采用单面施工的钩形螺栓固定，使螺栓的位置横平竖直。固定金属饰面板时应将板条或方板用螺栓拧到型钢上。

⑤ 板与板之间的缝隙一般为 10～20mm，多用橡胶条或密封膏等弹性材料解决。饰面板安装完毕后，要注意在易于被污染的部位用塑料薄膜覆盖保护。易被划碰的部位，应设安全栏杆保护。

⑥ 收口构造：水平部位的压顶、端部的收口、伸缩缝、两种不同材料的交接处等位置，不仅关系到装饰效果，并且对使用功能也有较大的影响。因此，一般多用特制的两种材质性能相似的成型金属板进行妥善处理。大多是用一条较厚的直角形金属板，与螺栓连接固定牢，转角部位解决方案按施工图执行。

⑦ 墙板的外、内包角等需要在现场加工的异形件，应参照施工图纸，对安装好的墙面进行实测套足尺，拟定其形状尺寸，使其加工精确、便于安装。

2）真石漆饰面

① 基层表面应清理至平整、干净、无污物。

② 喷涂底油：腻子干后，打磨完毕，清除墙面上的浮灰、污垢等，满喷底油。

③ 喷底漆 2 遍，一般底油喷完 12h 后开始喷涂底漆，使用喷枪，一般从左向右，再由右向左喷射完毕，喷射距离为 0.4m 左右，厚度应不小于 1mm，喷射压力 0.4～0.6MPa，喷枪口径调到 2～3mm，干透时间约为 60min（不同厂家的材料干燥时间不同，施工时可以参照材料说明），也可采用滚涂、刷涂措施。底漆喷涂时要盖住底色。喷漆时需对容易

污染的部位进行防护。

④ 喷涂面漆：薄薄地喷匀，两遍的总厚度以 2～3mm 为宜，或按设计规定，其间隔时间应不小于 30min（不同厂家的材料干燥时间不同，施工时可以参照材料说明）。对于浅颜色天然真石漆，应根据工程实际状况，在保证不漏底的前提下，可采用三喷施工法，厚度根据工程实际状况而定，或按设计规定。以上喷涂时浮点大小可用"枪塞"来调节控制，在喷涂过程中，喷枪口中心线要始终与喷面垂直，喷枪斗与喷面距离为 0.3～0.5m。

⑤ 打磨：天然真石漆干透后（正常环境条件下 24h 即可干透，在其表面用砂纸打磨成比较光滑的面层，然后用干净潮湿布擦掉浮尘）。

⑥ 罩面漆喷涂规定二遍成活：面漆喷涂，采用多彩喷枪，喷涂两遍成活，间隔时间为 60min，具体做法同底漆喷涂，厚度应不小于 1mm。若喷涂一遍防水保护漆，一遍防污漆，间隔时间为 60min，总厚度不小于 1mm。

8.4.4 质量通病及防治措施

1. 钻孔灌注桩质量通病的防治

（1）钢筋笼上浮

这里指的是灌注桩在浇筑混凝土时钢筋笼上浮的现象。

1）原因分析

混凝土在注入钢筋笼底部时浇筑速度太快；钢筋笼未采取固定措施。

2）防治措施

当混凝土上升到接近钢筋笼下端时，应放慢浇筑速度，减小混凝土面上升的动能作用以免钢筋笼被顶托而上浮。当钢筋笼被埋入混凝土中有一定深度时，再提升导管，减少导管埋入深度，使导管下端高出钢筋笼下端有相当距离时再按正常速度浇筑，在通常情况下可防止钢筋笼上浮。此外，浇筑混凝土前，应将钢筋笼固定在孔位护筒上，也可防止上浮。

（2）断桩

断桩是成桩后经探测，桩身局部没有混凝土，存在夹泥层，或截面断裂的现象，是最严重的一种成桩缺陷，直接影响结构基础的承载力。

1）原因分析

① 混凝土坍落度太小，骨料太大，运输距离过长，混凝土和易性差，致使导管堵塞疏通堵管再浇筑混凝土时，中间就会形成夹泥层。

② 计算导管立管深度时出错，或盲目提升导管，使导管脱离混凝土面，再浇筑混凝土时，中间就会形成夹泥层。

③ 钢筋笼将导管卡住，强力拔管时，使泥浆混入混凝土中。

④ 导管接头处渗漏，泥浆进入管内，混入混凝土中。

⑤ 混凝土供应中断，不能连续浇筑，中断时间过长，造成堵管事故。

2）预防措施

① 混凝土配合比应严格按照有关水下混凝土的规范配制，并经常测试坍落度，防止导管堵塞。

② 严禁不经测算盲目提拔导管，防止导管脱离混凝土面。

③ 钢筋笼主筋接头要焊平，以免提升导管时，法兰挂住钢筋笼。

④ 浇筑混凝土应使用经过检漏和耐压试验的导管。

⑤ 浇筑混凝土前应保证搅拌机能正常运转，必要时应有一台备用搅拌机作应急之用。

3）治理措施

① 当导管堵塞而混凝土尚未初凝时，可吊起导管，再吊起一节钢轨或其他重物在导管内冲击，把堵管的混凝土冲散或迅速提出导管，用高压水冲掉堵管混凝土后，重新放入导管浇筑混凝土。

② 当断桩位置在地下水位以上时，如果桩直径较大（一般在 1m 以上）可抽掉孔内泥浆，在钢筋笼的保护下，人下到桩孔中，对先前浇筑的混凝土面进行凿毛处理并清洗钢筋，然后继续浇筑混凝土。

③ 当断桩位置在地下水位以下时，可用直径较原直径稍小的钻头，在原桩位处钻孔，钻至断桩部位以下适当深度时，重新清孔，并在断桩部位增设一节钢筋笼，笼的下半截埋入新钻的孔中，然后继续浇筑混凝土。

④ 当导管被钢筋笼挂住时，如果钢筋笼埋入混凝土中不深，可提起钢筋笼，转动导管，使导管脱离。如果钢筋笼埋入混凝土中很深，只好放弃导管。

⑤ 桩身灌注时因桩周土体严重塌方或导管拔出后重新放导管时形成断桩，是否需要在原桩外侧补桩，需经检测后与有关单位商定。

（3）桩身质量差

桩身混凝土质量差是指桩身出现蜂窝、空洞、夹泥层或级配不均的现象。

1）原因分析

① 浇灌混凝土时未边灌边振捣，使桩身混凝土不密实。

② 浇灌混凝土时或上部放钢筋笼时，桩周土体塌落在混凝土中，造成桩身夹泥。

③ 混凝土配合比、坍落度掌握不严，下料高度过大，混凝土产生离析，造成桩身级配和强度不均匀。

2）防治措施

① 浇灌混凝土时应边灌边振捣。

② 浇灌混凝土或上部放钢筋笼时，注意不要碰撞土壁，造成土体塌落。

③ 认真控制混凝土的配合比和坍落度，浇灌混凝土时设置溜筒下料，防止混凝土产生离析现象，使混凝土强度均匀。

2. 钢筋混凝土梁桥预拱度偏差的防治

（1）原因分析

1）现浇梁：由于支架的形式多样，对地基在荷载作用下的沉陷、支架弹性变形和混凝土梁挠度的计算所依据的一些参数均是建立在经验值上的，因此计算得到的预拱度往往与实际发生的有一定的差距。

2）预制梁：第一，由于混凝土强度的差异、混凝土弹性模量不稳定导致梁的起拱值的不稳定、施加预应力时间差异、架梁时间不一致，致使预拱度计算时各种假定条件与实际情况不一致，造成预拱度的偏差。第二，理论计算公式本身是建立在一些试验数据的基础上的，理论计算与实际本身存在偏差。如用标准养护的混凝土试块弹性模量作为施加张拉条件，当标准养护的试块强度达到设计的张拉强度时，由于梁板养护条件不同，其弹性模量可能尚未达到设计值，导致梁的起拱值大；当计算所采用的钢绞线的弹性模量值大于实际钢绞线的弹性模量值时，则计算伸长量偏小，这样造成实际预应力不够；当计算所采用的钢绞线的弹性模量值小于实际钢绞线的弹性模量值时，则计算伸长量偏大，将造成超张拉；实际预应力超过设计预应力易引起大梁的起拱值大，且出现裂缝。第三是施工工艺的原因，如波纹管竖向偏位过大，造成零弯矩轴偏位，则最大正弯矩发生变化较大导致梁的起拱值过大或过小。

（2）防治措施

1）提高支架基础、支架及模板的施工质量，并按要求进行预压，确保模板的标高偏差在允许的范围内。按要求设置支架预拱度，使上部构造在支架拆除后能达到设计规定的外形。

2）加强施工控制，及时调整预拱度误差。

3）严格控制张拉时的混凝土强度，控制张拉的试块应与梁板同条件养护，对于预制梁还需控制混凝土的弹性模量。

4）要严格控制预应力筋在结构中的位置，波纹管的安装定位应准确；控制张拉时的应力值，并按要求的时间持荷。

5）钢绞线伸长值的计算应采用同批钢绞线弹性模量的实测值。预制梁存梁时间不宜过长。

3. 钢筋混凝土结构构造裂缝的防治

（1）原因分析

钢筋混凝土结构的构造裂缝是指由于结构非荷载原因产生的混凝土结构物表面裂缝，影响因素有：

1）材料原因

① 水泥质量不好，如水泥安定性不合格等，浇筑后导致产生不规则的裂缝。

② 骨料含泥料过大时，随着混凝土干燥、收缩，出现不规则的花纹状裂缝。

③ 骨料为风化性材料时，将形成以骨料为中心的锥形剥落。

2）施工原因

① 混凝土搅拌时间和运输时间过长，导致整个结构产生细裂缝。

② 模板移动鼓出，将使混凝土浇筑后不久产生与模板移动方向平行的裂缝。

③ 基础与支架的强度、刚度、稳定性不够引起支架下沉、不均匀下沉，脱模过早，导致混凝土浇筑后不久产生裂缝，并且裂缝宽度也较大。

④ 接头处理不当，导致施工缝变成裂缝。

⑤ 养护问题，塑性收缩状态将会在混凝土表面产生方向不定的收缩裂缝，尤其在大风、干燥天气最容易产生此类裂缝。

⑥ 在混凝土高度突变以及钢筋保护层较薄部位，由于振捣或析水过多造成沿钢筋方向的裂缝。

⑦ 大体积混凝土未采用缓凝和降低水泥水化热的措施、使用了早强水泥的混凝土的情况下，受水化热的影响，浇筑后 2～3d 会导致结构中产生裂缝；同一结构物的不同位置温差大，导致混凝土凝固时因收缩所产生的收缩应力超过混凝土极限抗拉强度，或内外温差大表面抗拉应力超过混凝土极限抗拉强度也容易产生裂缝。

⑧ 水胶比大的混凝土，由于干燥收缩，在龄期 2～3 个月内可能产生裂缝。

（2）防治措施

1）选用优质的水泥及优质骨料。

2）合理设计混凝土的配合比，改善骨料级配、降低水胶比、掺加粉煤灰等掺合料、掺加缓凝剂；在工作条件能满足的情况下，尽可能采用较小水胶比及较低坍落度的混凝土。

3）避免混凝土搅拌很长时间后才使用。

4）加强模板的施工质量，避免出现模板移动、鼓出等问题。

5）基础与支架应有较好的强度、刚度、稳定性并应采用预压措施；避免出现支架下沉、模板不均匀沉降和脱模过早的情况。

6）混凝土浇筑时要振捣充分，浇筑后要及时养护并加强养护工作。

7）大体积混凝土应优选矿渣水泥等低水化热水泥；采用遮阳凉棚的降温措施、布置冷却水管等措施，以降低混凝土水化热、推迟水化热峰值出现；同一结构物的不同位置温差应满足设计及规范要求。

4. 钢结构质量通病的防治

（1）焊缝裂纹

1）原因分析

① 厚工件施焊前预热不到位，道间温度控制不严，是导致焊缝出现裂纹的原因之一。

② 焊丝焊剂的组配对母材不合适（母材含碳过高、焊缝金属含锰量过低）会导致焊缝出现裂纹。

③ 焊接中执行焊接工艺参数不当（例：电流大、电压低、焊接速度太快）引起焊缝裂纹。

④ 不注重焊缝的形状系数，为加快进度而任意减少焊缝的道数，也会造成裂纹。

2）防治措施

① 表面裂纹如很浅，可用角向砂轮将其磨去，磨至能向周边的焊缝平顺过渡，向母材圆滑过渡为止；如裂纹很深，则必须用对待焊缝内部缺陷同样的办法做焊接修补。

② 厚工件焊前要预热，并达到规范要求的温度。厚工件在焊接过程中，要严格控制道间温度。

③ 注重焊接环境。在相对湿度大于 90％时应暂停施焊。

④ 严格审核钢材和焊接材料的质量证明文件。

⑤ 焊材的选用与被焊接的钢材（母材）相匹配。

⑥ 焊材应按规定烘焙、保温。

⑦ 拒绝使用镀铜层脱落的焊丝。

⑧ 无损检测检出的裂纹，应按焊接返修工艺要求做返修焊补。同时，当检查出一处裂纹缺陷时，应加倍检查，当检查出多处裂纹缺陷或加倍抽查又发现缺陷时，应对该批余下焊缝的全数进行检查。

（2）构件漆膜返锈

1）原因分析

① 除锈不彻底，未达到设计和涂料产品标准的除锈等级要求。

② 涂装前，构件表面存在残余的氧化皮，即俗称“苍蝇脚”的细碎氧化皮。

③ 涂层厚度达不到设计和规范要求。

④ 除锈后未及时涂装，钢材表面受潮返黄。

2）防治措施

① 涂装前应严格按涂料产品除锈标准要求、设计要求和国家现行标准的规定进行除锈。

② 对残留的氧化皮应返工，重新做表面处理。

③ 经除锈检查合格后的钢材，必须在表面返锈前涂完第一遍防锈底漆。若涂漆前已返锈，则须重新除锈。

④ 涂料、涂层遍数、涂层厚度均应符合设计要求。

5. 桥面铺装质量通病的防治

（1）原因分析

1）梁体预拱度过大，难以通过桥面铺装设计厚薄调整施工允许误差。

2）施工质量控制不严，桥面铺装混凝土质量差。

3）桥头跳车和伸缩缝破坏引起的连锁破坏。

4）桥梁结构的大变形引起沥青混凝土铺装层的破坏。

5）水害引起沥青混凝土铺装的破坏；铺装防水层破损导致桥面铺装的破坏等。桥面铺装常规性破坏与一般路面破坏原理相同。

（2）防治措施

1）常规破坏按路面通病防治措施处理。

2）加强对主梁的施工质量控制，避免出现预拱度过大的情况。

3）加强桥面铺装施工质量控制，严格控制钢筋网的安装质量。

4）提高桥面防水混凝土的强度，避免出现防水混凝土层破坏的情况。

5）桥梁应加强桥面排水的设计和必要的水量计算；优化桥面铺装的混凝土配合比设计，选用优质骨料，提高桥面铺装的施工和养护质量。

6. 桥梁伸缩缝质量通病的防治

（1）原因分析

桥梁伸缩缝是使车辆平稳通过桥面并且满足桥梁结构变形的一整套装置，由于它是桥梁结构过渡到桥台及路基的可伸缩连接装置，一方面要满足桥梁结构伸缩功能的要求，另一方面要满足车辆通行的承载需要。桥梁伸缩缝受力复杂，是结构中的薄弱环节，经常出现竣工后不久即发生损坏的情况。导致损坏的因素有：

1）交通流量增大，超载车辆增多，超出了设计量。

2）设计因素：将伸缩缝的预埋钢筋锚固于刚度薄弱的桥面板中；伸缩设计量不足，以致伸缩缝选型不当；设计对伸缩装置两侧的填充混凝土、锚固钢筋设置、质量标准未做出明确的规定；对于大跨径桥梁伸缩缝结构设计技术不成熟；对于锚固件胶结材料选择不当，导致金属结构锚件锈蚀，最终损坏伸缩缝装置。

3）施工因素：施工工艺缺陷；锚件焊接内在质量；赶工期忽视质量检查；伸缩装置两侧填充混凝土强度、养护时间、粘结性和平整度未能达到设计标准；伸缩缝安装不合格。

4）管理维护因素：通行期间，填充到伸缩缝内的外来物未能及时清除，限制伸缩缝功能导致额外内力的形成；轻微的损害未能及时维修，加速了伸缩缝的破坏；超重车辆上桥行驶，给伸缩缝的耐久性带来威胁。

（2）防治措施

1）在设计方面，精心设计，选择合理的伸缩装置。

2）提高对桥梁伸缩装置施工工艺的重视程度，严格按施工工序和工艺标准的要求施工。

3）提高锚固件焊接施工质量。

4）提高后浇混凝土或填缝料的施工质量，加强填缝混凝土的振捣密实度，确保混凝土达到设计强度标准，及时养护，无空隙、空洞。

5）避免伸缩装置两侧的混凝土与桥面系的相邻部位结合不紧密。

7. 桥头路基与桥台产生高差（桥头跳车）的防治

（1）原因分析

由于桥台为刚性体，桥头路基为塑性体，在车辆长期通过的影响及路基填土自然固结沉降下，桥台与桥头路基形成了高差导致桥头跳车。主要影响因素有：

1）台后地基强度与桥台地基强度不同、台后填料自然固结压缩。

2）桥头路堤及堆坡范围内地基填筑前处理不彻底。

3）台后压实度达不到标准，高填土引道路堤本身出现的压缩变形。

4）路面水渗入路基，使路基土软化，水土流失造成桥头路基引道下沉；回填不及时，或积水引起的桥头回填土压实度不够。

5）台后沉降大于设计容许值。

6）台后填土材料不当，或填土含水率过大。

7）软基路段台前预压长度不足，软基路段桥头堆载预压卸载过早，软基路段桥头处软基处理深度不到位，质量不符合设计要求。

（2）防治措施

1）重视桥头地基处理，采用先进的台后填土施工工艺。选用合适的压实机具，确保台后及时回填，回填压实度达到要求。

2）改善地基性能，提高地基承载力，减少差异沉降，保证足够的台前预压长度。连续进行沉降观测，保证桥头沉降速率达到规定范围内再卸载。确保桥头软基处理深度符合要求，严格控制软基处理质量。

3）有针对性地选择台后填料，提高桥头路基压实度。如采用砂石料等固结性好、变形小的填筑材料处理桥头填土。

4）做好桥头路堤的排水、防水工程，设置桥头搭板。

5）优化设计方案、采用新工艺加固路堤。

8. 真石漆不均匀的防治

（1）原因分析

调色不均，搅拌不均匀，造成色差。涂层厚度不一致，有些喷涂较厚，底灰抹得不平想通过面层来盖平。施工作业人员的技术水平参差不齐，造成喷涂厚度不均，局部偏薄而形成色差。

（2）防治措施

安排专人对配合比、稠度等相关因素进行控制。由专人负责喷涂，忌中途换人。施工人员操作时要掌握喷嘴距离、速度及遍数。加强喷涂基层的验收，不合格的基层不得进行下道工序施工。要求底灰抹好后，应按水泥砂浆抹面层的质量标准来检查验收，否则面层涂料不能施涂。

8.4.5 检验标准

1. 模板、支架和拱架检验标准

（1）主控项目

1）模板、支架和拱架制作及安装应符合施工设计图（施工方案）的规定，且稳固牢靠，接缝严密，立柱基础有足够的支撑面和排水、防冻融措施。

2）检查数量：全数检查。

3）检验方法：观察和用钢尺量。

（2）一般项目

1）模板制作允许偏差应符合《城市桥梁工程施工与质量验收规范》CJJ 2—2008 表 5.4.2 的规定；模板制作允许偏差应符合该规范表 5.4.2 的规定；模板、支架和拱架安装允许偏差应符合该规范表 5.4.3 的规定；固定在模板的预埋件、预留孔内模不得遗漏，且应安装牢固。

2）检查数量：全数检查。

3）检验方法：观察。

2. 钢筋工程检验标准

（1）主控项目

1）材料

① 钢筋、焊条的品种、牌号、规格和技术性能必须符合国家现行标准规定和设计要求；检查数量：全数检查；检验方法：检查产品合格证、出厂检验报告。

② 钢筋进场时，必须按批抽取试件做力学性能和工艺性能试验，其质量必须符合国家现行标准的规定；检查数量：以同牌号、同炉号、同规格、同交货状态的钢筋，每 60t 为一批，不足 60t 也按一批计，每批抽检 1 次；检验方法：检查试件检验报告。

③ 当钢筋出现脆断、焊接性能不良或力学性能显著不正常等现象时，应对该批钢筋进行化学成分检验或其他专项检验；检查数量：该批钢筋全数检查；检验方法：检查专项检验报告。

2）钢筋弯制和末端弯钩均应符合设计要求和《城市桥梁工程施工与质量验收规范》CJJ 2—2008 第 6.2.3、6.2.4 条的规定；检查数量：每工作日同一类型钢筋抽查不少于 3 件；检验方法：用钢尺量。

3）受力钢筋连接应符合下列规定

① 钢筋的连接形式必须符合设计要求；检查数量：全数检查；检验方法：观察。

② 钢筋接头位置、同一截面的接头数量、搭接长度应符合设计要求和《城市桥梁工程施工与质量验收规范》CJJ 2—2008 第 6.3.2 条和第 6.3.5 条的规定；检查数量：全数检查；检验方法：观察、用钢尺量。

③ 钢筋焊接接头质量应符合现行行业标准《钢筋焊接及验收规程》JGJ 18 的规定和设计要求；检查数量：外观质量全数检查；力学性能检验按《城市桥梁工程施工与质量验收规范》CJJ 2—2008 第 6.3.4、6.3.5 条规定抽样做拉伸试验和冷弯试验；检验方法：观察、用钢尺量、检查接头性能检验报告。

④ HRB400 带肋钢筋机械连接接头质量应符合现行行业标准《钢筋机械连接技术规程》JGJ 107 的规定和设计要求；检查数量：外观质量全数检查；力学性能检验按《城市桥梁工程施工与质量验收规范》CJJ 2—2008 第 6.3.8 条规定抽样做拉伸试验；检验方法：外观用卡尺或专用量具检查、检查合格证和出厂检验报告、检查进场验收记录和性能复验报告。

4）钢筋安装时，其品种、规格、数量、形状，必须符合设计要求；检查数量：全数检查；检验方法：观察、用钢尺量。

（2）一般项目

① 预埋件的规格、数量、位置等必须符合设计要求；检查数量：全数检查；检验方法：观察、用钢尺量。

② 钢筋表面不得有裂纹、结疤、折叠、锈蚀和油污，钢筋焊接接头表面不得有夹渣、焊瘤；检查数量：全数检查；检验方法：观察。

③ 钢筋加工允许偏差应符合《城市桥梁工程施工与质量验收规范》CJJ 2—2008 表 6.5.7 的规定。

④ 钢筋网允许偏差应符合《城市桥梁工程施工与质量验收规范》CJJ 2—2008 表 6.5.8 的规定。

⑤ 钢筋成型和安装允许偏差应符合《城市桥梁工程施工与质量验收规范》CJJ 2—2008 表 6.5.9 的规定。

3. 现浇混凝土工程检验标准

（1）主控项目

1）水泥进场除全数检验合格证和出厂检验报告外，应对其强度、细度、安定性和凝固时间抽样复验；检查数量：同生产厂家、同批号、同品种、同强度等级、同出厂日期且连续进场的水泥，散装水泥每 500t 为一批，袋装水泥每 200t 为一批，当不足上述数量时，也按一批计，每批抽样不少于 1 次；检验方法：检查试验报告。

2）混凝土外加剂除全数检验合格证和出厂检验报告外，应对其减水率、凝结时间差、抗压强度比抽样检验；检查数量：同生产厂家、同批号、同品种、同出厂日期且连续进场的外加剂，每 50t 为一批，不足 50t 时，也按一批计，每批至少抽检 1 次；检验方法：检查试验报告。

3）配合比设计应符合《城市桥梁工程施工与质量验收规范》CJJ 2—2008 第 7.3 节规定；检查数量：同强度等级、同性能混凝土的配合比设计应各检查 1 次；检验方法：检查配合比设计选定单、试配试验报告和经审批后的配合比报告单。

4）当使用具有潜在活性骨料时，混凝土中的总碱含量应符合《城市桥梁工程施工与质量验收规范》CJJ 2—2008 第 7.1.2 条的规定和设计要求；检查数量：每一混凝土配合比进行 1 次总碱含量计算；检验方法：检查核算单。

5）混凝土强度等级应按现行国家标准《混凝土强度检验评定标准》GB/T 50107 的规

定检验评定，其结果必须符合设计要求。用于检查混凝土强度的试件，应在混凝土浇筑地点随机抽取。取样与试件留置应符合：每拌制 100 盘不超过 100m³ 的同配合比的混凝土，取样不得少于 1 次；每工作班拌制的同一配合比的混凝土不足 100 盘时，取样不得少于 1 次；每次取样应至少留置 1 组标准养护试件，同条件养护试件的留置组数应根据实际需要确定。检查数量：全数检查。检验方法：检查试验报告。

6）抗冻混凝土应进行抗冻性能试验，抗渗混凝土应进行抗渗性能试验。试验方法应符合现行国家标准《普通混凝土长期性能和耐久性能试验方法标准》GB/T 50082 的规定。检查数量：混凝土数量小于 250m³，应制作抗冻或抗渗试件 1 组（6 个）；250～500m，应制作 2 组。检验方法：检查试验报告。

（2）一般项目

1）混凝土掺用的矿物掺合料除全数检验合格证和出厂检验报告外，应对其细度、含水率、抗压强度比等项目抽样检验。检查数量：同品种、同等级且连续进场的矿物掺合料，每 200t 为一批，当不足 200t 时，也按一批计，每批至少抽检 1 次。检验方法：检查试验报告。

2）对细骨料，应抽样检验其颗粒级配、细度模数、含泥量及规定要求的检验项，并应符合现行行业标准《普通混凝土用砂、石质量及检验方法标准》JGJ 52 的规定。检查数量：同产地、同品种、同规格且连续进场的细骨料每 400m³ 或 600t 为一批，不足 400m³ 或 600t 也按一批计，每批至少抽检 1 次。检验方法：检查试验报告。

3）对粗骨料，应抽样检验其颗粒级配、压碎值指标、针片状颗粒含量及规定要求的检验项，并应符合国家现行标准《普通混凝土用砂、石质量及检验方法标准》JGJ 52 的规定。检查数量：同产地、同品种、同规格且连续进场的粗骨料机械生产的每 400m³ 或 600t 为一批，不足 400m³ 或 600t 也按一批计；人工生产的每 200m³ 或 300t 为一批，不足 200m³ 或 300t 也按为一批计，每批至少抽检 1 次。检验方法：检查试验报告。

4）当拌制混凝土用水采用非饮用水源时，应进行水质检测，并应符合现行行业标准《混凝土用水标准》JGJ 63 的规定。检查数量：同水源检查不少于 1 次。检验方法：检查水质分析报告。

5）混凝土原材料每盘称量允许偏差应符合《城市桥梁工程施工与质量验收规范》CJJ 2—2008 表 7.13.12 的规定。检查数量：每工作班抽不少 1 次。检验方法：复称。

4. 预应力混凝土工程检验标准

（1）主控项目

1）混凝土质量检验应符合《城市桥梁工程施工与质量验收规范》CJJ 2—2008 第 7.13 节有关规定。

2）预应力筋进场检验应符合《城市桥梁工程施工与质量验收规范》CJJ 2—2008 第 8.1.2 条规定。检查数量：按进场的批次抽样检验。检验方法：检查产品合格证、出厂检验报告和进场试验报告。

3）预应力筋用锚具、夹具和连接器进场检验应符合相关规定。检查数量：按进场的批次抽样检验。检验方法：检查产品合格证、出厂检验报告和进场试验报告。

4）预应力筋的品种、规格、数量必须符合设计要求。检查数量：全数检查。检验方法：观察或用钢尺量、检查施工记录。

5）预应力筋张拉和放张时，混凝土强度必须符合设计规定，设计无规定时，不得低于设计强度的75%。检查数量：全数检查。检验方法：检查同条件养护试件试验报告。

6）预应力筋张拉允许偏差应分别符合《城市桥梁工程施工与质量验收规范》CJJ 2—2008表8.5.6-1～表8.5.6-3的规定。

7）孔道压浆的水泥浆强度必须符合设计规定，压浆时排气孔、排水孔应有水泥浓浆溢出。检查数量：全数检查。检验方法：观察、检查压浆记录和水泥浆试件强度试报告。

8）锚具的封闭保护应符合《城市桥梁工程施工与质量验收规范》CJJ 2—2008第8.4.8条第8款的规定。

（2）一般项目

1）预应力筋使用前应进行外观质量检查，不得有弯折，表面不得有裂纹、毛刺、机械损伤、氧化铁锈、油污等。检查数量：全数检查。检验方法：观察。

2）预应力筋用锚具、夹具和连接器使用前应进行外观质量检查，表面不得有裂纹、机械损伤、锈蚀、油污等。检查数量：全数检查。检验方法：观察。

3）预应力混凝土用金属螺旋管使用前应按现行行业标准《预应力混凝土用金属波纹管》JG/T 225的规定进行检验。检查数量：按进场的批次抽样复验。检验方法：检查产品合格证、出厂检验报告和进场复验报告。

4）锚固阶段张拉端预应力筋的内缩量，应符合《城市桥梁工程施工与质量验收规范》CJJ 2—2008第8.4.6条规定。检查数量：每工作口抽查预应力筋总数的3%，且不少于3束。检验方法：用钢尺量、检查施工记录。

5. 钢桥工程检验标准

在钢桥质量检查与检验实测项目中，标注（△）的项目为关键项。

（1）钢板梁制作实测项目：梁高，跨度，梁长，纵、横梁旁弯，拱度，平面度，主梁、纵横梁盖板对腹板的垂直度，焊缝尺寸，焊缝探伤（△），高强度螺栓扭矩（△）。

（2）钢桁架节段制作实测项目：节段长度，节段高度，节段宽度，节间长度，对角线长度差，桁片平面度，拱度，焊缝尺寸，焊缝探伤（△），高强度螺栓扭矩（△）。

（3）钢箱梁制作实测项目：梁高（△），跨度，全长，腹板中心距（△），横断面对角线差，旁弯，拱度，腹板平面度，扭曲，对接错边，焊缝尺寸，焊缝探伤（△），高强度螺栓扭矩（△）。

（4）钢梁安装实测项目：轴线偏位，高程，固定支座处支承中心偏位，焊缝尺寸，焊缝探伤（△），高强度螺栓扭矩（△）。

（5）钢梁防护涂装实测项目：除锈等级（△），粗糙度（△），总干膜厚度，附着力。

6. 支座及附属结构工程检验标准

（1）支座

1）支座质量主控项目：进场检验合格证、出厂试验报告；安装前跨距、支座栓孔位置、支座垫石顶面高程、平整度、坡度、坡向；观察或用塞尺检查梁底及垫石密贴(0.3mm)，检查垫层材料产品合格证。观察支座锚栓的埋置深度和外露长度。对支座的粘结灌浆和润滑材料检查粘结材料配合比通知单、润滑材料产品合格证和进场验收记录。

2）一般项目

支座允许偏差：每个支座检查高程控制在±5mm范围内检查频率为1点，支座偏位控制在 5mm 范围内检查频率为 2 点。

（2）桥面排水系统

1）主控项目

桥面排水设施的设置应符合设计要求，泄水管应畅通无阻。检查数量：全数检查。检验方法：观察。

2）一般项目

① 桥面泄水口应低于桥面铺装层 10～15mm。检查数量：全数检查。检验方法：观察。

② 泄水管安装应牢固可靠，与铺装层及防水层之间应结合密实，无渗漏现象；金属泄水管应进行防腐处理。检查数量：全数检查。检验方法：观察。

③ 桥面泄水口位置允许偏差应符合《城市桥梁工程施工与质量验收规范》CJJ 2—2008 表 20.8.1 的规定。

（3）桥面防水层

1）主控项目

① 防水材料的品种、规格、性能、质量应符合设计要求。检查数量：全数检查。检验方法：检查材料合格证、进场验收记录和质量检验报告。

② 防水层、粘结层与基层之间应密贴，结合牢固。检查数量：全数检查。检验方法：观察、检查施工记录。

2）一般项目

① 混凝土桥面防水层粘结质量和施工允许偏差应符合《城市桥梁工程施工与质量验收规范》CJJ 2—2008 表 20.8.2-1 的规定。

② 钢桥面防水粘结层质量应符合《城市桥梁工程施工与质量验收规范》CJJ 2—2008 表 20.8.2-2 的规定。

③ 防水材料铺装或涂刷外观质量和细部做法应符合：卷材防水层表面平整，不得有空鼓、脱层、裂翘边、油包、气泡和褶皱等现象；涂料防水层的厚度应均匀一致，不得有漏涂处；防水层与泄水口、汇水槽接合部位应密封，不得有漏封处。检查数量：全数检查。检验方法：观察。

（4）桥面铺装层

1）主控项目

① 桥面铺装层材料的品种、规格、性能、质量应符合设计要求和相关标准规定。检查数量：全数检查。检验方法：检查材料合格证、进场验收记录和质量检验报告。

② 水泥混凝土桥面铺装层的强度和沥青混凝土桥面铺装层的压实度应符合设计要求。检查数量和检验方法应符合《城镇道路工程施工与质量验收规范》CJJ 1—2008 的有关规定。

③ 塑胶面层铺装的物理机械性能应符合《城市桥梁工程施工与质量验收规范》CJJ 2—2008 表 20.8.3-1 的规定。

2）一般项目

① 桥面铺装面层允许偏差应符合《城市桥梁工程施工与质量验收规范》CJJ 2—2008 表 20.8.3-2、表 20.8.3-3、表 20.8.3-4 的规定。

② 外观检查应符合：水泥混凝土桥面铺装面层表面应坚实、平整，无裂缝，并应有足够的粗糙度；面层伸缩缝应直顺，缝应密实；沥青混凝土桥面铺装层表面应坚实、平整，无缝隙、松散、油包、麻面；桥面铺装层与桥头路接槎应紧密、平顺。检查数量：全数检查。检验方法：观察。

（5）伸缩装置

1）主控项目

① 伸缩装置的形式和规格必须符合设计要求，缝宽应根设计规定和安装时的气温进行调整。检查数量：全数检查。检验方法：观察、钢尺量测。

② 焊缝应做超声波检测。检查数量：全数检查。检验方法：观察、检查同条件养护试件强度试验报告。

2）一般项目

① 伸缩装置安装允许偏差应符合《城市桥梁工程施工与质量验收规范》CJJ 2—2008 表 20.8.4 的规定。

② 伸缩装置应无渗漏、无变形，伸缩缝应无阻塞。检查数量：全数检查。检验方法：观察。

9 典型案例

9.1 咸宁市淦河流域环境综合治理工程 EPC 总承包项目

咸宁市淦河流域环境综合治理工程 EPC 位于湖北省咸宁市，工程范围为淦河自南川水库和鸣水泉至下游斧头湖全线流域约 60.8km，主要分四大类工程：防洪工程、排涝工程、水生态建设工程、环境景观工程。建设内容包括：河道清淤、河堤加固、湿地修复、黑臭水体治理；排污口、积水点整治；道路、桥梁、橡皮坝、排涝泵站，淦河流域规划深度设计、市政管网建设；河岸亮化、环境综合整治等，目前项目已竣工，如图 9.1-1 所示。

图 9.1-1 咸宁市淦河流域环境综合治理工程效果图

9.2 鄂州市航空都市区水环境综合整治 PPP 项目

鄂州市航空都市区水环境综合整治 PPP 项目包括（1）花湖污水处理厂，工程规模 4 万 m^3/d；（2）花湖污水处理厂配套污水管网，工程规模：31.28km（含提升泵站总规模 4 万 m^3/d）；（3）新建花湖开发区雨水管网，工程规模：25.58km；管网改造，工程规模：7.2km；（4）航空都市区再生水厂，工程规模：10 万 m^3/d；（5）中沟套河道水环境综合整治，工程规模：7.7km；（6）锁泉港（葫芦港）河道水环境综合整治，工程规模：4km（截污治污、河道整治、环保清淤、生态修复、景观建设、监控预警等）；（7）小桥港河道水环境综合整治，工程规模：3.5km（截污治污、河道整治、环保清淤、生态修复、景观建设、监控预警等），目前正在施工阶段，如图 9.2-1 所示。

图 9.2-1　鄂州市航空都市区水环境综合整治 PPP 项目效果图

9.3　白云区鹤亭村、秀水村、营溪村城中村污水治理工程和供水管网工程勘察设计施工总承包（EPC）

广州市白云区鹤亭村、秀水村、营溪村城中村污水治理工程和供水管网工程（EPC）主要包括建筑立管改造、新建污水管道、新建供水管道。其中新建 DN100PVC-U 雨水立管约 466.425km；新建 DN150～DN600 污水管约 246.751km。新建供水管道主要为 DN100～DN400 球墨铸铁管和 DN25～DN50 钢塑复合管约 269.747km，目前项目已竣工。

9.4　武汉市黄孝河、机场和水环境综合治理二期 PPP 项目

武汉市黄孝河、机场和水环境综合治理二期 PPP 项目治理总长度约 24km，主要建设内容包括排水工程、旱天截污工程、合流制溢流污染控制工程、水生态修复工程、水生态修复工程、景观绿化工程、河道水环境监控和综合调度系统、生态补水工程等，目前项目已竣工，如图 9.4-1 所示。

图 9.4-1　武汉市黄孝河、机场和水环境综合治理二期 PPP 项目效果图

9.5 深圳坪山河流域水环境综合整治项目

深圳坪山河流域水环境综合整治项目治理河道全长为19.2km，主要建设内容包括河道及周边现状的调查和研究，已有工程设计的优化和完善，河道底泥的清淤，水资源的利用与调配、初雨与雨洪的截流、调蓄、处置，污水的深度处理及回用，以及生态湿地系统、河岸绿道系统的完善等内容，目前项目已竣工，如图9.5-1所示。

图9.5-1　深圳坪山河流域水环境综合整治项目效果图